三角関数

基本的性質

$$e^{ix} = \cos x + i \sin x, \quad e^{i(x+y)} = e^{ix} \cdot e^{iy}$$

1. $\cos x = \dfrac{e^{ix} + e^{-ix}}{2}, \quad \sin x = \dfrac{e^{ix} - e^{-ix}}{2i}$

2. $\cos^2 x + \sin^2 x = 1 \ (\Leftrightarrow |e^{ix}| = 1)$

3. $\cos(x + 2\pi) = \cos x, \sin(x + 2\pi) = \sin x$ （周期 2π）

4. $\cos(-x) = \cos x$ (偶関数)，$\sin(-x) = -\sin x$ (奇関数)

5. (加法定理)

    $\cos(x + y) = \cos x \cos y - \sin x \sin y,$

    $\sin(x + y) = \cos x \sin y + \sin x \cos y$

6. (2倍角の公式)

    $\cos 2x = \cos^2 x - \sin^2 x = 2\cos^2 x - 1 = 1 - 2\sin^2 x$

    $\sin 2x = 2 \sin x \cos x$

7. (半角の公式)

    $$\cos^2 x = \dfrac{1 + \cos 2x}{2}, \quad \sin^2 x = \dfrac{1 - \cos 2x}{2}$$

8. (積 $\Rightarrow$ 和)

    $2 \sin x \cos y = \sin(x + y) + \sin(x - y)$

    $2 \cos x \sin y = \sin(x + y) - \sin(x - y)$

    $2 \cos x \cos y = \cos(x + y) + \cos(x - y)$

    $2 \sin x \sin y = \cos(x - y) - \cos(x + y)$

9. (和 $\Rightarrow$ 積)

    $\sin x + \sin y = 2 \sin\left(\dfrac{x+y}{2}\right) \cos\left(\dfrac{x-y}{2}\right)$

    $\sin x - \sin y = 2 \cos\left(\dfrac{x+y}{2}\right) \sin\left(\dfrac{x-y}{2}\right)$

    $\cos x + \cos y = 2 \cos\left(\dfrac{x+y}{2}\right) \cos\left(\dfrac{x-y}{2}\right)$

    $\cos x - \cos y = -2 \sin\left(\dfrac{x+y}{2}\right) \sin\left(\dfrac{x-y}{2}\right)$

演習：工科系の微分積分学の基礎

北 岡 良 之
深 川 英 俊
川 村 　 司
共　著

学術図書出版社

はじめに

　この本は工科の学生用の微積分の教科書『工科系の微分積分学の基礎』の演習問題を解いて微分積分学の基礎を習得しようと考えている学生のために書かれたものである．文中で「教科書」とある場合はこの本を指す．

　第0章では高校数学に不安を感じている学生のために基本事項をまとめた．ここは高校数学全般ではなくて教科書『工科系の微分積分学の基礎』を理解する手助けをするための項目に制限した．項目ごとに「確認問題」として基本問題を設定した．高校数学に不安を持っている諸君は必ず目を通して確認問題に取り掛かって欲しい．特に三角関数は工学系数学にとって大事なのですこしくどいくらいの項目を設定した．高校数学に自信のある諸君は飛ばしてもかまわない．項目を選んで苦手なところだけの確認をしてもよい．ただし，最後の2項は高校では扱われない内容なので(∗)を付けた．

　第1章では微分に関する演習問題を教科書『工科系の微分積分学の基礎』から引用して解説している．いくつかの問題では少しくどい説明も加えているので理解できる読者は飛ばしてよい．またこの章の最後に「微分の章末問題」として総合的な問題を集めた6回分の演習問題を設定したのでトライして欲しい．

　第2章では積分に関する演習問題を教科書『工科系の微分積分学の基礎』から引用して解説している．いくつかの問題ではかなり複雑な計算を必要とする問題もあるが丁寧に解説したつもりである．またこの章の最後に「積分の章末問題」として総合的な問題を集めた6回分の演習問題を設定したのでトライして欲しい．

　第3章では第0章の確認問題の答えと第1章の「微分の章末問題」および第2章の「積分の章末問題」の細かい解答を載せた．自分の力で解いたときは最後の答えを参照すればよい．本書の解法は参考程度にして，自分の力で解くことが最優先である．

　特に工学系の諸君には計算が大事な要素なので粘り強い計算を習得して欲

しい.

2011 年 2 月

著者

目　　次

第 0 章　これだけは知っておこう ── 何題解けますか ──　　1
　0.1　論理と集合とは　　1
　0.2　数と式の計算とは　　4
　0.3　三角関数とは　　6
　0.4　指数, 対数とは　　12
　0.5　2 次曲線とは　　14
　0.6　数列, 極限とは　　18
　0.7　導関数, 微分とは　　20
　0.8　グラフ, 増減表とは　　22
　0.9　変曲点, 極値とは　　23
　0.10　微分方程式とは　　24
　0.11　*巾(べき)級数展開とは　　25
　0.12　*江戸時代の数学である和算とは　　26

第 1 章　微分の演習　　28
　1.1　論理と集合　　28
　1.2　数列と極限　　30
　1.3　存在定理と連続　　33
　1.4　連続関数, 逆関数　　35
　1.5　微分　　38
　1.6　平均値の定理　　41
　1.7　合成関数の微分　　44
　1.8　級数　　46
　1.9　指数関数と対数関数　　47
　1.10　三角関数と逆三角関数　　52

1.11	巾(べき)級数展開	54
1.12	偏微分	57
1.13	合成関数の微分	59
1.14	陰関数	62
1.15	極値問題	63
1.16	微分の章末問題	70

第2章　積分の演習　　76

2.1	不定積分 I	76
2.2	不定積分 II	80
2.3	不定積分 III	85
2.4	定積分 I	93
2.5	定積分 II	95
2.6	定積分 III	103
2.7	応用 I	108
2.8	応用 II	110
2.9	曲線の長さ	113
2.10	重積分	116
2.11	変数変換	120
2.12	回転体，錘の体積，重心	126
2.13	線積分とグリーンの定理	130
2.14	ラプラス変換	132
2.15	積分の章末問題	137

第3章　解答編　　143

3.1	確認問題の答	143
3.2	微分の章末問題解答	164
3.3	積分の章末問題解答	178

索　引　　200

第0章

これだけは知っておこう ——何題解けますか——

0.1 論理と集合とは

命題と集合　正しいか正しくないかはっきり決まる事柄を**命題**または**主張**(本書ではこちらを用いる) という.

　正しいときはその主張を**真**といい, 真でないときをその主張を**偽**という.

☐ **確認問題 1-1**　143 ページから始まる解答をみて正解のときは ☑ と書き込んでみよう.

次の問題は主張か.
(1)　「5 は小さい数である」
(2)　「整数 a, b に対して ab が奇数ならば, a も b も奇数である」
(3)　「10000001 から 100000100 までの整数で素数は 2 個しかない」
(4)　「あるクレタ人がクレタ人は嘘つきと言った[1]」

　主張:「P ならば Q」を「$P \Rightarrow Q$」と書くこともある. このとき, P を**仮定**といい, Q を**結論**という.

　$P \Rightarrow Q$ が真のとき, 直感的には図 0.1(1) のようになり,

　$P \Rightarrow Q$ が偽のときは, 図 0.1(2) のようになり, P であって, Q でな

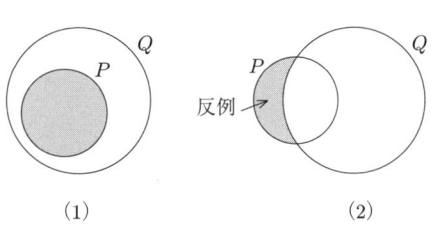

図 0.1

---

[1] クレタとはギリシャの最大の島であり, これは新約聖書「テトスへの手紙 1.12」よりの引用.

い例を見つければよい．このような例を**反例**（はんれい）という．すなわち反例が見つかればその主張は偽となる．

ここで**集合**（しゅうごう）は単に「もの」の集まりといっておこう．しかし漠然としたものは扱えない．集合の中の一つひとつを**要素**（ようそ）という．a が集合 A の要素であるとき「a は集合 A に**属する**（ぞく）」といい，次のように表す．

$$a \in A \quad \text{または} \quad A \ni a.$$

また，b が集合 A の要素でないとき「b は集合 A に属さない」といい次のように表す．

$$b \notin A \quad \text{または} \quad A \not\ni b.$$

集合 A の要素の個数を $n(A)$, $|A|$, $\#A$ などと表す．

集合の要素を表すときは次のような方法がある．

$$U = \{k \mid k \text{ は 2 桁の自然数}\} = \{10, 11, 12, \cdots, 98, 99\}$$
$$M = \{x \mid 1 \leqq x \leqq 10, x \text{ は奇数}\} = \{1, 3, 5, 7, 9\}$$

左側を条件による表し方，右側を要素による表し方という．教科書第 1.1 節参照．

要素が多いときとか，要素では表せないときは次のように表すこともある．

$$3 \text{ の倍数全体} \{\cdots, -9, -6, -3, 0, 3, 6, 9, \cdots\},$$

自然数全体 $\mathbb{N} = \{1, 2, 3, \cdots\}$ とか，整数全体 $\mathbb{Z} = \{\cdots, -2, -1, 0, 1, 2, \cdots\}$ とか，有理数全体 $\mathbb{Q} = \{x \mid x \text{ は有理数}\}$ とか．

集合の記号　教科書第 1.1 節より

$$A \cup B = \{x \mid x \in A \text{ または } x \in B\} (\text{和集合}),$$
$$A \cap B = \{x \mid x \in A \text{ かつ } x \in B\} (\text{共通集合}),$$
$$A \setminus B = \{x \mid x \in A \text{ かつ } x \notin B\} (\text{差集合}),$$
$$A^c = \overline{A} = \{x \mid x \notin A\} (\text{補集合}).$$

☐ **確認問題 1-2**　30 の正の約数全体の集合を A とするとき，次の ☐ に「$\in$」または「$\notin$」を書き入れよ．

(1) 1 ☐ A　(2) 8 ☐ A　(3) 15 ☐ A　(4) 30 ☐ A.

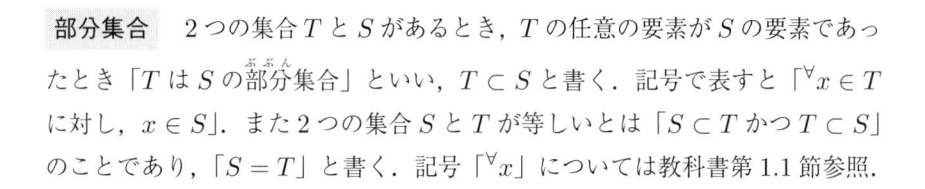

部分集合 2つの集合 T と S があるとき，T の任意の要素が S の要素であったとき「T は S の部分集合」といい，$T \subset S$ と書く．記号で表すと「${}^\forall x \in T$ に対し，$x \in S$」．また2つの集合 S と T が等しいとは「$S \subset T$ かつ $T \subset S$」のことであり，「$S = T$」と書く．記号「${}^\forall x$」については教科書第 1.1 節参照．

☐ **確認問題 1-3** 3桁の自然数の集合 S のなかで，部分集合 $A = \{k \mid k$ は 12 の倍数$\}$, $B = \{m \mid m$ は 20 の倍数$\}$ を考えるとき，次の集合の要素の個数を求めよ．
 (1) A (2) B (3) B^c (4) $A \cap B$ (5) $A^c \cup B^c$

☐ **確認問題 1-4** $\mathbb{Z}$ を整数全体とするとき，次の集合 A, B について，$A \subset B$ を証明せよ．
$$A = \{n \mid n^2 \leqq 16, n \in \mathbb{Z}\}, \quad B = \{n \mid -5 \leqq n \leqq 5, n \in \mathbb{Z}\}$$

必要条件と十分条件と背理法 定義：$P \Rightarrow Q$ が真のとき，P を Q であるために十分なので**十分**(な)**条件**といい，Q は P であるために必要なので**必要**(な)**条件**という．

$P \Rightarrow Q$ と $P \Leftarrow Q$ がともに真のとき，P は Q であるための (あるいは Q は P であるための) **必要**(かつ)**十分**(な)**条件**という．

$P \Rightarrow Q$ が真を示すのに，不成立と仮定して Q を偽とする．このとき，何か矛盾が生じれば Q は正しいか正しくないかのどちらか (排中律，教科書第 1.1 節参照) であり，Q が偽として矛盾が生じたのだから Q は正しい．すなわち $P \Rightarrow Q$ は正しい．この間接証明を**背理法**という．

☐ **確認問題 1-5** x, y, z は実数とする．次の ☐ に「必要条件」か「十分条件」か「必要十分条件」か「どちらでもない」を書け．
 (1) $x^2 - xy + y^2 = 0$ は $x = 0$ であるための ☐．
 (2) $(x-1)(x-4) = 0$ は $\sqrt{x} = x - 2$ であるための ☐．
 (3) $x \geqq 0$ または $y \geqq 0$ は $(x+y)xy \geqq 0$ であるための ☐．

(4) $x^4 - 5x^3 + 6x^2 < 0$ は $2 < x < 3$ であるための ☐ ．

□ **確認問題 1-6** 実数 a, b について，主張「$a^2 + b^2 = 0$ ならば $a = 0$ かつ $b = 0$」を背理法で証明せよ．

□ **確認問題 1-7**
(1) 「A と B 共に正しい」の否定は「A または B の少なくともどちらかが正しくない」
(2) 「A または B の少なくともどちらかが正しい」の否定は「A と B のどちらも正しくない」
を教科書の (1.1) を使って確認せよ．

0.2 数と式の計算とは

次の公式は基本である．左辺を展開して確認しておこう．

公式 1.
$$(a+b)^2 = a^2 + 2ab + b^2$$
$$(a+b)(a-b) = a^2 - b^2$$
$$(a+b)^3 = a^3 + 3a^2b + 3ab^2 + b^3$$
$$(a+b)(a^2 - ab + b^2) = a^3 + b^3$$
$$(a-b)(a^2 + ab + b^2) = a^3 - b^3$$
$$(a^2 + ab + b^2)(a^2 - ab + b^2) = a^4 + a^2b^2 + b^4$$
$$(x-1)(x^{n-1} + x^{n-2} + \cdots + 1) = x^n - 1.$$

□ **確認問題 2-1** 次の式を展開せよ．
(1) $(2x - y)^3$ (2) $(2x + 3)^3$ (3) $(a + b + c)^2$
(4) $(x - y)(x^2 + xy + y^2)$ (5) $(x - y)(x^{n-1} + x^{n-2}y + \cdots + y^{n-1})$

□ **確認問題 2-2** 次の式を整数係数の範囲で因数分解せよ．
(1) $x^4 + x^2 + 1$ (2) $x^4 - 16y^4$ (3) $x^{12} - y^{12}$

相加平均と相乗平均　与えられた n 個の負でない数 $a_1, a_2, a_3, \cdots, a_n$ に対して $\dfrac{a_1 + a_2 + a_3 + \cdots + a_n}{n}$ を**相加平均**といい，$(a_1 \cdot a_2 \cdot a_3 \cdots a_n)^{\frac{1}{n}}$ を**相乗平均**という．

相乗平均は $\sqrt[n]{a_1 \cdot a_2 \cdot a_3 \cdots a_n}$ と書くこともある．このとき次の不等式 相加平均 $\geqq$ 相乗平均が成立する．

$$\dfrac{a_1 + a_2 + a_3 + \cdots + a_n}{n} \geqq (a_1 \cdot a_2 \cdot a_3 \cdots a_n)^{\frac{1}{n}}.$$

等号は $a_1 = a_2 = a_3 = \cdots = a_n$ のときのみ成立．$n = 2$ のとき $\sqrt[2]{x} = \sqrt{x}$ と書き，根号の 2 を省略する．一般の証明は「談話室：相加平均 $\geqq$ 相乗平均」を参照 (68 ページ)．

☐ **確認問題 2-3**　$n = 2$ の場合に上の不等式は次のようになる．これを証明せよ．

$a \geqq 0, b \geqq 0$ のとき $\dfrac{a+b}{2} \geqq \sqrt{ab}$ が成立する．等号は $a = b$ のときのみ成立．

☐ **確認問題 2-4**　$n = 3$ の場合に上の不等式は次のようになる．これを証明せよ．

$$a \geqq 0,\ b \geqq 0,\ c \geqq 0 \text{ のとき } \dfrac{a+b+c}{3} \geqq \sqrt[3]{abc}.$$

等号は $a = b = c$ のときのみ成立．

2 次方程式　与えられた方程式 $f(x) = 0$ を満たす x のことをこの方程式の**解**といい，解を求めることを**解く**という．

1. 2 次方程式 $ax^2 + bx + c = 0\ (a \neq 0)$ の解は左辺が因数分解できれば簡単であるが，できないときは次の**解の公式**を用いる．

$$\text{解の公式}: x = \dfrac{-b \pm \sqrt{b^2 - 4ac}}{2a}.$$

求めた解のうち根号内が負のときはこれを $\sqrt{-1} = i$ なる単位 (虚数単位) を用いて表す．このように実数を拡張した数 $x + iy\,(x, y\text{ は実数})$ を**複素**

数という．

特に1次の係数が偶数のとき，すなわち $b = 2b'$ のとき $ax^2 + 2b'x + c = 0$ の解の公式は次のようになる．これを**解の第2公式**という．

$$x = \frac{-b' \pm \sqrt{b'^2 - ac}}{a}.$$

2. 3次方程式 $ax^3 + bx^2 + cx + d = 0 \ (a \neq 0)$ の解の公式はあるが簡単ではない．因数分解で求めることができる場合もある[2]．

☐ 確認問題 2-5

次の問いに答えよ．
(1) 1次方程式 $ax + b = 0$ を解け．
(2) 2次方程式の解の公式を導け．
(3) 2次方程式の解の第2公式を導け．

☐ 確認問題 2-6

次の方程式を解け．
(1) $x^2 - 2x - 15 = 0$ (2) $x^4 - 7x^2 + 12 = 0$
(3) $(x^2 + x)^2 - 2(x^2 + x) - 3 = 0$ (4) $2x^2 - 6x - 3 = 0$
(5) $5x^2 + 14x - 10 = 0$ (6) $x^3 = 1$

0.3 三角関数とは

工科の数学では三角関数が重要な概念となるのでしっかり確認しておこう．

弧度法 角の計り方は1回転を $360°$ として計る暦からくる度数法と半径 r の円の弧の長さ ℓ が半径の何倍かを用いた弧度法がある．$\theta = \dfrac{\ell}{r}$ で角を表すが度に対して**ラジアン**と呼ぶ．これを弧度法という．$\ell = \pi r$ (半円) のときは $\theta = \pi$ (ラジアン) $= 180°$ となる．

---

[2] カルダーノ (1501-1576) による3次の解の公式がある．4次方程式についてもフェラーリ (1522-1565) の解の公式がある．5次以上についてはない．これが有名なアーベル (1802-1829) の業績である．

0.3 三角関数とは

このことより次の関係は明らかである．

$$1(\text{ラジアン}) = \frac{180°}{\pi}, \quad 1° = \frac{\pi}{180}.$$

また，定義から

$$\ell(\text{弧長}) = r\theta, \quad S(\text{扇形の面積}) = \pi r^2 \cdot \frac{\theta}{2\pi} = \frac{1}{2}r^2\theta$$

となる．図 0.2 参照．

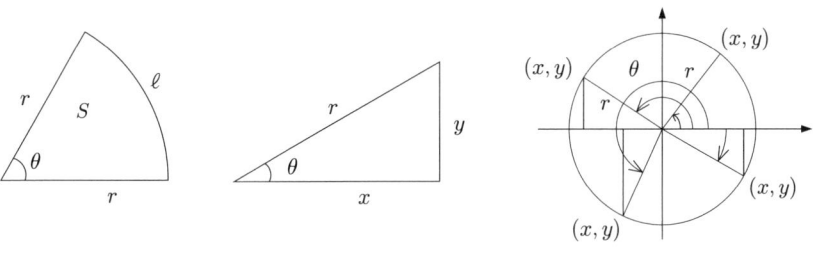

図 0.2

三角比 $\sin\theta = \dfrac{y}{r}$ (サインシータ), $\cos\theta = \dfrac{x}{r}$ (コサインシータ),

$$\tan\theta = \frac{y}{x} \text{ (タンジェントシータ)}.$$

(1) 直角三角形の鋭角の 1 つを θ とし，斜辺の長さを r，横と縦の長さを x, y とするとき，その比の値は相似三角形では θ によって一意に決まるのでそれらを**三角比**または**三角関数**という．

(2) 角を拡張して回転と負を考えた一般角 ($\theta = \alpha + 360° \times n$ ただし，n は整数である) については定義を拡張して座標 (x, y) の数値と半径 $r(> 0)$ の比を用いて**三角関数**として定義する．

(3) このとき単位円 ($r = 1$) を使えば座標の数値 x, y そのものが $\cos\theta, \sin\theta$ の値となり負も生じる．

☐ **確認問題 3-1** 次の表の空欄を適当な数値で埋めよ．ただし，$0°, 90°, 180°, 270°$ のときは直角三角形はできないがその三角関数の値については上記の (3) を使え．

三 角 比							
角度	$0°$	$30°$		$60°$		$120°$	
ラジアン			$\dfrac{\pi}{4}$		$\dfrac{\pi}{2}$		$\dfrac{3\pi}{4}$	$\dfrac{5\pi}{6}$
$\sin\theta$							
$\cos\theta$							
$\tan\theta$					なし		

三 角 比								
角度	$180°$	$210°$	$225°$		$300°$		$330°$	$360°$
ラジアン				$\dfrac{3\pi}{2}$		$\dfrac{7\pi}{4}$		
$\sin\theta$								
$\cos\theta$								
$\tan\theta$				なし				

三角関数の相互関係　定義から明らかなように三角関数には次の関係がある．

(1)　$\sin^2\theta + \cos^2\theta = 1$　　　　(2)　$\tan\theta = \dfrac{\sin\theta}{\cos\theta}$

(3)　$1 + \tan^2\theta = \dfrac{1}{\cos^2\theta}$

☐ **確認問題 3-2**　上の関係式を直角三角形で証明せよ．

☐ **確認問題 3-3**　θ が第 4 象限の角で，$\cos\theta = \dfrac{2}{3}$ のとき，$\sin\theta = \boxed{}$ かつ $\tan\theta = \boxed{}$ である．

三角関数の性質　上記の定義 (3) より次の性質があることを，図 0.3(1) を参考にして確認せよ．

$\sin(\theta + 2n\pi) = \sin\theta,\quad \cos(\theta + 2n\pi) = \cos\theta,\quad \tan(\theta + 2n\pi) = \tan\theta.$
$\sin(\theta + \pi) = -\sin\theta,\quad \cos(\theta + \pi) = -\cos\theta,\quad \tan(\theta + \pi) = \tan\theta.$

$$\sin(-\theta) = -\sin\theta, \qquad \cos(-\theta) = \cos\theta, \qquad \tan(-\theta) = -\tan\theta.$$
$$\sin\left(\frac{\pi}{2}+\theta\right) = \cos\theta, \quad \cos\left(\frac{\pi}{2}+\theta\right) = -\sin\theta, \quad \tan\left(\frac{\pi}{2}+\theta\right) = -\frac{1}{\tan\theta}.$$

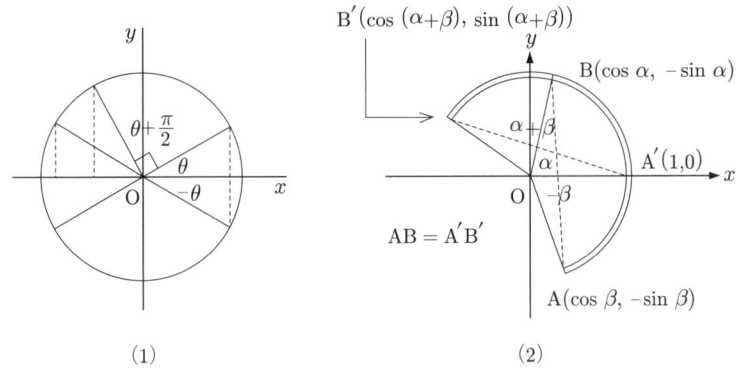

図 0.3

加法定理　加法定理とは次の公式をいう．なおここでは微分積分での使用を考え，角を x, y としている．

$$\sin(x+y) = \sin x \cdot \cos y + \cos x \cdot \sin y$$
$$\sin(x-y) = \sin x \cdot \cos y - \cos x \cdot \sin y$$
$$\cos(x+y) = \cos x \cdot \cos y - \sin x \cdot \sin y$$
$$\cos(x-y) = \cos x \cdot \cos y + \sin x \cdot \sin y$$
$$\tan(x+y) = \frac{\tan x + \tan y}{1 - \tan x \cdot \tan y}$$
$$\tan(x-y) = \frac{\tan x - \tan y}{1 + \tan x \cdot \tan y}$$

確認問題 3-4　図 0.3(2) で線分の長さ $\mathrm{AB} = \mathrm{A'B'}$ を計算して上の加法定理を証明せよ．ただし図では角を x, y の代わりに α, β としている．

☐ 確認問題 3-5

オイラーの公式：$e^{i\theta} = \cos\theta + i\sin\theta$ （教科書 66 ページを参照）
を用いて $e^{i(x+y)} = e^{ix} \cdot e^{iy}$ と $\sin(x+y)$ と $\cos(x+y)$ の加法定理が同値であることを示せ．ただし，$e = \lim_{n\to\infty}\left(1+\dfrac{1}{n}\right)^n = 2.71828\cdots$，$i = \sqrt{-1}$ である．

☐ 確認問題 3-6
次の値を $75° = 45° + 30°$，$15° = 45° - 30°$ 等を利用して求めよ．

(1)　$\sin 75°$　　　　(2)　$\sin 15°$　　　　(3)　$\cos 75°$

(4)　$\cos 15°$　　　　(5)　$\tan 105°$　　　(6)　$\tan 15°$

積和公式　加法定理より，次の公式 (積和公式) が導かれる．

$$\sin x \cdot \cos y = \frac{1}{2}\{\sin(x+y) + \sin(x-y)\}$$

$$\cos x \cdot \sin y = \frac{1}{2}\{\sin(x+y) - \sin(x-y)\}$$

$$\cos x \cdot \cos y = \frac{1}{2}\{\cos(x+y) + \cos(x-y)\}$$

$$\sin x \cdot \sin y = -\frac{1}{2}\{\cos(x+y) - \cos(x-y)\}$$

☐ 確認問題 3-7
上の「積和公式」を証明せよ．

☐ 確認問題 3-8
「積和公式」を利用して，次の値を求めよ．

(1)　$\sin 45° \cos 15°$　　(2)　$\cos 45° \cos 75°$　　(3)　$\sin 75° \sin 15°$

和積公式　「積和公式」より，次の公式 (和積公式) が導かれる．

$$\sin x + \sin y = 2\sin\left(\frac{x+y}{2}\right) \cdot \cos\left(\frac{x-y}{2}\right)$$

$$\sin x - \sin y = 2\cos\left(\frac{x+y}{2}\right) \cdot \sin\left(\frac{x-y}{2}\right)$$

$$\cos x + \cos y = 2\cos\left(\frac{x+y}{2}\right) \cdot \cos\left(\frac{x-y}{2}\right)$$

$$\cos x - \cos y = -2\sin\left(\frac{x+y}{2}\right) \cdot \sin\left(\frac{x-y}{2}\right)$$

☐ **確認問題 3-9**　上の「和積公式」を証明せよ．

☐ **確認問題 3-10**　「和積公式」を利用して，次の値を求めよ．
(1)　$\sin 75° + \sin 15°$　　　　(2)　$\cos 75° + \cos 15°$
(3)　$\sin 20° + \sin 40° - \sin 80°$

2倍角の公式
$$\sin 2x = 2\sin x \cos x$$
$$\cos 2x = \cos^2 x - \sin^2 x = 2\cos^2 x - 1 = 1 - 2\sin^2 x$$
$$\tan 2x = \frac{2\tan x}{1-\tan^2 x}$$

☐ **確認問題 3-11**　上の「2倍角の公式」を証明せよ．

☐ **確認問題 3-12**　「オイラーの公式：$e^{i\theta} = \cos\theta + i\sin\theta$」と「ド・モアブルの公式：$e^{in\theta} = (\cos\theta + i\sin\theta)^n$」を $n=3$ に用いて，次の **3倍角の公式**を示せ．教科書第1.11節67ページを参照．
$$\sin 3x = 3\sin x - 4\sin^3 x, \qquad \cos 3x = 4\cos^3 x - 3\cos x$$

半角の公式
$$\cos^2 x = \frac{1+\cos 2x}{2}, \quad \sin^2 x = \frac{1-\cos 2x}{2}, \quad \tan^2 x = \frac{1-\cos 2x}{1+\cos 2x}$$

☐ **確認問題 3-13**　上の「半角の公式」を証明せよ．

三角関数の合成　$a\sin\theta + b\cos\theta = \sqrt{a^2+b^2}\sin(\theta+\alpha)$ を三角関数の合成という．ただし，$\sin\alpha = \dfrac{b}{r}$, $\cos\alpha = \dfrac{a}{r}$, $r = \sqrt{a^2+b^2}$．

☐ **確認問題 3-14**　上の「三角関数の合成」を証明せよ．

□ **確認問題 3-15** 上の「三角関数の合成」を用いて，次の問いに答えよ．
(1) $\sin x + \sqrt{3}\cos x$ を合成せよ．
(2) $\sqrt{3}\cos x - \sin x - 3$ の最大値と最小値を求めよ．

0.4 指数，対数とは

累乗根 $\sqrt[n]{a}$　$x^n = a$ なる解を a の n 乗根という．ここでは実数に限定する．

$a > 0$ とする．このとき，n が偶数であれば解は 2 個ある．正の方を $\sqrt[n]{a}$ と書き，負の方を $-\sqrt[n]{a}$ と書く．ただし $n = 2$ のとき単に $x = \pm\sqrt{a}$ と書き，根号の 2 を省略する．n が奇数のとき，解は 1 個あり $\sqrt[n]{a}$ と書く．

$a < 0$ のとき，n が奇数のときのみ解 $x = \sqrt[n]{a}$ がある．たとえば，$x^3 = -8$ なので $\sqrt[3]{-8} = -2$ である．立方根のときは根号内は負でもよい．

$n = 2$ のとき 2 乗根 (平方根)，$n = 3$ のとき 3 乗根 (立方根)，$n = 4$ のとき 4 乗根，$\cdots$．これらをまとめて**累乗根**という．

a^x (冪) の定義　$x = n$ が整数のとき，a の n 個の積を a^n $(n > 0)$ と書き，**累乗**または**冪**という．特に $a^1 = a$，$a^0 = 1 (a \neq 0)$，$a^{-n} = \dfrac{1}{a^n} (a \neq 0)$ と表す．$x = \dfrac{n}{m}$ (m, n は正の整数) のとき，$a^x = a^{\frac{n}{m}} = \sqrt[m]{a^n}$ $(a > 0)$ と表す．

$x = -r$ が負の有理数 (分数) のとき，$a^x = a^{-r} = \dfrac{1}{a^r}$ と表す．

指数法則　$a > 0, b > 0$ で p, q は実数とするとき，次の計算規則がある．これを指数法則という．

$$a^p \cdot a^q = a^{p+q}, \quad (a^p)^q = a^{pq}, \quad (ab)^p = a^p \cdot b^p.$$

□ **確認問題 4-1** 次の □ に適する整数または分数を求めて指数法則を確認せよ．
(1) $x^3 \times x^5 = x^{\square}$　(2) $\dfrac{1}{x^4} = x^{\square}$　(3) $\sqrt[3]{x^2} = x^{\square}$

(4) $\dfrac{1}{\sqrt[3]{x^2}} = x^{\square}$　(5) $\dfrac{\sqrt[5]{x^4}}{\sqrt[3]{x^2}} = x^{\square}$

0.4 指数, 対数とは

☐ **確認問題 4-2** 次の ☐ に適する整数, または分数を求めよ.

(1) $10^0 = $ ☐ (2) $2^{-4} = $ ☐ (3) $(-2)^{-3} = $ ☐

(4) $\sqrt[4]{16} = $ ☐ (5) $\sqrt[3]{343} = $ ☐ (6) $\sqrt[3]{\dfrac{1}{8}} = $ ☐

(7) $\sqrt[6]{4^3} = $ ☐ (8) $\sqrt[4]{3} \cdot \sqrt[4]{27} = $ ☐

(9) $\sqrt[4]{\sqrt{256}} = $ ☐ (10) $8^{\frac{1}{3}} = $ ☐

(11) $81^{-\frac{5}{4}} = $ ☐ (12) $\left(\dfrac{125}{64}\right)^{\frac{1}{3}} = $ ☐

☐ **確認問題 4-3** 次の計算をせよ.

(1) $2^0 \div 2^{-4} = $ ☐ (2) $\sqrt[4]{64} \div \sqrt[4]{4} = $ ☐

(3) $0.125^{-\frac{2}{3}} = $ ☐ (4) $(8^{\frac{1}{2}} \times 4^{\frac{1}{4}})^{\frac{1}{2}} = $ ☐

(5) $\sqrt{6} \times \sqrt[4]{54} \div \sqrt[4]{6} = $ ☐ (6) $\sqrt[3]{\sqrt{32}} \times \sqrt{8} \div \sqrt[3]{-16} = $ ☐

対数の定義 $a^x = y \ (a > 0, a \neq 1, y > 0)$ のときに指数 x を主役として $x = \log_a y$ と書き,「a を底とする y の対数^{たいすう}」という.

☐ **確認問題 4-4** 次の値を求めよ.

(1) $\log_a a = $ ☐ (2) $\log_a 1 = $ ☐ (3) $\log_9 $ ☐ $ = 2$

(4) $\log_{10} $ ☐ $ = -3$ (5) $\log_{\frac{1}{2}} 4 = $ ☐ (6) $\log_2 8 = $ ☐

(7) $\log_{100} 10 = $ ☐ (8) $\log_5 \dfrac{1}{25} = $ ☐

対数基本法則

(1) $\log_a 1 = 0, \ \log_a a = 1$

(2) $\log_a(uv) = \log_a u + \log_a v$ （積の対数は対数の和）

(3) $\log_a \dfrac{u}{v} = \log_a u - \log_a v$ （商の対数は対数の差）

(4) $\log_a u^n = n \log_a u$ （n 乗の対数は前に落ちる）

(5) $\log_a u = \dfrac{\log_b u}{\log_b a}$ （底の変換）

☐ **確認問題 4-5** 指数法則を使って, 上の対数基本法則を証明せよ.

確認問題 4-6 次の計算をせよ．

(1) $\log_3 \dfrac{27}{35} + \log_3 105$

(2) $\log_5 \sqrt{2} + \dfrac{1}{2}\log_5 \dfrac{25}{12} - \dfrac{3}{2}\log_5 \dfrac{1}{\sqrt[3]{6}}$

(3) $\log_5 8^2 - \log_5 4 + \log_5 \sqrt{2}$

0.5 2次曲線とは

方程式による定義　(x, y) 平面では；

(1) $x^2 + y^2 = r^2 \ (r > 0)$ の表す曲線を，中心が原点 $(0,0)$ で半径が r の**円**という．$(x-p)^2 + (y-q)^2 = r^2$ のときは中心が (p, q) で半径が r の円となる（図 0.4(1), 0.5(1) 参照）．

(2) $\dfrac{x^2}{a^2} + \dfrac{y^2}{b^2} = 1, \ (a > b > 0)$ の表す曲線を**楕円**という．$(0,0)$ を中心といい，$A'(-a, 0)$，$A(a, 0)$，$B'(0, -b)$，$B(0, b)$ とするとき，$A'A$ を長軸，$B'B$ を短軸という．また，$F(\sqrt{a^2 - b^2}, 0)$ と $F'(-\sqrt{a^2 - b^2}, 0)$ を焦点という．これを x 軸方向に p，y 軸方向に q 移動すると，中心が (p, q) となる楕円 $\dfrac{(x-p)^2}{a^2} + \dfrac{(y-q)^2}{b^2} = 1$ となる．特に，$a = b$ とすれば円となる（図 0.4(2), 0.5(2) 参照）．

(3) $\dfrac{x^2}{a^2} - \dfrac{y^2}{b^2} = 1, \ (a > 0, b > 0)$ の表す曲線を**双曲線**といい，$F(\sqrt{a^2 + b^2}, 0)$ と $F'(-\sqrt{a^2 + b^2}, 0)$ を焦点，$y = \pm\dfrac{b}{a}x$ を**漸近線**という．これを x 軸方向に p，y 軸方向に q 移動すると中心が (p, q) となる双曲線 $\dfrac{(x-p)^2}{a^2} - \dfrac{(y-q)^2}{b^2} = 1$ となる（図 0.4(3), 0.5(3) 参照）．

(4) $y^2 = 4px \ (p \neq 0)$ の表す曲線を**放物線**という．原点 $O(0,0)$ を頂点，$F(p, 0)$ を焦点といい，直線 $x = -p$ を**準線**という．これを x 軸方向に t，y 軸方向に q 移動すると頂点が (t, q) なる放物線 $(y - q)^2 = 4p(x - t)$ となる（図 0.4(4), 0.5(4) 参照）．

(1) $x^2+y^2=r^2$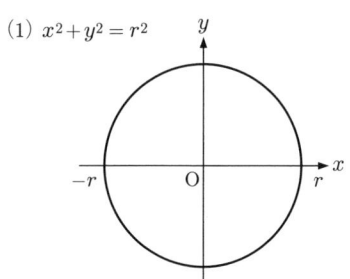

(2) $\dfrac{x^2}{a^2}+\dfrac{y^2}{b^2}=1$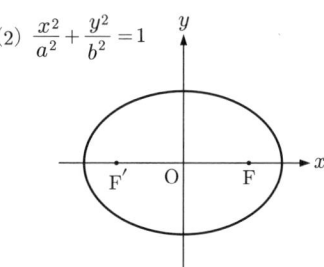

(3) $y=-\dfrac{b}{a}x$, $y=\dfrac{b}{a}x$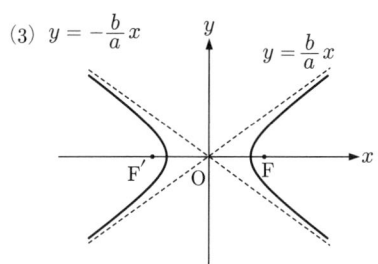

(4) $y^2=4px$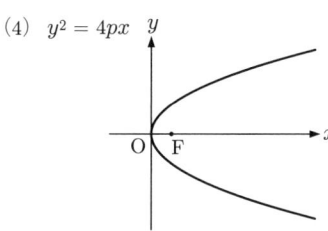

図 **0.4**

(1) $(x-p)^2+(y-q)^2=r^2$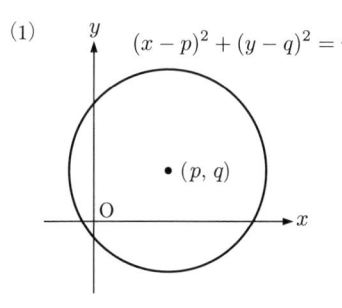

(2) $\dfrac{(x-p)^2}{a^2}+\dfrac{(y-q)^2}{b^2}=1$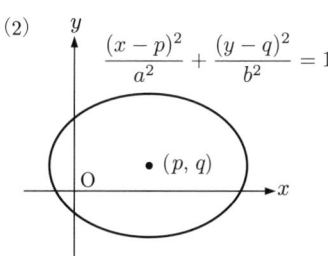

(3) $\dfrac{(x-p)^2}{a^2}-\dfrac{(y-q)^2}{b^2}=1$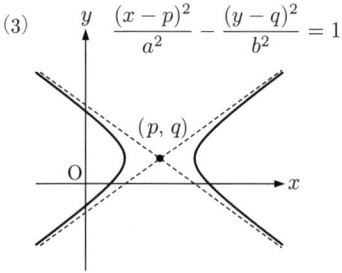

(4) $(y-q)^2=4p(x-t)$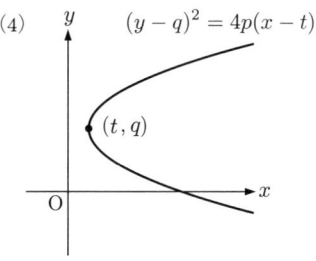

図 **0.5**

☐ **確認問題 5-1** 次の楕円の長軸と短軸の長さ，焦点の座標を求め，そのグラフの概形を描け．

(1) $\dfrac{x^2}{4} + y^2 = 1$ 　　　(2) $\dfrac{x^2}{16} + \dfrac{y^2}{25} = 1$

(3) $4x^2 + 25y^2 = 100$ 　　　(4) $9x^2 + 4y^2 + 18x - 27 = 0$

☐ **確認問題 5-2** 次の双曲線の焦点 F, F′ の座標と漸近線の式を求め，そのグラフの概形を描け．

(1) $\dfrac{x^2}{9} - \dfrac{y^2}{4} = 1$ 　　　(2) $x^2 - \dfrac{y^2}{4} = -1$

(3) $16x^2 - 9y^2 = 144$ 　　　(4) $x^2 - y^2 - 2x - 6y - 10 = 0$

☐ **確認問題 5-3** 次の放物線の焦点 F と準線 ℓ の式を求め，そのグラフの概形を描け．

(1) $y^2 = 4x$ 　　　(2) $y = x^2$

(3) $y = -\dfrac{1}{6}x^2$ 　　　(4) $y^2 - 6y = x$

軌跡としての曲線

(1) 定点から一定の距離にある点の集まりは**円**となる．たとえば草原で羊を定点で止めた紐で放牧すると草を食べた後は定点を中心とし紐の長さを半径とする円状になっている．

(2) 2 つの定点 F, F′ からの距離の和が一定 $\text{FP} + \text{F}'\text{P} = 2a$ となる点 P の集まりは**楕円**となる．平面上に 2 つのピンを止めそれを両端とする長さ $2a$ の紐を掛け緩まないように鉛筆で張って曲線を引くと楕円が描かれる．

(3) 2 つの定点 F, F′ からの距離の差が一定 $\text{FP} - \text{F}'\text{P} = \pm 2a\,(a > 0)$ となる点 P の集まりは**双曲線**となる．

(4) 定点 F とこれを通らない定直線 ℓ(準線) が与えられたとき，点 P から ℓ に下した距離と FP が等しいような点の集合は**放物線**となる．

☐ **確認問題 5-4** 次の条件を満たす点 $\text{P}(x, y)$ の方程式を求めよ．ただし，2 点 $\text{A}(x_1, y_1)$, $\text{B}(x_2, y_2)$ の距離は $\text{BA} = \sqrt{(x_2 - x_1)^2 + (y_2 - y_1)^2}$ であ

る事実を思い出しておく．
(1) 2点 F$(c, 0)$, F$'(-c, 0)$ と点 P(x, y) があって，PF+PF$'=2a\,(a>0)$ のとき，P(x,y) はどんな図形を描くか．その方程式を求めよ．
(2) 2点 F$(c, 0)$, F$'(-c, 0)$ と点 P(x, y) があって，PF $-$ PF$'=\pm 2a$ のとき，P(x,y) はどんな図形を描くか．その方程式を求めよ．
(3) 定直線 $x=-p\,(p\neq 0)$ と定点 F$(p, 0)$ から等距離にある点 P(x, y) の満たす方程式を求めよ．

光学の面から　工学系の微分積分あるいは線形代数で扱う 2 次曲線は方程式としての定義を多用する．しかし，この 2 次曲線は古来より研究されいくつかの分野で応用されている．光学の面からだけを見た性質を証明抜きで紹介する．
(1) 円では中心から出た光は円周で反射すると再び中心に戻る．図 0.6(1) 参照．
(2) 楕円の 1 つの焦点 F$'$ から発した光 (または音) は楕円周上で反射して，他

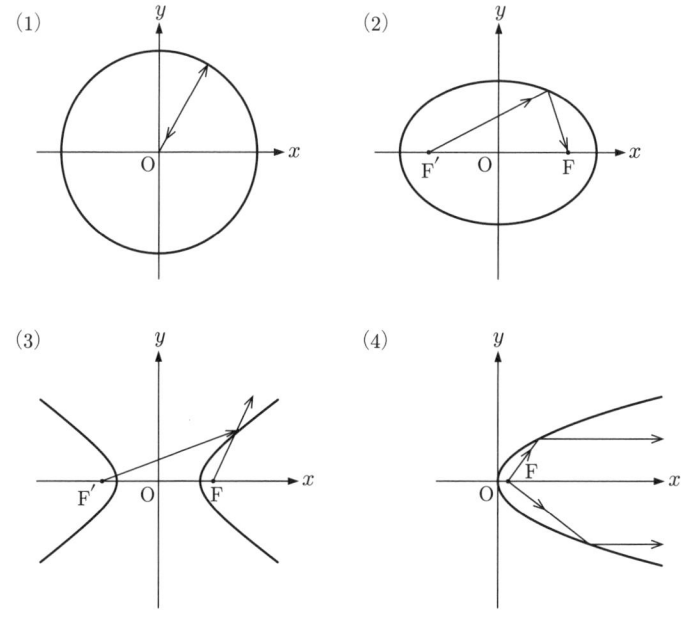

図 0.6

方の焦点 F を通過する．図 0.6(2) 参照．
(3) 双曲線の 1 つの焦点 F′ から発した光が双曲線を通過するとき，その点と他の焦点 F を結ぶと反射角が等角になる．図 0.6(3) 参照．
(4) 放物線の焦点 F から発した光は放物線上で反射して軸と平行に進む．逆に太陽光のような平行光線は放物線の上で反射して焦点 F を通る．図 0.6(4) を参照．

円錐曲線　古代ギリシャ数学では円錐台を切った切り口としての曲線を研究した．そこでこの曲線を「円錐曲線」といった．実際には確認問題 5-4 で方程式で与えた 2 次曲線となるが証明を略して紹介する．
(1) 円錐台を平面で切るとき，切り口が閉じた曲線ならば，それは**円か楕円**となる．図 0.7(1) 参照．
(2) 円錐台を 1 つの母線に平行な平面で切ると切り口は**放物線**となる．図 0.7(2) 参照．
(3) それ以外の切り口は**双曲線**となる．図 0.7(3) 参照．
(4) 特に円錐の軸を含む平面で切ると 2 直線となり，母線を含む平面で切ると 1 直線となる．

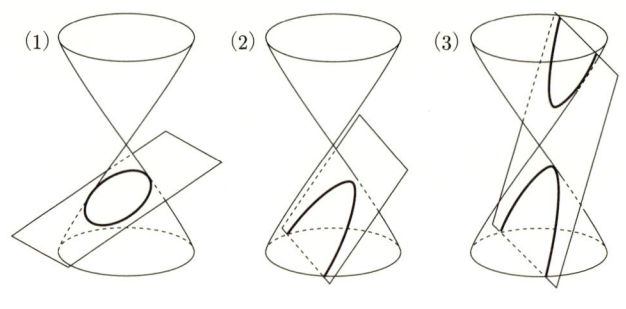

図 0.7

0.6　数列，極限とは

数列 $20, 17, 14, 11, \cdots$ は初項 20 に次々と一定の数 $d = -3$ を加えて得られる．このように，数列 $a_1, a_2, a_3, \cdots, a_n, a_{n+1}, \cdots$ の各項が前の項に一定の数 d を加えて得られているとき，すなわち $a_{n+1} = a_n + d$ であるときこの数

列を等差数列といい，d を公差という．これらを加えた $a_1 + a_2 + a_3 + \cdots$ を等差級数または算術級数という．

数列 $1, 2, 4, 8, 16, \cdots$ は初項 1 に一定の数 $r = 2$ を掛けて得られる．このように，数列 $a_1, a_2, a_3, \cdots, a_n, a_{n+1}, \cdots$ の各項が前の項に一定の数 r を掛けて得られているとき，すなわち $a_{n+1} = a_n \times r$ であるときこの数列を等比数列といい，r を公比という．これらを加えた $a_1 + a_2 + a_3 + \cdots$ を等比級数または幾何級数という．

☐ 確認問題 6-1　数列の第 n 項 a_n を一般項という．
(1)　初項 a_1 で公差 d の等差数列の一般項 a_n を a_1, d, n で表せ．
(2)　初項 a_1 で公差 d の等差数列の初項から一般項までの和 S_n を a_1, d, n で表せ．
(3)　初項 a_1 で公比 r の等比数列の一般項 a_n を a_1, r, n で表せ．
(4)　初項 a_1 で公比 $r(\neq 1)$ の等比数列の初項から一般項までの和 S_n を a_1, d, n で表せ．

☐ 確認問題 6-2　次の問いに答えよ．
1. 次の (1),(2) は等差数列である．空欄を埋め公差を求めよ．
　　(1)　$2, 5, \boxed{}, \boxed{}, \cdots$
　　(2)　$10, 6, 2, \boxed{}, \boxed{}, \cdots$
2. 次の (3),(4) は等比数列である．空欄を埋め公比を求めよ．
　　(3)　$3, -9, \boxed{}, \boxed{}, \cdots$
　　(4)　$1, \dfrac{1}{2}, \boxed{}, \dfrac{1}{8}, \boxed{}, \cdots$

Σ シグマ記号　左辺の数列の和を，右のように Σ を用いて短く表すことがある．

$$a_1 + a_2 + a_3 + a_4 + \cdots + a_n = \sum_{k=1}^{n} a_k$$

☐ 確認問題 6-3　次の数列を上のようなシグマで表し，それを n による簡

単な式で表せ.
(1) $1+2+3+4+\cdots+n =$ ☐ $=$ ☐
(2) $1^1+2^2+3^2+4^2+\cdots+n^2 =$ ☐ $=$ ☐
(3) $1^3+2^3+3^3+4^3+\cdots+n^3 =$ ☐ $=$ ☐

0.7 導関数, 微分とは

定義としては関数 $y=f(x)$ が与えられたとき, 分数式
$$\frac{f(x+h)-f(x)}{h} = \frac{\Delta y}{\Delta x}$$
を作り, $h \to 0$ のときの極限値を求め, それを**導関数**といい
$$f'(x) = \frac{dy}{dx} = \lim_{h \to 0} \frac{f(x+h)-f(x)}{h}$$
と書く. 図 0.8 を参考にすると, $y=f(x)$ 上に 2 点 $A(x,f(x))$, $B(x+h,f(x+h))$ をとり直線 AB を見る. はじめの分数式はグラフの割線 AB の傾きであり, これを**平均変化率**という. さらに点 A を固定して曲線上を $B \to A$ としてみる. すると割線 AB は点 A における接線となる. この接線の傾きを**変化率**または**微分係数**という. 平均変化率の分数は x 軸方向を Δx と表し, y 軸方向を Δy と記した. そのため導関数を分数の形 $f'(x) = \dfrac{dy}{dx}$ に表す. この表現は今後もよく使われる.

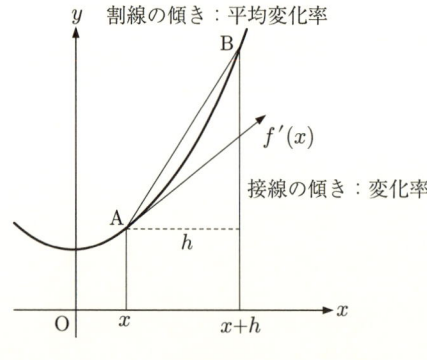

図 **0.8**

0.7 導関数，微分とは

関数 $y = f(x)$ が与えられたとき，$y' = f'(x)$ を求めることを**微分する**という．たとえば，$(x^2)' = 2x$, $(x^3)' = 3x^2$, $(\sin x)' = \cos x$, $(\cos x)' = -\sin x$ がある．

例 1 $f(x) = x^n$ のとき，$f'(x) = (x^n)' = nx^{n-1}$.

証明 まず，平均変化率を求める．$\dfrac{f(x+h) - f(x)}{h} = \dfrac{(x+h)^n - x^n}{h}$ の分子に確認問題 2-1(5)$(x^n - y^n) = (x-y)(x^{n-1} + x^{n-2}y + x^{n-3}y^2 + \cdots + y^{n-1})$ を応用する．

平均変化率は $\dfrac{(x+h)^n - x^n}{h} = (x+h)^{n-1} + (x+h)^{n-2} \cdot x + \cdots + x^{n-1}$ となるので $h \to 0$ より $(x^n)' = nx^{n-1}$ を得る．教科書第 1.5 節定理 1.11 である． ∎

例 2 $f(x) = ax^2 + bx + c$ のとき，$f'(x) = (ax^2 + bx + c)' = 2ax + b$.

証明 平均変化率を求める．
$$\frac{f(x+h) - f(x)}{h} = \frac{a(x+h)^2 + b(x+h) + c - (ax^2 + bx + c)}{h}$$
$$= \frac{2axh + h^2 + bh}{h}$$
$$= 2ax + h + b.$$

ここで $h \to 0$ とすれば，$(ax^2 + bx + c)' = 2ax + b$ となる． ∎

上と同じような証明方法により $(f(x) + g(x))' = f'(x) + g'(x)$, $(kf(x))' = kf'(x)$ がわかる．微分の結果は教科書と本書の裏表紙に記載されている．それを参考にして次の確認問題を解答せよ．

□ **確認問題 7-1** 次の関数を微分して答えを $f'(x) = \dfrac{dy}{dx} = \cdots$ の形で書け．

(1) $f(x) = \dfrac{1}{2}x^4$ (2) $f(x) = 3x^2 + 2x$

(3) $f(x) = x^3 + 4x^2 - 3x + 1$ (4) $f(x) = 3$

(5) $f(x) = (x+4)(2x-1)$ (6) $f(x) = -x^3 + 2x^2 - 3x + 5$

0.8　グラフ，増減表とは

増減表と極値　グラフで x 軸方向へ $h > 0$ の移動を考えると $f'(x) > 0$ ならばその近くで $f(x) < f(x+h)$ となり増加の状態であり，$f'(x) < 0$ のときは減少の状態である．またグラフが増加から減少に移る点を**極大点**といい，減少から増加に移る点を**極小点**という．

　グラフが滑らか (微分可能) であるとき，極大点あるいは極小点では $f'(x) = 0$ となる．そこで $f'(x) = 0$ なる点を見つけて例3のような表を作り，グラフを描くときの補助にする．これを**増減表**という．

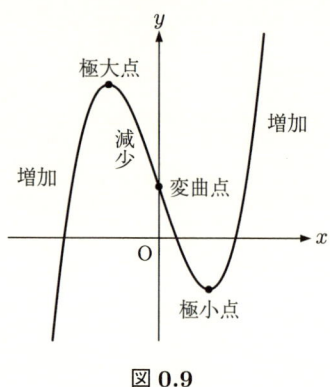

図 **0.9**

例 3　$y = f(x) = x^3 - 3x + 1$ の増減表を作りグラフの概形を描け．

解答　まず微分する．
$$y' = f'(x) = 3x^2 - 3.$$
次に $f'(x) = 0$ となる x を求めて増減表を作る．はじめの行は $f'(x) = 0$ となる $x = \pm 1$ で区切る．次の行は y' の符号を入れる．最後の行では $y' > 0$ のときは増加なので記号 ↗ を，$y' < 0$ のときは減少なので記号 ↘ を書き込もう．すると次のような表ができる．これを**増減表**という．

[増減表]

x	$\cdots$	-1	$\cdots$	1	$\cdots$
y'	$+$	0	$-$	0	$+$
y	↗	3(極大)	↘	-1(極小)	↘

この表をもとにすればグラフの概形が描ける．それが図 0.9 である．

☐ **確認問題 8-1** 次の関数の増減，極値を調べ，そのグラフを描け．
(1) $y = x^3 - 3x$ (2) $y = -x^3 - x$
(3) $y = x^4 + 2x^3 + 1$ (4) $y = -x^4 + 2x^2$

0.9 変曲点，極値とは

変曲点 平面における曲線 $y = f(x)$ において，その「そり具合」を見てみよう．x が増加するに従い接線の傾き y' が $-1, 0, 1, 2$ のように次第に増加する場合を**下に凸**という．上に凹だが，なぜかこの用語は使わない．その場合は $y = f'(x)$ が増加の状態なので，これを増減表に対応させると $y'' = f''(x) > 0$ のことになる．同様に接線の傾き y' が $3, 2, 1$ のように次第に減るとき，直感的にグラフは上向きになる．このとき**上に凸**という．これも増減表に対応させると $y'' = f''(x) < 0$ となる．

そこで，与えられた関数で第2次導関数 $f''(x)$ があるとき，次のようにいう．
1. $f''(x) > 0$ である区間では，曲線 $y = f(x)$ は下に凸である．
2. $f''(x) < 0$ である区間では，曲線 $y = f(x)$ は上に凸である．

またその曲線の凹凸が入れ替わる点があれば，その点をその曲線の**変曲点**という．

これを $y = f(x) = x^3 - 3x + 1$ のグラフに応用してみると極値との関係が少し簡単になる．

例 4 $y = f(x) = x^3 - 3x + 1$ の極値を第2次導関数を用いて求めよ．

解答 $f(x) = 3x^2 - 3, \quad f''(x) = 6x.$
$f'(x) = 0$ となる x の値は $x = 1, -1$ であり，
$f''(1) = 6 > 0$ なので (下に凸)$f(1) = -1$ が極小値，$f''(-1) = -6 < 0$ なので (上に凸)$f(-1) = 1$ が極大値である．極値が増減表を使わずに求めることができた． ∎

曲線の凹凸が入れ替わる変曲点では $f''(x) = 0$ である．しかし逆に $f''(x) = 0$ の点では実際に $f'(x)$ の符号を調べてみないと変曲点かどうかはわからない．

この考えを空間に拡張したのが教科書第 1.15 節であるが，ここでは次の確認問題までとしよう．

☐ **確認問題 9-1** 次の曲線の凹凸を調べ，変曲点を求めて極値があれば求めよ．

(1) $y = x^3$ (2) $y = x^4$
(3) $y = x^4 - 2x^3 + 2x - 1$ (4) $y = -x^2 + 3x$
(5) $y = x^3 - 6x^2 + 9x$ (6) $y = x + \sin 2x \ (0 < x < \pi)$

0.10 微分方程式とは

この項は教科書第 2.7 節で導入から学ぶので当面必要ない．積分をかなり使うので積分に慣れていない諸君は飛ばしてもかまわない．ここでは高校数学の範囲で復習しておこう．導関数 y', y'', $\cdots$ と x, y の式を含む等式を**微分方程式**という．微分方程式を満たす関数を**解**といい，解を求めることを**解く**という．たとえば $y = 5x^2 + 3x + 2$ のとき，これを微分して $y' = 10x + 3$ となる．この $y' = 10x + 3$ を微分方程式という．$y = 5x^2 + 3x + 2$ は解である．しかし，明らかに $y = 5x^2 + 3x + C$ も解なので解は 1 つではない．

微分方程式の解法にあたっては「微分」と「積分」の概念が必要なので，不安な人は微分と積分を先に確認しておいて欲しい．ここでの解法は変数分離形という基本的な微分方程式の解法を確認しよう．大事なことは与えられた方程式の導関数 y' を $\dfrac{dy}{dx}$ と分数の形に書き表して左辺を dy を含む y だけの式にして，右辺を dx を含む x だけの式にして両辺を積分するのである．そのとき利用される積分公式は $\displaystyle\int \dfrac{dx}{x} = \log|x| + C$ が多い．

例題 次の微分方程式を解け．

(1) $xy' = 2$ (2) $y' = 2y$

解答 (1) 右辺 $= 2 \neq 0$ なので $x \neq 0$ は明らか．そこで与式の両辺を x で割る．$\dfrac{dy}{dx} = \dfrac{2}{x}$, すなわち，$dy = \dfrac{2}{x} \, dx$, この両辺を積分して $y = 2\log|x| + C = \log x^2 + C$ (C は積分定数)．

(2) (i) 恒等的に $y = 0$ のとき明らかに解である．

(ii) $y \neq 0$ として与式を変形する．$\dfrac{dy}{dx} = 2y$, すなわち，$\dfrac{dy}{y} = 2 \, dx$ となる．これを積分して $\log|y| = 2x + C_1$, $y = \pm e^{2x + C_1} = e^{2x} \times \pm e_1^C$ を得るがこのとき，

$\pm e_1^C = C$ と置き換えれば解は $y = Ce^{2x}$ (C は定数) となりこの方がすっきりする．$C = 0$ のとき，(i) の解となるのでまとめて，$y = Ce^{2x}$ (C は積分定数) が解である．

☐ **確認問題 10-1** 次の微分方程式を解け．
(1) $y^2 - y - y' = 0$ (2) $3xy' = (3-x)y$ (3) $xy' = 2y$

0.11 *巾級数展開とは

整級数展開ともいう．ある関数を昇べき x^n ($n = 0, 1, 2, 3, \cdots$) の順に無限級数展開したものをいう．たとえば，無限等比級数 $\dfrac{1}{1-x} = 1 + x + x^2 + \cdots$ もその1つである．この分野は大学で初めて出会うのできちんとした定義やその内容を教科書の第1.11節でよく学んでおこう．

実際には次の4個の関数の級数展開が基本となる．

$$\frac{1}{1-x} = 1 + x + x^2 + x^3 + \cdots \quad (|x| < 1),$$

$$\sin x = x - \frac{x^3}{3!} + \frac{x^5}{5!} - \cdots,$$

$$\cos x = 1 - \frac{x^2}{2!} + \frac{x^4}{4!} - \cdots,$$

$$e^x = 1 + x + \frac{x^2}{2!} + \frac{x^3}{3!} + \cdots.$$

☐ **確認問題 11-1**

次の4個の関数の級数展開の右辺を第5項まで計算機で実際に計算してみよう．なお，記号 $\approx$ は近似式を表す．

(1) $\dfrac{1}{1-x} \approx 1 + x + x^2 + x^3 + x^4 + x^5$ で $x = \dfrac{1}{2}$ を両辺に代入し，計算してその近似度をみよう．

(2) $\sin x \approx x - \dfrac{x^3}{3!} + \dfrac{x^5}{5!} - \dfrac{x^7}{7!} - \dfrac{x^9}{9!}$ で $x = \dfrac{\pi}{6}$ ($\pi = 3.14$) を両辺に代入し，計算してその近似度をみよう．

(3) $\cos x \approx 1 - \dfrac{x^2}{2!} + \dfrac{x^4}{4!} - \dfrac{x^6}{6!} + \dfrac{x^8}{8!}$ で $x = \dfrac{\pi}{3}$ ($\pi = 3.14$) を両辺に代入し，計算してその近似度をみよう．

(4) $e^x \approx 1 + x + \dfrac{x^2}{2!} + \dfrac{x^3}{3!} + \dfrac{x^4}{4!}$ で $x=1$ を両辺に代入し，計算してその近似度をみよう．

0.12　*江戸時代の数学である和算とは

　教科書および本書の何箇所かで触れている和算と算額について，簡略に紹介しておこう．

　江戸時代に計算を主体とした数学の世界が生まれた．これを「和算」という．それまでの計算道具は「算木」と呼ばれる木片を罫線の入った紙の上に並べて個々の数字を表して計算していた．したがって，奈良・鎌倉時代に計算で職を得ようとすると算木の操作に慣れていなければならなかった．しかし，13世紀頃に中国で発生を見た「そろばん」はそれをはるかにしのぐ便利な計算機であった．そのためこれが江戸時代に日本に輸入されるや，この計算機の習熟が急務となり各地で「そろばん塾」が発生し多くの人々が計算に熱心になった．また田畑の面積を求めるには正三角形状のものもあり，これらの計算から数学の基本が発生した．さらに中国数学をもとに純粋な数学も学ばれた．その最初の本が吉田光由著『塵劫記』(1647) である．さらに江戸時代には各地で「計算」を主とした寄り合いが発生し，和算家と呼ばれる数学者も現れた．その代表は算聖と呼ばれる関孝和(1640?-1708) がいる．この江戸時代に発生した数学の世界である和算の特徴は多くの人々が参加したことにある．大学などの研究機関がなく文化として発展した数学の世界であるが内容は高い．それを支えたのが算額という数学の絵馬を奉納する習慣である．さてこの和算の世界は特に江戸時代後半に盛んとなり多くの数学者を輩出した．安島直円(1732-1798) は独創的な定理を幾何学で発見している．また微分積分では和田寧(1787-1840) が総合的な研究をし，その一部を本書で紹介している．こうして庶民の文化としての数学の世界が形成され算額という数学の絵馬により神社仏閣で多くの人に数学を紹介できた．次の確認問題の (1) と (3) は「塵劫記」から，(2) は「算額」からの引用である．しかし，この文化も明治政府による富国強兵の政策により，洋算導入と和算廃止がすすめられたために衰退した．現在約900面の算額が現存している．なお和算に関する事項はやや談話の感じが強いので本書で

は和算に関する事項は「和算談話」とした．

確認問題 12-1

(1) 山の中で木こりが木を倒すときその高さを知らないと倒したときに危険である．正方形の紙と紐で木の高さを測ってみよう．図 0.10 参照．

(2) 幅広い川向こうの松の木までの距離の概数を測りたい．長方形の板と紐と 10 m のメジャーで距離を求めてみよう．図 0.11 参照．

(3) 10 ℓ の菜種油がある．これを目盛のない空の 7 ℓ 容器と 3 ℓ 容器を何回か繰り返し用いて 5 ℓ づつに分けられるだろうか．図 0.12 参照．

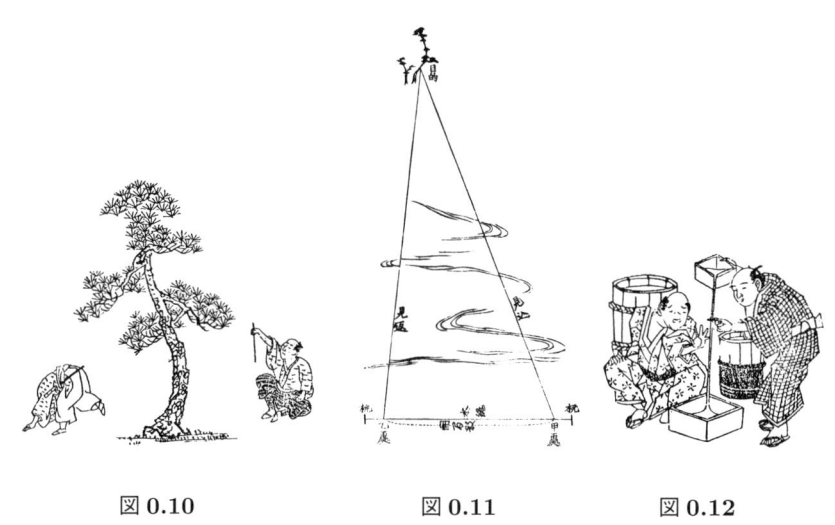

図 0.10　　　　図 0.11　　　　図 0.12

第1章

微分の演習

1.1 論理と集合

例題 1.1.1 次を証明せよ．

(1) $A \cup (B \cap C) = (A \cup B) \cap (A \cup C)$

(2) $(A \cap B)^c = A^c \cup B^c$

(3) $(A \cap B) \cup (C \cap D) = (A \cup C) \cap (A \cup D) \cap (B \cup C) \cap (B \cup D)$

証明 (1) このような問題では，図を描いたほうがわかりやすいので図 1.1 を参考にしてみよう．まず，左辺 $\subset$ 右辺 を示す．

$x \in A \cup (B \cap C) =$ 左辺 とする．

このとき，$x \in A$ または $x \in B \cap C$.

$x \in A$ のときは，当然 $x \in A \cup B$ かつ $x \in A \cup C$ なので $x \in (A \cup B) \cap (A \cup C)$.

$x \in B \cap C$ のときは，$x \in B \subset A \cup B$ かつ $x \in C \subset A \cup C$ なので，$x \in (A \cup B) \cap (A \cup C)$ となり 左辺 $\subset$ 右辺 が示せた．

左辺 $\supset$ 右辺 を示す．

$x \in (A \cup B) \cap (A \cup C) =$ 右辺 とすれば，$x \in A$ または $x \in B \cap C$. すなわち $x \in A \cup (B \cap C)$ となり，左辺 $\supset$ 右辺 が示せた．

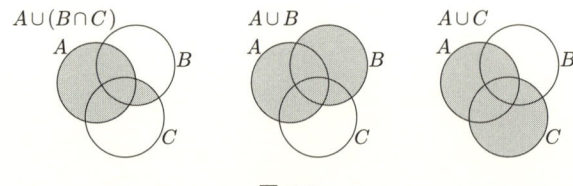

図 1.1

(2) ここでも図が参考になるが自分で書いて欲しい．または教科書の第 1.1 節の表

(1,1) で $x \in A$ や $x \in B$ なら○, $x \notin A$ や $x \notin B$ ならば ×, と解釈して利用してもよい. それを見ながらまず 左辺 ⊂ 右辺 を示そう. $x \in (A \cap B)^c =$ 左辺 とすれば $x \notin A \cap B$ から $x \in A^c$ または $\in B^c$ となり, これは $x \in A^c \cup B^c$ を意味する.

逆は, $x \in A^c \cup B^c =$ 左辺 から $x \in A^c$ または $x \in B^c$ となり, これは $x \in (A \cap B)^c$ を意味する. これで 左辺 ⊃ 右辺 が示せた.

(3)

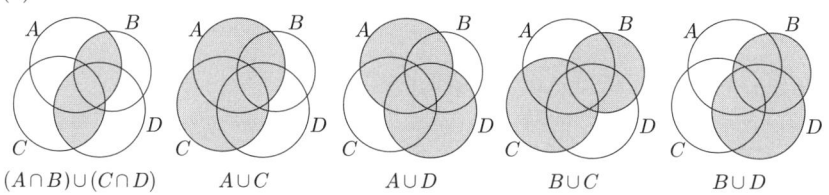

図 1.2

上の図 1.2 で, 左が左辺で右側 4 個の共通部分が右辺である. 上の図の場合ならば明らかであるが, 上の図は $(A \cap D) \subset (B \cup C)$ だから, これらは一般の場合を表していない. そこで, 前問の結果 (1) を 3 回使って証明しよう.

$(A \cup C) \cap (A \cup D) = A \cup (C \cap D)$, $(B \cup C) \cap (B \cup D) = B \cup (C \cap D)$ なので 右辺 $= (A \cup (C \cap D)) \cap (B \cup (C \cap D)) = (A \cap B) \cup (C \cap D) =$ 左辺 で証明終わり. ∎

例題 1.1.2 次を証明せよ.
(1) $A \cap B = A \cup B$ ならば $A = B$ である.
(2) $A \setminus (B \cap C) = (A \setminus B) \cup (A \setminus C)$
(3) $A \setminus (B \cup C) = (A \setminus B) \cap (A \setminus C)$

証明 (1) 「$A \cup B = A \cap B$ ならば $A = B$ である」を示そう.

$x \in A$ とする. 当然 $x \in A \cup B = A \cap B \subset B$. したがって $x \in B$. これより $A \subset B$ が示せた. 同様に $B \subset A$ が示せる. すなわち $A = B$ を得た.

(2) 「$A \setminus (B \cap C) = (A \setminus B) \cup (A \setminus C)$」を示そう.

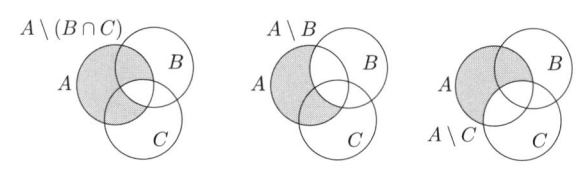

図 1.3

左辺 ⊂ 右辺 を示す.

$x \in$ 左辺 すなわち $x \in A \setminus (B \cap C)$ とする. このとき, $x \in A$ かつ $x \notin (B \cap C)$ な

ので, $x \notin B$ または $x \notin C$, よって $x \notin B$ なら $x \in (A \setminus B)$, $x \notin C$ なら $x \in (A \setminus C)$ は明らかである. 図 1.3 参照.

左辺 ⊃ 右辺 を示す.

$x \in$ 右辺, すなわち $x \in (A \setminus B) \cup (A \setminus C)$ とする. $x \in (A \setminus C)$ または $x \in (A \setminus B)$ なので「$x \in A$ かつ $x \notin C$」または「$x \in A$ かつ $x \notin B$」となる. よって $x \notin (B \cap C)$ となり, $x \in A \setminus (B \cap C)$ を得る.

(3) 「$A \setminus (B \cup C) = (A \setminus B) \cap (A \setminus C)$」を示そう. 図 1.4 参照.

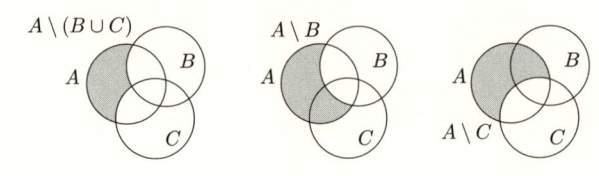

図 1.4

まず, 左辺 ⊂ 右辺 を示す. $x \in$ 左辺 とすれば $x \in A$ となり $x \notin B \cup C$, すなわち $x \notin B$ かつ $x \notin C$ なので, $x \in (A \setminus B) \cap (A \setminus C)$ を得る.

次に, 左辺 ⊃ 右辺 を示そう. $x \in$ 右辺 とする. すなわち $x \in (A \setminus B)$ かつ $x \in (A \setminus C)$. したがって, $x \notin B$ かつ $x \notin C$ となり $x \notin B \cup C$ となる. もちろん $x \in A$ なので $x \in$ 左辺 となり証明できた.

1.2 数列と極限

例題 1.2.1

一般項 a_n が次のように与えられている数列 $\{a_n\}$ の極限を調べよ.

(1) $\dfrac{4n+5}{n}$ 　　(2) $\dfrac{2n^2 - 4n + 5}{n^2 + 2n + 100}$

(3) $\sqrt{n+100} - \sqrt{n}$ 　　(4) $\dfrac{\sqrt{3n^2+1}}{\sqrt{n^2+1} + \sqrt{n}}$

解答 (1) $a_n = \dfrac{4n+5}{n} = 4 + \dfrac{5}{n}$. したがって, $\lim\limits_{n \to \infty} a_n = 4$.

(2) $a_n = \dfrac{2n^2 - 4n + 5}{n^2 + 2n + 100} = \dfrac{2 - \frac{4}{n} + \frac{5}{n^2}}{1 + \frac{2}{n} + \frac{100}{n^2}}$ より, $\lim\limits_{n \to \infty} a_n = 2$.

(3) $a_n = \sqrt{n+100} - \sqrt{n} = \dfrac{(\sqrt{n+100} + \sqrt{n})(\sqrt{n+100} - \sqrt{n})}{\sqrt{n+100} + \sqrt{n}}$

$= \dfrac{100}{\sqrt{n+100} + \sqrt{n}}$. したがって, $\lim\limits_{n \to \infty} a_n = 0$.

(4) $a_n = \dfrac{\sqrt{3n^2+1}}{\sqrt{n^2+1}+\sqrt{n}} = \dfrac{n\sqrt{3+\frac{1}{n^2}}}{n\sqrt{1+\frac{1}{n^2}}+n\sqrt{\frac{1}{n}}} = \dfrac{\sqrt{3+\frac{1}{n^2}}}{\sqrt{1+\frac{1}{n^2}}+\sqrt{\frac{1}{n}}}.$

したがって, $\displaystyle\lim_{n\to\infty} a_n = \sqrt{3}.$ ∎

例題 1.2.2 次の数列が増加することを示し, 上に限界があるか調べよ.

(1) $\dfrac{1}{1\cdot 2} + \dfrac{1}{2\cdot 3} + \cdots + \dfrac{1}{n(n+1)}$

(2) $\dfrac{1}{1^2} + \dfrac{1}{2^2} + \dfrac{1}{3^2} + \cdots + \dfrac{1}{n^2}$

(3) $\dfrac{1}{1} + \dfrac{1}{2} + \cdots + \dfrac{1}{n}$

解答 (1) $a_n = \dfrac{1}{1\cdot 2} + \dfrac{1}{2\cdot 3} + \dfrac{1}{3\cdot 4} + \cdots + \dfrac{1}{n(n+1)}$

$= \left(\dfrac{1}{1}-\dfrac{1}{2}\right) + \left(\dfrac{1}{2}-\dfrac{1}{3}\right) + \left(\dfrac{1}{3}-\dfrac{1}{4}\right) + \cdots + \left(\dfrac{1}{n}-\dfrac{1}{n+1}\right)$

$= \dfrac{1}{1} - \dfrac{1}{n+1}.$ したがって, $\displaystyle\lim_{n\to\infty} a_n = 1$ なので限界があり 1 を超えない.

この数列が増加することは明らか.

ここで用いた変形 $\dfrac{1}{n(n+1)} = \dfrac{1}{n} - \dfrac{1}{n+1}$ を「部分分数に分ける」という. これは右辺を通分すれば明らかである.

(2) この問題では関係式 $\dfrac{1}{n^2} < \dfrac{1}{(n-1)n} = \dfrac{1}{n-1} - \dfrac{1}{n}$ (n は自然数) を用いる.

$a_n = \dfrac{1}{1^2} + \dfrac{1}{2^2} + \dfrac{1}{3^2} + \dfrac{1}{4^2} + \cdots + \dfrac{1}{n^2}$

$< \dfrac{1}{1} + \dfrac{1}{1\cdot 2} + \dfrac{1}{2\cdot 3} + \dfrac{1}{3\cdot 4} + \cdots + \dfrac{1}{(n-1)n}$

$= 1 + \left(\dfrac{1}{1}-\dfrac{1}{2}\right) + \left(\dfrac{1}{2}-\dfrac{1}{3}\right) + \left(\dfrac{1}{3}-\dfrac{1}{4}\right) + \cdots + \left(\dfrac{1}{n-1}-\dfrac{1}{n}\right)$

$= 1 + 1 - \dfrac{1}{n}$

$< 2.$

こうして, 数列 $\{a_n\}$ は増加するが上に限界があり 2 を超えない.

(3) これを証明するおもしろい方法を紹介しよう. 各分母に注目して $3, 4$ を $4, 4$ (4 が 2 個) に, $5, 6, 7, 8$ を $8, 8, 8, 8$ (8 が 4 個) に, $9, 10, 11, 12, 13, 14, 15, 16$ を $16, 16, 16, 16, 16, 16, 16, 16$ (16 が 8 個) に交換した分数を利用するのである. $2^{k-1} < n \leqq 2^k$ となる 2^{k-1} 個を $\dfrac{1}{n} \geqq \dfrac{1}{2^k}$ を用いて下から評価する.

$2^{m-1} < n \leq 2^m$ として,

$$\begin{aligned}
a_n &= 1 + \frac{1}{2} + \frac{1}{3} + \frac{1}{4} + \cdots + \frac{1}{2^{m-1}} + \cdots + \frac{1}{n} \\
&> 1 + \frac{1}{2} + \frac{1}{3} + \frac{1}{4} + \frac{1}{5} + \frac{1}{6} + \frac{1}{7} + \frac{1}{8} + \cdots + \frac{1}{2^{m-2}} \\
&\quad + \frac{1}{2^{m-1}+1} + \frac{1}{2^{m-1}+2} + \cdots + \frac{1}{2^{m-1}} \\
&> 1 + \frac{1}{2} + \frac{1}{4} + \frac{1}{4} + \frac{1}{8} + \frac{1}{8} + \frac{1}{8} + \frac{1}{8} + \cdots + \left(\frac{1}{2^{m-1}} + \cdots + \frac{1}{2^{m-1}}\right) \\
&= 1 + \frac{1}{2} \times 2^0 + \frac{1}{2^2} \times 2^1 + \frac{1}{2^3} \times 2^2 + \cdots + \frac{1}{2^{m-1}} \times 2^{m-2}. \\
&= 1 + \frac{1}{2} \times (m-1) = \frac{m+1}{2}.
\end{aligned}$$

ここで $n \to \infty$ のとき, $m \to \infty$ なので最後の $\dfrac{m+1}{2} \to \infty$ となる. 求める級数はそれよりも大きいので, $\lim_{n \to \infty} a_n = \infty$ となって無限大に発散する. 限界はない.

(2) と (3) については定積分を用いた, より易しい方法があるがそれは定積分 (例題 2.6.2(1) と例題 2.6.3(1)) のところで紹介しよう.

例題 1.2.3 極限の厳密な定義 (**大黒柱 I**) にしたがって

(1) すべての自然数 n に対して, $a_n = 0$ ならば $\lim_{n \to \infty} a_n = 0$ を示せ.

(2) $a_n = 0.9 \cdots 9$ (ただし 9 は n 個並んでいる) とすると, $\lim_{n \to \infty} a_n = 1$ を示せ.

(3) 数列 $\{a_n\}$ に対し $b_n = \dfrac{a_1 + \cdots + a_n}{n}$ (平均) とおくと, $\lim_{n \to \infty} a_n = a$ なら $\lim_{n \to \infty} b_n = a$ を示せ.

(4) 最後に論理の練習として, 収束しないことが次のように述べられることを確認せよ.

数列 $\{a_n\}$ が a に収束しないとは, ある正数 ε に対して次の命題 $Q(\varepsilon)$ ($= P(\varepsilon)$ の否定) が成立することである:

どんな自然数 N に対しても $|a_n - a| \geq \varepsilon$ となる自然数 $n > N$ がある.

解答 (1) $a_n = 0$ $(n = 1, 2, 3, \cdots)$ とすると, $|a_n - 0| = |0 - 0| = |0| = 0$ $(n = 1, 2, 3, \cdots)$ だから任意の正数 ε に対し, すべての自然数 n に対して ($N = 1$ にとった).

$$|a_n - 0| = 0 \leq \varepsilon$$

となることは明らかである. したがって, $\lim_{n \to \infty} a_n = 0$.

(2)　$|1 - a_n| = 0.0\cdots 01 = 10^{-n}$ だから，正数 ε に対して $10^{-N} < \varepsilon$ となる自然数 N をとると，$n > N$ なるときは $|1 - a_n| = 10^{-n} < 10^{-N} < \varepsilon$ となる．すなわち
$$\lim_{n\to\infty} a_n = 1.$$

(3)　$\lim_{n\to\infty} a_n = a$ とする．$A_n = a_n - a$, $B_n = b_n - a$ とおくと，$\lim_{n\to\infty} a_n = a$ と $\lim_{n\to\infty} A_n = 0$ とは同じであり，$\lim_{n\to\infty} b_n = a$ と $\lim_{n\to\infty} B_n = 0$ とは同じである．したがって，以後 $a = 0$ と仮定して証明してよい．このとき $\lim_{n\to\infty} a_n = 0$ だから，任意の正数 ε が与えられたとき，ある自然数 N で性質「$n > N$ ならば $|a_n| = |a_n - 0| < \varepsilon$」を満たすものがあり，$n > N$ なら
$$b_n = \frac{a_1 + a_2 + \cdots + a_N}{n} + \frac{a_{N+1} + \cdots + a_n}{n}$$
と変形すると
$$|b_n| \leqq \frac{|a_1 + a_2 + \cdots + a_N|}{n} + \frac{(n-N)\varepsilon}{n}$$
$$\leqq \frac{|a_1 + a_2 + \cdots + a_N|}{n} + \varepsilon \qquad (1)$$
となる．

$\lim_{n\to\infty} b_n = 0$ を示すため，任意の正数 ε' をとる．このとき，上の ε として $\dfrac{\varepsilon'}{2}$ をとり，この ε に対する N を N' とすると
$$|b_n| \leqq \frac{|a_1 + a_2 + \cdots + a_{N'}|}{n} + \frac{\varepsilon'}{2}$$
となる．
したがって，n を
$$n > \max\left(\frac{2(|a_1 + a_2 + \cdots + a_{N'}|)}{\varepsilon'}, N'\right)$$
にとれば，
$$|b_n| \leqq \varepsilon'$$
となる．
(4)　省略．

1.3　存在定理と連続

例題 1.3.1　次のグラフを描け．

(1) $y = x + \dfrac{1}{x}$　　(2) $y = [x]$　　(3) $y = x - [x]$　　(4) $y = [x^2]$

解答 (1) $x \to -x$ のとき，$y \to -y$ なのでグラフは原点対称である．図 1.5(1) を見よ．

(2) $[x]$ は x を超えない最大整数である．この定義を各数値を与えて求めるとよい．

$$[2] = 2, \quad [2.5] = 2, \quad [3.1] = 3, \quad [-0.8] = -1.$$

直感的には，x 座標軸では点 x の一番左側に近い整数値 n が $[x] = n$ である．図 1.5(2) を見よ．

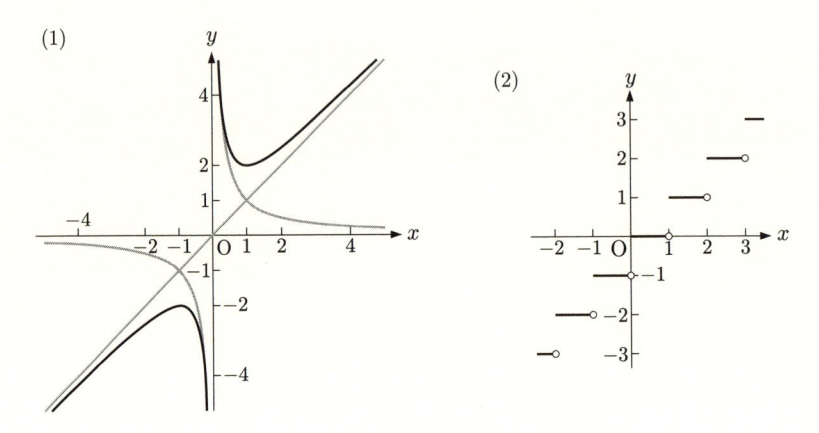

図 1.5

(3) も同様に次々と x を代入してみる．図 1.6(3) を見よ．

(4) も同様に次々と x を代入してみるが x が負のときは該当区間の右端が y の値である．図 1.6(4) を見よ．

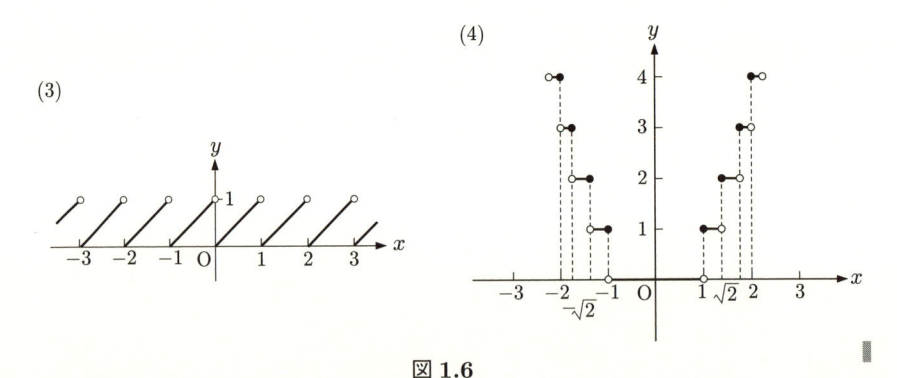

図 1.6

例題 1.3.2 厳密な定義 (大黒柱 **II**) に従って，$f(x) = x$ が $\mathbb{R}$(実数) で連続なことを示せ．

解答 $f(x) = x$ とするとき，$^\forall a \in \mathbb{R}$ ($\mathbb{R}$ の任意の元) に対して，$|f(x)-f(a)| = |x-a|$ である．よって与えられた正数 ε に対して
$$|f(x) - f(a)| < \varepsilon$$
が成り立つことと
$$|x - a| < \varepsilon$$
が成り立つことは同値だから，与えられた $\varepsilon(>0)$ に対して $\delta = \varepsilon$ とすれば
$$|x - a| < \delta \text{ を満たすすべての } x \in \mathbb{R} \text{ に対して } |f(x) - f(a)| < \varepsilon$$
となることは明らか．つまり，$f(x) = x$ は $\mathbb{R}$ で連続である． ∎

例題 1.3.3 関数 $f(x)$ が $a \in D$ で連続ではないとは，次の命題が成立することであることを確認せよ．

ある正数 ε に対して，どんな正数 δ をとっても

$x \in D$ かつ，$|x-a| < \delta$ と $|f(x) - f(a)| \geqq \varepsilon$ を満たす x がある．

解答 $f(x)$ が「$a \in D$ で連続でない」とは「$a \in D$ で連続である」の否定である．よって，「ある正数 ε に対して，どんな正数 δ をとっても $x \in D$ かつ $|x - a| < \delta$ に対して $|f(x) - f(a)| \geqq \varepsilon$ を満たす x がある」． ∎

1.4 連続関数，逆関数

例題 1.4.1

(1) $y = \dfrac{2x - 1}{x + 1}$ のグラフと，その逆関数のグラフを求めよ．

(2) a, b, c, d が $ad - bc \neq 0$ を満たすとき，$y = f(x) = \dfrac{ax + b}{cx + d}$ の逆関数を求めよ．

解答 (1) $y = \dfrac{2x - 1}{x + 1} = 2 - \dfrac{3}{x + 1}$．

関数 $y - q = \dfrac{a}{x - p}$ は，直角双曲線 $y = \dfrac{a}{x}$ を x 軸方向に p，y 軸方向に q 移動したグラフでその漸近線は $x = p = -1$, $y = q = 2$ なので，グラフは図 1.7(1) のようになる．また，逆関数は x と y を入れ換えて $x - 2 = -\dfrac{3}{y + 1}$, $y = f^{-1}(x) = \dfrac{-3}{x - 2} - 1$ となる．漸近線は $y = -1$, $x = 2$ となる．図 1.7(2) 参照．

この 2 つのグラフを見ると，直線 $y = x$ に関して対称となっていて教科書第 1.4 節定理 1.9 を確認できる．

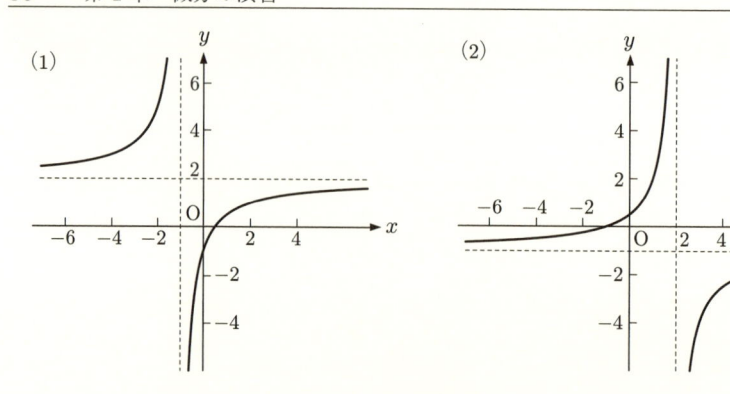

(1) [図]　(2) [図]

図 **1.7**

(2) $y = \dfrac{ax+b}{cx+d}$ から x を y で表す．
$y(cx+d) = ax+b$ より，$x(cy-a) = b-dy$．ここで $cy-a=0$ とすれば $b-dy=0$ となり，y を消去して，$ad-bc=0$ となるがこれは題意に反する．したがって，$cy-a \neq 0$ となり，これで割ることができる．$x = -\dfrac{dy-b}{cy-a}$．
x と y を入れ替えて $y = f^{-1}(x) = -\dfrac{dx-b}{cx-a}$．

例題 1.4.2 次の関数とその逆関数のグラフを描け．
(1) $y = \sin x \left(-\dfrac{\pi}{2} \leqq x \leqq \dfrac{\pi}{2}\right)$ と $f^{-1}(x) = \sin^{-1} x$ のグラフ．
(2) $y = \cos x \, (0 \leqq x \leqq \pi)$ と $f^{-1}(x) = \cos^{-1} x$ のグラフ．
(3) $y = \tan x \left(-\dfrac{\pi}{2} < x < \dfrac{\pi}{2}\right)$ と $f^{-1}(x) = \tan^{-1} x$ のグラフ．

解答 教科書第 1.10 節にグラフが紹介されているが同じものをここでも示そう．図 1.8, 1.9, 1.10 参照．

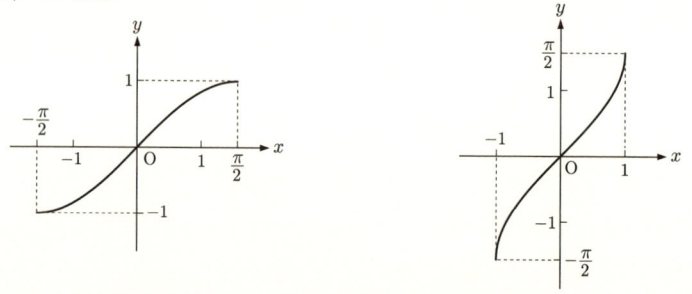

図 **1.8** (1) $y = \sin x$ (左) と $y = \sin^{-1} x$ (右)

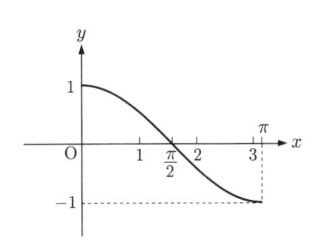

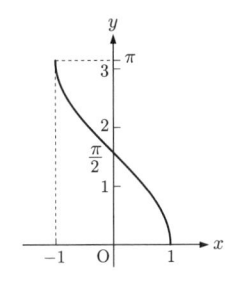

図 **1.9** (2) $y = \cos x$ (左) と $y = \cos^{-1} x$ (右)

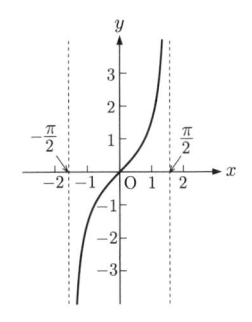

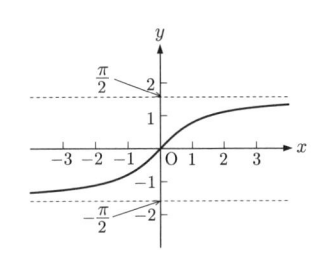

図 **1.10** (3) $y = \tan x$ (左) と $y = \tan^{-1} x$ (右)

例題 1.4.3

(1) $g(x) = x - [x]$ と $f(x) = x^2$ の合成関数 $g(f(x)) = (g \circ f)(x)$ を求めて，$y = (g \circ f)(x)$ のグラフを描け．

(2) 次の関数を単調な区間に分けてそれぞれの逆関数を求めよ．
$$f(x) = x^2 + 4x + 5$$

解答 (1) $y = g(f(x)) = x^2 - [x^2]$
$|x| < 1$ のとき，$y = x^2$．
$1 \leqq |x| < \sqrt{2}$ のときは $y = x^2 - 1$．
$\sqrt{2} \leqq |x| < \sqrt{3}$ のときは $y = x^2 - 2$．
$\sqrt{n} \leqq |x| < \sqrt{n+1}$ のときは $y = x^2 - n$．

図 1.11

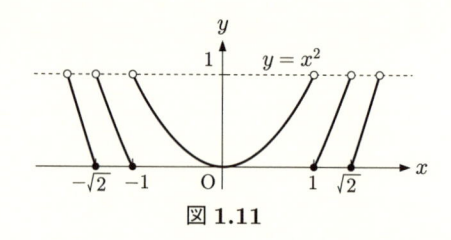

(2)　$f(x) = (x+2)^2 + 1$ なので軸 $x = -2$ で単調な区間に分ける．
$x \geqq -2$ のときは，$y = (x+2)^2 + 1$ より $x + 2 = \sqrt{y-1}$．
すなわち逆関数は $y = \sqrt{x-1} - 2 \, (x \geqq 1)$．
$x \leqq -2$ のときは，$y = (x+2)^2 + 1$ より $x + 2 = -\sqrt{y-1}$．
すなわち逆関数は $y = -\sqrt{x-1} - 2 \, (x \geqq 1)$．

1.5　微分

例題 1.5.1

次の曲線の概形を描き，与えられた点における接線の方程式を求めよ．

(1)　$y = x^3 - x + 1$　（$x = 1$ で）　　(2)　$y = \sqrt{x}$　（$x = 2$ で）

解答　教科書第 1.5 節例 1.14.7 にある，接線の方程式：$y = f'(c)(x - c) + f(c)$ を用いる．

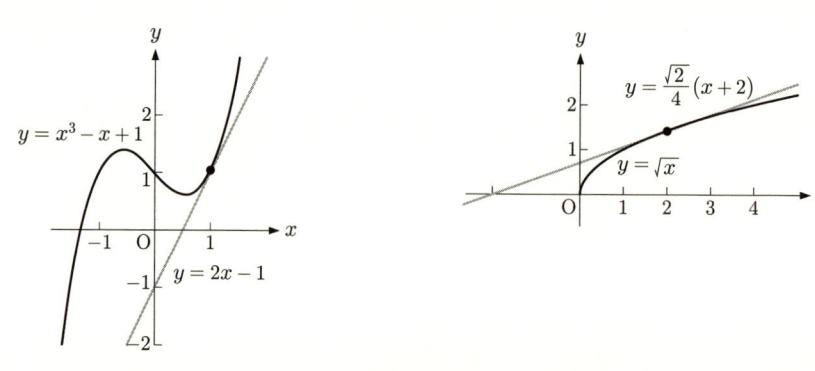

図 1.12

(1)　$y' = f'(x) = 3x^2 - 1$ より，求める方程式は $y = 2(x-1) + 1 = 2x - 1$ を得る．

(2) $y' = (x^{\frac{1}{2}})' = \frac{1}{2}x^{-\frac{1}{2}}$ より，求める方程式は
$$y = \frac{1}{2\sqrt{2}}(x-2) + \sqrt{2} = \frac{\sqrt{2}}{4}x + \frac{\sqrt{2}}{2}.$$

例題 1.5.2 次の導関数を求めよ．

(1) $(x^2 - x + 4)(x^2 + x + 1)$ (2) $\dfrac{x^2 + 5}{x^3 + x^2 + 3}$

解答 (1) 積の微分公式を用いる．
$$\begin{aligned}y' &= (x^2 - x + 4)'(x^2 + x + 1) + (x^2 - x + 4)(x^2 + x + 1)' \\ &= (2x - 1)(x^2 + x + 1) + (x^2 - x + 4)(2x + 1) \\ &= 4x^3 + 8x + 3\end{aligned}$$

(2) 商の微分公式を用いる．
$$\begin{aligned}\left(\frac{x^2 + 5}{x^3 + x^2 + 3}\right)' &= \frac{(x^2 + 5)'(x^3 + x^2 + 3) - (x^2 + 5)(x^3 + x^2 + 3)'}{(x^3 + x^2 + 3)^2} \\ &= \frac{(2x)(x^3 + x^2 + 3) - (x^2 + 5)(3x^2 + 2x)}{(x^3 + x^2 + 3)^2} \\ &= -\frac{x^4 + 15x^2 + 4x}{(x^3 + x^2 + 3)^2}\end{aligned}$$

例題 1.5.3 次の関数の導関数を定義に従って求めよ．

(1) $f(x) = \dfrac{1}{x}$ (2) $f(x) = \sqrt[3]{x}$

解答 (1) $\dfrac{f(x+h) - f(x)}{h} = \dfrac{\frac{1}{x+h} - \frac{1}{x}}{h} = \dfrac{-\frac{h}{x(x+h)}}{h} = -\dfrac{1}{x(x+h)}$ から
$f'(x) = \lim\limits_{h \to 0} \dfrac{-1}{x(x+h)} = -\dfrac{1}{x^2}$ を得る．

(2) $f(x+h) - f(x) = \sqrt[3]{x+h} - \sqrt[3]{x} = \dfrac{(x+h) - x}{(\sqrt[3]{x+h})^2 + \sqrt[3]{x+h}\sqrt[3]{x} + (\sqrt[3]{x})^2}$.
$f'(x) = \lim\limits_{h \to 0} \dfrac{f(x+h) - f(x)}{h} = \dfrac{1}{3\sqrt[3]{x^2}}$ を得る．

例題 1.5.4 $(x+1)^n = a_0 + a_1 x + a_2 x^2 + \cdots + a_k x^k + \cdots + a_n x^n$ とおく（二項展開）．

(1) a_0 を求めよ．

(2) 両辺を x について微分することにより a_1 を求めよ．

(3) a_k を求めよ．

解答 (1) 両辺に $x=0$ を代入して，$a_0=1$．
(2) 両辺を微分して，$n(x+1)^{n-1}=a_1+2a_2x+3a_3x^2+\cdots+na_nx^{n-1}$．両辺に $x=0$ を代入して $n=a_1$．
(3) $a_k=\dfrac{n!}{k!\times(n-k)!}={}_nC_k$

例題 1.5.5 $\sqrt{1-x}=a_0+a_1x+a_2x^2+a_3x^3+a_4x^4+\cdots$ とおくとき，両辺を微分することにより a_0,a_1,a_2,a_3,a_4,a_5 を求めよ．[1]

解答 両辺を k 回微分して，$x=0$ を代入して，
$$a_0=1,\ a_1=-\frac{1}{2},\ a_2=-\frac{1}{8},\ a_3=-\frac{3}{48},\ a_4=-\frac{15}{384},\ a_5=-\frac{105}{3840},\cdots.$$
約分しないほうが規則性がわかる (次の「和算談話-1」参照)．

和算談話-1

この結果は江戸時代の数学者和田寧 (1787-1840) の遺著「円理算経」のなかの「円理表」に記載されている．この展開に関する部分を紹介しよう．「円理表」では数列は縦に書かれているのでそれを反時計回りに 90° 回転すると $\sqrt{1-x}(陽商)=1-\dfrac{1}{2}x-\dfrac{1}{8}x^2-\dfrac{3}{48}x^3-\dfrac{15}{384}x^4-\dfrac{105}{3840}x^5-\cdots$ が記されている．数列の棒に斜線があるのは負を表す．また他の展開 $\sqrt{1-x}^{2n+1}$ もあるので共通分母を上に記している．右から順に分母 $1,2,8,48,384,3840$ が記されている．なお x と $+$ は省略されている．

[1] 江戸時代の数学者和田寧 (1787-1840) のノートから．

1.6 平均値の定理

例題 1.6.1 次のグラフの概形を描け.

(1) $y = \dfrac{x^2}{x+1}$ (2) $y = \dfrac{x^2+1}{x^2-1}$

解答 (1) $y = x - 1 + \dfrac{1}{x+1}$ と変形して，グラフの合成を行う．すなわち x の点を次々に取り y 座標を求める．

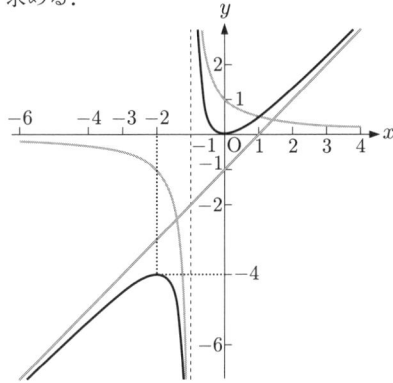

図 1.13

(2) $y = \dfrac{x^2+1}{x^2-1} = 1 + \dfrac{2}{(x-1)(x+1)} = 1 + \dfrac{1}{x-1} + \dfrac{1}{x+1}$

と変形してグラフの合成を行う．すなわち 2 つのグラフ $y = \dfrac{1}{x-1}$ と $y = \dfrac{1}{x+1}$ を合成して y 方向に $+1$ する．$\lim\limits_{x \to \pm\infty} y = 1$

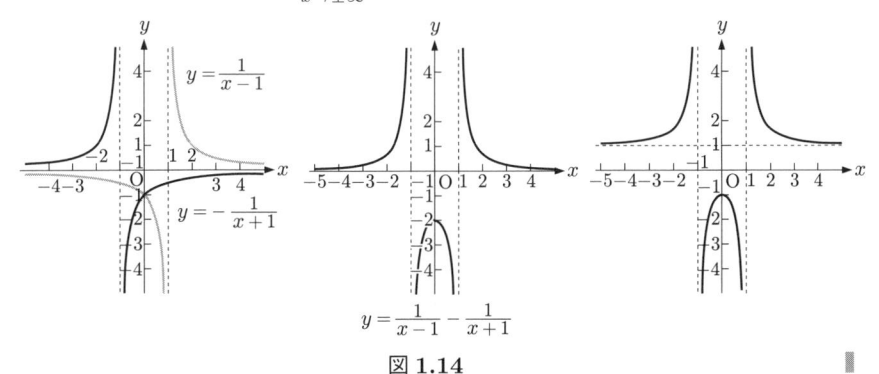

図 1.14

例題 1.6.2 $x > 1$ のとき，次の不等式を証明せよ (p, q は正とする).

(1) $x^p - 1 < p(x-1)$ $(0 < p < 1)$ (2) $x^p - 1 > p(x-1)$ $(p > 1)$

解答 $f(x) = x^p$ とおけば，$f(x)$ は閉区間 $[1, x]$ で連続，開区間 $(1, x)$ で微分可能である．したがって，平均値の定理 (教科書定理 1.13) が使える．

$$\frac{f(x) - f(1)}{x - 1} = pc^{p-1}$$

なる c $(1 < c < x)$ がある．

(1) $0 < p < 1$ のとき $p - 1 < 0$ となり，$c^{p-1} < 1$ なので $x^p - 1 < p(x-1)$ となる．

(2) $p > 1$ のとき $p - 1 > 0$ となり，$c^{p-1} > 1$ なので $x^p - 1 > p(x-1)$ となる． ∎

例題 1.6.3 $f(x)$ は $x \geqq 0$ で連続，$x > 0$ で微分可能で $f(0) = 0, |f'(x)| < a (a > 0)$ を満たすとき，$-ax < f(x) < ax$ を示せ．

解答 平均値の定理 (または教科書問題 1.6[A]2) より

$$\frac{f(x)}{x} = \frac{f(x) - f(0)}{x - 0} = f'(\theta x), \quad (0 < \theta < 1)$$

が成立する．
したがって，$|f'(\theta x)| < a$ より $-ax < f(x) < ax$ が示せた． ∎

例題 1.6.4 正数 a, b に対し，次の関数の最大値，最小値 (もしあれば) を求めよ．

(1) $x^a(1-x)^b$ $(0 \leqq x \leqq 1)$ (2) $x^a + x^{-b}$ $(x \geqq 0)$

解答 (1) $y = x^a(1-x)^b$ とおく．
$y' = ax^{a-1}(1-x)^b + bx^a(1-x)^{b-1}(-1) = x^{a-1}(1-x)^{b-1}\{a(1-x) - bx\}$．
ここで増減表を作る．$y' = 0$ より $x = \dfrac{a}{a+b}$ である．

x	0	$\cdots$	$\dfrac{a}{a+b}$	$\cdots$	1
y'		$+$	0	$-$	
y	0	↗	最大値	↘	0

増減表より，$x = 0, 1$ で最小値 0 をとる．
$x = \dfrac{a}{a+b}$ で最大値 $\left(\dfrac{a}{a+b}\right)^a \left(\dfrac{b}{a+b}\right)^b = \dfrac{a^a b^b}{(a+b)^{a+b}}$ をとる．

(2) $y = x^a + x^{-b}$ とおくと，$y' = ax^{a-1} - bx^{-b-1} = x^{-b-1}(ax^{a+b} - b)$ なので，$y' = 0$ より $x = \left(\dfrac{a}{b}\right)^{\frac{1}{a+b}}$ となる．
ここで増減表を作る．

x		$\left(\dfrac{b}{a}\right)^{\frac{1}{a+b}}$	
y'	$-$	0	$+$
y	↘	最小値	↗

増減表より, $x = \left(\dfrac{b}{a}\right)^{\frac{1}{a+b}}$ で最小値 $\left(\dfrac{b}{a}\right)^{\frac{a}{a+b}} + \left(\dfrac{b}{a}\right)^{-\frac{b}{a+b}}$ をとる. $\displaystyle\lim_{x\to\infty} y = \infty$ より最大値はない. ∎

例題 1.6.5 次の不等式を示せ.

(1) $a > 0, b > 0, 0 \leqq \lambda \leqq 1$ とするとき, $\lambda a + (1-\lambda)b \geqq a^\lambda b^{1-\lambda}$

(2) $a > 0, 0 < r < 1$ とするとき, $x^r - a^r < (x-a)^r$ $(x > a)$

解答 (1) $\lambda = 0$ のとき, 左辺 $= b$, 右辺 $= b$ なので成立する.
$\lambda = 1$ のとき, 左辺 $= a$, 右辺 $= a$ なので成立する.
$0 < \lambda < 1$ として, $f(x) = \lambda x + (1-\lambda)b - x^\lambda b^{1-\lambda}$ とおく.
$f'(x) = \lambda - \lambda x^{\lambda-1} b^{1-\lambda} = \lambda\left\{1 - \left(\dfrac{b}{x}\right)^{1-\lambda}\right\}$ なので, $f'(x) = 0$ のとき $x = b$ となる.
$b < x$ のとき, $f'(x) > 0$ となる.
$b > x$ のとき, $f'(x) < 0$ となる.
ここで増減表を作る.

x		b	
$f'(x)$	$-$	0	$+$
$f(x)$	↘	最小値	↗

増減表より, $f(x) \geqq f(b) = \lambda b + (1-\lambda)b - b = 0$ となり証明できた.
特に $\lambda = \dfrac{1}{2}$ のとき, 2個の相加平均と相乗平均の関係 $\dfrac{a+b}{2} \geqq \sqrt{ab}$ を与える.

(2) $f(x) = (x-a)^r - (x^r - a^r)$ とおく.
$$f'(x) = r(x-a)^{r-1} - rx^{r-1} = r\left\{\left(\dfrac{1}{x-a}\right)^{1-r} - \left(\dfrac{1}{x}\right)^{1-r}\right\}$$

$0 < a < x$ のとき, $0 < x - a < x$ であるから $\dfrac{1}{x-a} > \dfrac{1}{x}$.
$1 - r > 0$ であるから $\left(\dfrac{1}{x-a}\right)^{1-r} > \left(\dfrac{1}{x}\right)^{1-r}$.
$x > a$ のときは $f'(x) > 0$.
すなわち $f(x)$ は $x > a$ において単調に増加して, $f(a) = 0$ なので
$$f(x) > 0 \quad (x > a)$$

が示せた．
したがって，$0 < a < x$ のとき $x^r - a^r < (x-a)^r$ が成立する．

例題 1.6.6 $y = x^\alpha$ $(0 \leq x)$ のグラフの概略を，次の場合に分けて描け．特に $x = 0$ のとき注意．電卓を使ってもよい．

(1) $1 \leq \alpha$ (2) $0 < \alpha < 1$

解答 (1) $y' = \alpha x^{\alpha-1}$ $(1 \leq \alpha)$ なので $\alpha > 1$ ならば $y'|_{x=0} = 0$. $\alpha = 1$ のときは $y = x$ なので容易である．図 1.15(1),(2) 参照．
(2) $y' = \alpha x^{\alpha-1}$ $(0 < \alpha < 1)$ なので $y'|_{x=0} = \infty$ である．図 1.15(3),(4) 参照．

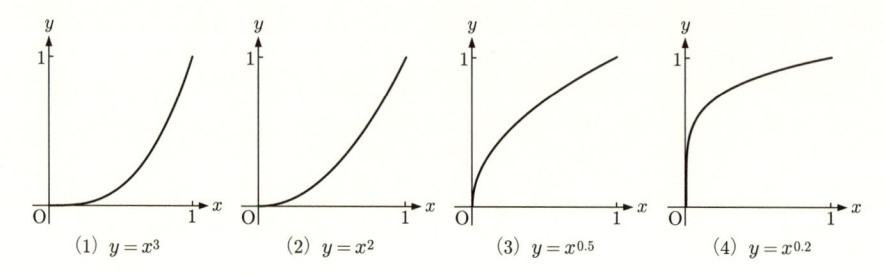

(1) $y = x^3$ (2) $y = x^2$ (3) $y = x^{0.5}$ (4) $y = x^{0.2}$

図 1.15

1.7 合成関数の微分

例題 1.7.1 次の微分をせよ．

(1) $f(x) = \sqrt{x + \sqrt{x^2 + 1}}$ (2) $f(x) = \left(\dfrac{x^2}{2x-3}\right)^4$

解答 (1) $f(x) = \sqrt{g(x)}$, $g(x) = x + \sqrt{x^2+1}$ なので，

$$f'(x) = \frac{1}{2}\frac{1}{\sqrt{g(x)}} \times g'(x) = \frac{1}{2}(x + \sqrt{x^2+1})^{-\frac{1}{2}}\left\{1 + x(x^2+1)^{-\frac{1}{2}}\right\}$$

$$= \frac{\sqrt{x + \sqrt{x^2+1}}}{2\sqrt{x^2+1}}.$$

(2) $f(x) = g(x)^4$, $g(x) = \dfrac{x^2}{2x-3}$ なので，

$$f'(x) = 4g(x)^3 \times g'(x) = 4\left(\frac{x^2}{2x-3}\right)^3 \left\{\frac{2x(2x-3) - 2x^2}{(2x-3)^2}\right\} = \frac{8x^7(x-3)}{(2x-3)^5}.$$

例題 1.7.2 次の関数の n 次導関数を求めよ．
(1) x^m ($m < 0$, $n \leqq m$, $0 \leqq m < n$ に場合分けをせよ)．
(2) $\dfrac{1}{1+x}$ (3) $\dfrac{1}{1-x}$ (4) $\dfrac{1}{(1-x)^2}$

解答 (1) $y = x^m$ とする．m は整数，n は自然数とする．

(i) $m < 0$ のとき，
$$y' = mx^{m-1}$$
$$y'' = m(m-1)x^{m-2}$$
$$y^{(3)} = m(m-1)(m-2)x^{m-3}$$
$$y^{(n)} = m(m-1)(m-2)\cdots(m-(n-1))x^{m-n}$$
$$= m(m-1)(m-2)\cdots(m-n+1)x^{m-n}$$
$$= \frac{(-1)^n(-m+n-1)!}{(-m-1)!}x^{m-n}$$

(ii) $n \leqq m$ のとき
$$y^{(n)} = m(m-1)(m-2)\cdots(m-n+1)x^{m-n} = \frac{m!}{(m-n)!}x^{m-n}$$

(iii) $0 \leqq m < n$ のとき $y^{(n)} = 0$．

(2) $y = \dfrac{1}{x+1} = (1+x)^{-1}$
$$y' = -(1+x)^{-2},\ y^{(2)} = (-1)(-2)(1+x)^{-3} = 2(1+x)^{-3}$$
$$y^{(3)} = (-1)(-2)(-3)(1+x)^{-4} = -3!(1+x)^{-4}$$
$$y^{(n)} = \frac{(-1)^n n!}{(1+x)^{n+1}}$$

(3) $y = \dfrac{1}{1-x} = (1-x)^{-1}$
$$y' = (-1)(1-x)^{-2}(-1) = (1-x)^{-2}$$
$$y'' = (-2)(1-x)^{-3}(-1) = 2(1-x)^{-3}$$
$$y^{(3)} = 2(-3)(1-x)^{-4}(-1) = 3!(1-x)^{-4}$$
$$y^{(n)} = \frac{n!}{(1-x)^{n+1}}$$

(4) 前問と同じようにやってもよいが別解として，$y = \dfrac{1}{(1-x)^2} = (x-1)^{-2}$ は前問のように $(1-x)^{-1}$ を微分したものだから y^n は $(1-x)^{-1}$ を $n+1$ 回微分したものである．したがって，次を得る．

$$y^{(n)} = \frac{(n+1)!}{(1-x)^{n+2}}.$$

例題 1.7.3 次を微分せよ．

(1) $\left\{(x^a+1)^b+1\right\}^c$ (2) $\sqrt{\sqrt{x+1}+\dfrac{1}{\sqrt{x+1}}}$

解答 (1) $y' = c\{(x^a+1)^b+1\}^{c-1}\{(x^a+1)^b+1\}'$
$= c\{(x^a+1)^b+1\}^{c-1}\{b(x^a+1)^{b-1}\}(x^a+1)'$
$= abcx^{a-1}(x^a+1)^{b-1}\{(x^a+1)^b+1\}^{c-1}.$

(2) $y' = \left(\sqrt{\dfrac{(x+1)+1}{\sqrt{x+1}}}\right)'$

$= \left\{(x+2)^{\frac{1}{2}}(x+1)^{-\frac{1}{4}}\right\}'$

$= \dfrac{1}{2}(x+2)^{-\frac{1}{2}}(x+1)^{-\frac{1}{4}} + (x+2)^{\frac{1}{2}}\left(-\dfrac{1}{4}\right)(x+1)^{-\frac{5}{4}}$

$= \dfrac{2(x+1)-(x+2)}{4(x+2)^{\frac{1}{2}}(x+1)^{\frac{5}{4}}}$

$= \dfrac{x}{4(x+1)\sqrt[4]{x+1}\sqrt{x+2}}.$

1.8 級数

例題 1.8.1 次の無限等比級数の収束，発散を調べ，収束すればその和を求めよ．

(1) $1 - \dfrac{\sqrt{2}}{2} + \dfrac{1}{2} - \cdots$ (2) $\sqrt{3} + 3 + 3\sqrt{3} + \cdots$

(3) $1 - 1 + 1 - 1 + \cdots$

解答 基本公式 $1 + x + x^2 + x^3 + \cdots + x^n = \dfrac{x^{n+1}-1}{x-1}$ $(x \neq 1)$ を思い出そう．この級数を**等比級数**または**幾何級数**という．この級数で $n \to \infty$ としたとき，これを無限等比級数といい，公比 x が条件 $-1 < x < 1$ を満たすときのみ収束してその和は $\dfrac{1}{1-x}$ となる．教科書第 1.8 節例 1.20.2 参照．

(1) 公比が $x = -\dfrac{1}{\sqrt{2}}$ で $-1 < x < 1$ を満たすので収束してその和は $\dfrac{1}{1-x} = \dfrac{1}{1+\frac{\sqrt{2}}{2}} = 2 - \sqrt{2}$.

(2) 公比が $x = \sqrt{3} > 1$ なので発散する.

(3) 公比が $x = -1$ なので発散する.

例題 1.8.2 級数 $\sum a_n$ が収束するとき $\lim\limits_{n\to\infty} a_n = 0$ を示せ.

解答 級数が収束するとは, $S_n = \sum\limits_{k=1}^{n} a_k$ とおくとき, $\lim\limits_{n\to\infty} S_n = S = \lim\limits_{n\to\infty} S_{n-1}$ ということなので $a_n = S_n - S_{n-1}$ から $\lim\limits_{n\to\infty} a_n = S - S = 0$ となる.

例題 1.8.3 級数 $\sum a_n, \sum b_n$ がそれぞれ A, B に収束するなら級数 $\sum(\alpha a_n + \beta b_n)$ は $\alpha A + \beta B$ に収束することを示せ.

解答 $\sum a_n = A, \sum b_n = B$ とする.
$$\sum(\alpha a_n + \beta b_n) = \lim_{n\to\infty} \sum_{i=1}^{n}(\alpha a_i + \beta b_i)$$
$$= \alpha \lim_{n\to\infty} \sum_{i=1}^{n} a_i + \beta \lim_{n\to\infty} \sum_{i=1}^{n} b_i$$
$$= \alpha \sum a_n + \beta \sum b_n = \alpha A + \beta B.$$

1.9 指数関数と対数関数

例題 1.9.1 次を微分せよ.

(1) $y = xe^x$ (2) $y = \log(x + \sqrt{x^2 + A})$ (3) $y = x^x$

解答 (1) $y' = e^x + xe^x = e^x(1+x)$.

(2) $y' = \dfrac{(x + \sqrt{x^2+A})'}{x + \sqrt{x^2+A}} = \dfrac{1 + \frac{x}{\sqrt{x^2+A}}}{x + \sqrt{x^2+A}} = \dfrac{1}{\sqrt{x^2+A}}$.

これにより, 不定積分 $\displaystyle\int \dfrac{1}{\sqrt{x^2+A}} = \log(x + \sqrt{x^2+A}) + C$ がわかる. これは積分のところで使われる.

(3) 与式の両辺の対数をとる．$\log y = x \log x$ なので両辺を x で微分して，$\dfrac{y'}{y} = \log x + 1$ を得る．したがって，$y' = (1 + \log x) x^x$．または $y = e^{x \log x}$ として合成関数の微分公式を使ってもよい．

例題 1.9.2 次のグラフを描け．

(1)　$y = \dfrac{x}{\log x}\ (x > 0)$　　　(2)　$y = \dfrac{e^x}{x}$

(3)　$y = x^x\ (x \geqq 0,\ 0^0 = 1$ とする$)$

解答　(1) $y = \dfrac{x}{\log x}$ なので $x = 1$ は漸近線．$y' = \dfrac{\log x - 1}{(\log x)^2}$ より $0 < x < e$ で減少し $e < x$ で増加する．$x = e$ で極小値 $y = e$ となる．

(2) $y = \dfrac{e^x}{x}$．$x = 0$ の近くで
$$\dfrac{e^x}{x} = \dfrac{1}{x}\left(1 + x + \dfrac{x^2}{2!} + \cdots\right) = \dfrac{1}{x} + 1 + \dfrac{x}{2!} + \cdots \approx \dfrac{1}{x} + 1$$
なので $x = 0$ は漸近線となる．$y' = \dfrac{e^x x - e^x}{x^2} = \dfrac{e^x(x-1)}{x^2}$ なので $x = 1$ で増減が変わる．$x = 1$ で極小値．

(3) $y = x^x$ なので $\log y = x \log x$．両辺を x で微分して，$\dfrac{y'}{y} = 1 + \log x$, $y' = x^x(1 + \log x)$ より，$x = e^{-1} = \dfrac{1}{e}$ で増減が変わり極小値をとる．

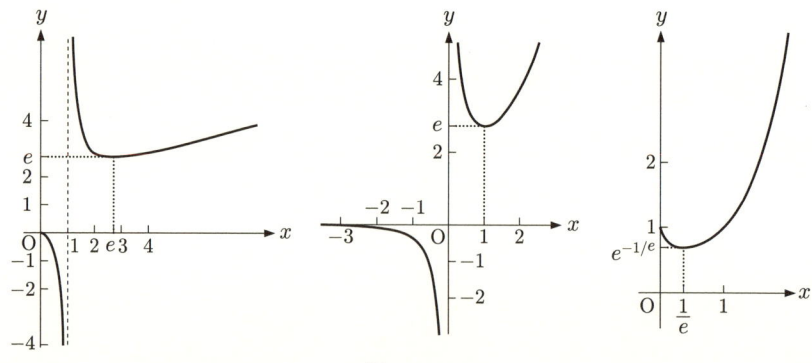

図 1.16

例題 1.9.3 次の不等式を示せ．

(1)　$x \geqq \log(1 + x)\ (x > -1)$　　　(2)　$\log(1+x) \geqq x - x^2\ \left(x \geqq -\dfrac{1}{2}\right)$

解答 (1) $f(x) = x - \log(x+1)$ とおく. $f'(x) = 1 - \dfrac{1}{x+1} = \dfrac{x}{1+x}$.
増減表を作ってみよう.

x	-1	$\cdots$	0	$\cdots$
$f'(x)$		$-$	0	$+$
$f(x)$		$\searrow$	最小値	$\nearrow$

$x=0$ で最小値 $f(0)=0$ をとるので $f(x) \geqq 0$ が示され等号は $x=0$ のときに限る.

(2) $f(x) = \log(x+1) - x + x^2$ とおく.
$$f'(x) = \dfrac{1}{x+1} - 1 + 2x = \dfrac{2x^2 + x}{1+x} = \dfrac{x(2x+1)}{1+x}$$
ここで増減表を作ってみよう.

x	$-\dfrac{1}{2}$	$\cdots$	0	$\cdots$
$f'(x)$	0	$-$	0	$+$
$f(x)$		$\searrow$	最小値	$\nearrow$

増減表より $x=0$ で最小値 $f(0)=0$ をとるので $f(x) \geqq 0$ が示された. 等号は $x=0$ のときのみである. 電卓を使うと $f\left(-\dfrac{1}{2}\right) = 0.05685\cdots$ である. ∎

例題 1.9.4 自然数 n に対して以下を示せ. $(\log x)^n$ を $\log^n x$ と書く.

(1) $\displaystyle\lim_{x\to\infty} \dfrac{x}{\log^n x} = \lim_{y\to\infty} \dfrac{e^y}{y^n} = \infty$

(2) $\displaystyle\lim_{x>0, x\to 0} x\log^n x = \lim_{y\to\infty} (-y)^n e^{-y} = 0$

解答 教科書第 1.9 節性質 6.(46 ページ) より任意の自然数 n に対して $e^y > \dfrac{y^{n+1}}{(n+1)!}$ だから, $\dfrac{e^y}{y^n} \to \infty$ $(y\to\infty)$ を確認しておく.

(1) $y = \log x$ とおくと, $x \to \infty$ のとき, $y \to \infty$ となる.
このとき, $x = e^y$ なので, 次を得る.
$$\lim_{x\to\infty} \dfrac{x}{\log^n x} = \lim_{y\to\infty} \dfrac{e^y}{y^n} = \infty.$$

(2) $y = -\log x$ とおくと, $x \to 0$ のとき, $y \to \infty$ となる (図 1.17 参照). このとき, $x = e^{-y}$ であり $(-y)^n = \log^n x$ だから,
$$\lim_{x>0, x\to 0} x\log^n x = \lim_{y\to\infty} e^{-y}(-y)^n = \lim_{y\to\infty} \dfrac{(-1)^n y^n}{e^y} = 0.$$

$y = -\log x$

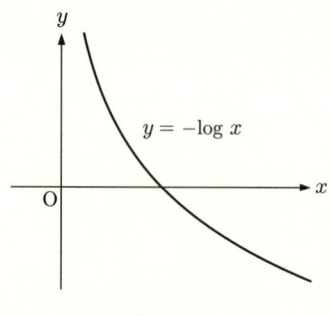

図 1.17

例題 1.9.5 以下を示せ．

(1) $y = \log\left(1 + \dfrac{1}{x}\right) \Leftrightarrow x = \dfrac{1}{e^y - 1}$ であり，このとき $|x| \to \infty \Leftrightarrow y \to 0$

(2) $\displaystyle\lim_{|x|\to\infty} \dfrac{1}{x\log(1+\frac{1}{x})} = \lim_{y\to 0} \dfrac{e^y - 1}{y} = (e^y)'|_{y=0} = 1$

(3) $\displaystyle\lim_{|x|\to\infty} \left(1 + \dfrac{1}{x}\right)^x = \lim_{|x|\to\infty} e^{x\log(1+\frac{1}{x})} = e$

解答 (1) 次のように式変形をする．

$$y = \log\left(1 + \dfrac{1}{x}\right), \quad e^y = 1 + \dfrac{1}{x}, \quad \dfrac{1}{x} = e^y - 1, \quad x = \dfrac{1}{e^y - 1}.$$

したがって，これは次を意味する．$|x| \to \infty \Leftrightarrow |e^y - 1| \to 0 \Leftrightarrow e^y \to 1 \Leftrightarrow y \to 0$.

(2) $y = \log\left(1 + \dfrac{1}{x}\right)$ とおくと，$x = \dfrac{1}{e^y - 1}$. このとき，$|x| \to \infty$ とすると，$y \to 0$ となる．よって，

$$\lim_{|x|\to\infty} \dfrac{1}{x\log(1+\frac{1}{x})} = \lim_{y\to 0} \dfrac{e^y - 1}{y} = \lim_{y\to 0} \dfrac{e^y - e^0}{y - 0} = (e^y)'|_{y=0} = e^0 = 1.$$

(3) $y = \log\left(1 + \dfrac{1}{x}\right)$ とおくとき，$1 + \dfrac{1}{x} = e^y = e^{\log(1+\frac{1}{x})}$.

したがって，

$$\lim_{|x|\to\infty} \left(1 + \dfrac{1}{x}\right)^x = \lim_{|x|\to\infty} \left(e^{\log(1+\frac{1}{x})}\right)^x = \lim_{|x|\to\infty} e^{x\log(1+\frac{1}{x})} = e^1 = e.$$

ここで (2) の結果 $\displaystyle\lim_{|x|\to\infty} \dfrac{1}{x\log(1+\frac{1}{x})} = 1$ より，$\displaystyle\lim_{|x|\to\infty} x\log\left(1 + \dfrac{1}{x}\right) = 1$ を用いた．

例題 1.9.6

k 番目のベルヌーイ数[2] B_k を
$$\frac{x}{e^x-1} = \sum_{k=0}^{\infty} \frac{B_k}{k!} x^k$$
で定める．以下を示せ．

(1) $$B_0 = 1, \quad \sum_{j=0}^{k} \binom{k+1}{j} B_j = 0 \quad (k \geqq 1)$$
を示し，$B_1 = -\dfrac{1}{2}, B_2 = \dfrac{1}{6}, B_3 = 0, B_4 = -\dfrac{1}{30}, B_5 = 0, B_6 = \dfrac{1}{42}$ を確認せよ．

(2) $\dfrac{x}{e^x - 1} + \dfrac{x}{2}$ が偶関数であることを示し，$B_1 = -\dfrac{1}{2}$ かつ 3 以上の奇数 k に対し $B_k = 0$ を示せ．

解答

(1) 等式 $(e^x - 1)\left(\sum_{k=0}^{\infty} \dfrac{B_k}{k!} x^k\right) = x$ を利用して x^{k+1} の係数を比べればよい．

(2) $f(x) = \dfrac{x}{e^x - 1} + \dfrac{x}{2}$ とおくと
$$f(-x) = \frac{-x}{e^{-x} - 1} - \frac{x}{2} = \frac{-x(e^x - 1 + 1)}{1 - e^x} - \frac{x}{2} = f(x)$$
であり，
$$f(x) = \sum_{k=0}^{\infty} \frac{B_k}{k!} x^k + \frac{x}{2}$$
だから
$$0 = f(x) - f(-x) = \sum_{k=0}^{\infty} \frac{(1-(-1)^k)B_k}{k!} x^k + x = 2 \sum_{\ell=0}^{\infty} \frac{B_{2\ell+1}}{(2\ell+1)!} x^{2\ell+1} + x$$
$$= (2B_1 + 1)x + 2 \sum_{\ell=1}^{\infty} \frac{B_{2\ell+1}}{(2\ell+1)!} x^{2\ell+1}$$
となる．両辺を x で割って $x \to 0$ とすれば $2B_1 + 1 = 0$, さらに続けて x^3 で割って $x \to 0$ とすれば $B_3 = 0$... となり 3 以上の奇数 k に対して $B_k = 0$ を得る． ∎

---

[2] この数に関しては江戸時代の数学者関孝和よる発見 (死後の 1712 年に出版された『括要算法』に記述) とヤコブ・ベルヌーイよる発見 (死後の 1713 年に出版された著書『Ars Conjectandi(推測術)』に記載) が知られている．

1.10 三角関数と逆三角関数

例題 1.10.1 次の関数を微分せよ．

(1) $x \sin x$ (2) $\dfrac{1}{\tan x}$ (3) $\tan^{-1} \dfrac{x-1}{x+1}$

(4) $\sin^{-1}(e^{-x^2})$ (5) $\tan^{-1}(e^x + e^{-x})$

解答 (1) $(x \sin x)' = \sin x + x \cos x$

(2) $\left(\dfrac{1}{\tan x}\right)' = \left(\dfrac{\cos x}{\sin x}\right)' = \dfrac{-\sin^2 x - \cos^2 x}{\sin^2 x} = \dfrac{-1}{\sin^2 x}$

(3) $\left(\tan^{-1} \dfrac{x-1}{x+1}\right)' = \dfrac{1}{1 + \left(\dfrac{x-1}{x+1}\right)^2} \times \left(\dfrac{1(x+1) - (x-1)}{(x+1)^2}\right)$

$\qquad = \dfrac{2}{(x+1)^2 + (x-1)^2} = \dfrac{1}{x^2+1}.$

(4) $\left\{\sin^{-1}(e^{-x^2})\right\}' = \dfrac{(e^{-x^2})'}{\sqrt{1 - (e^{-x^2})^2}} = \dfrac{-2xe^{-x^2}}{\sqrt{1 - e^{-2x^2}}}.$

(5) $\left\{\tan^{-1}(e^x + e^{-x})\right\}' = \dfrac{1}{1 + (e^x + e^{-x})^2} \times (e^x + e^{-x})'$

$\qquad = \dfrac{e^x - e^{-x}}{3 + e^{2x} + e^{-2x}}.$

例題 1.10.2 次の値を求めよ．

(1) $\displaystyle\lim_{x \to 0} \dfrac{\sin x}{\sin 2x}$ (2) $\displaystyle\lim_{x \to 0} \dfrac{x}{\sin^{-1} x}$

解答 (1) $\displaystyle\lim_{x \to 0} \dfrac{\sin x}{\sin 2x} = \lim_{x \to 0} \dfrac{\sin x}{x} \dfrac{2x}{\sin 2x} \dfrac{1}{2} = 1 \times 1 \times \dfrac{1}{2} = \dfrac{1}{2}$

(2) $\sin^{-1} x = t$ とおく．すなわち $\sin t = x$．

$$\text{与式} = \lim_{t \to 0} \dfrac{\sin t}{t} = 1$$

例題 1.10.3 tan の加法公式を用いて次のオイラーの公式を示せ．

$$\tan^{-1} a + \tan^{-1} b = \tan^{-1} \dfrac{a+b}{1-ab} + n\pi \ (n = 0, \pm 1)$$

解答 $\alpha = \tan^{-1} a,\ \beta = \tan^{-1} b,\ \gamma = \tan^{-1} \dfrac{a+b}{1-ab}$ とすれば $a = \tan\alpha,\ b = \tan\beta$ である．
このとき，

$$\tan(\alpha + \beta) = \dfrac{\tan\alpha + \tan\beta}{1 - \tan\alpha \tan\beta} = \dfrac{a+b}{1-ab} = \tan\gamma.$$

すなわち，$\alpha + \beta = \gamma + n\pi$ となる．
したがって，
$$\tan^{-1} a + \tan^{-1} b = \alpha + \beta$$
$$= \tan^{-1} \frac{a+b}{1-ab} + n\pi \quad (n = 0, \pm 1)$$

ここで，$\frac{-\pi}{2} < \alpha, \beta, \tan^{-1}\frac{a+b}{1-ab} < \frac{\pi}{2}$ だから $\tan(\alpha+\beta) = \frac{a+b}{1-ab}$ であるが，$\alpha + \beta = \tan^{-1}\frac{a+b}{1-ab}$ とは限らない． ∎

例題 1.10.4 次のマチンの公式を示せ．
$$4\tan^{-1}\frac{1}{5} - \tan^{-1}\frac{1}{239} = \frac{\pi}{4}$$

[解答] $a = \tan^{-1}\frac{1}{5}$, $b = \tan^{-1}\frac{1}{239}$ $\left(0 < a, b < \frac{\pi}{4}\right)$ とおく．
このとき，
$$\tan 2a = \frac{2\tan a}{1-(\tan a)^2} = \frac{5}{12}$$
$$\tan 4a = \frac{2\tan 2a}{1-(\tan 2a)^2} = \frac{120}{119}$$
を得る．さらに，
$$\tan\left(\frac{\pi}{4} + b\right) = \frac{\tan\frac{\pi}{4} + \tan b}{1 - \tan\frac{\pi}{4}\tan b}$$
$$= \frac{1 + \tan b}{1 - \tan b}$$
$$= \frac{1 + \frac{1}{239}}{1 - \frac{1}{239}} = \frac{240}{238} = \frac{120}{119}$$
を得るので，$4a = b + \frac{\pi}{4} + n\pi$ $(n \in \mathbb{Z})$ がわかった．
しかし，$\tan a = \frac{1}{5} < 2 - \sqrt{3} = \tan 15° = \tan\frac{\pi}{12}$ だから $0 < 4a < \frac{\pi}{3}$ となり，$0 < b + \frac{\pi}{4} + n\pi < \frac{\pi}{3}$．ゆえに，$-\frac{\pi}{4} < b + n\pi < \frac{\pi}{12}$ である．$0 < b < \frac{\pi}{2}$ だから，これをみたすには $n = 0$ でないといけない．
このことより，次を得る．
$$4\tan^{-1}\frac{1}{5} - \tan^{-1}\frac{1}{239} = \frac{\pi}{4}.$$
∎

1.11 巾級数展開

例題 1.11.1 次の関数の $x=0$ での巾級数展開を求めよ．

(1) $\dfrac{e^x - 1}{x}$ (2) $\cos^2 x$ (3) $\log(1+x)$

(4) $\tan^{-1} x$ (5) 2^x

解答 巾級数展開では次の 4 個が基本である．

$$\frac{1}{1-x} = 1 + x + x^2 + \cdots = \sum_{n=0}^{\infty} x^n \quad (|x| < 1)$$

$$e^x = 1 + x + \frac{x^2}{2!} + \frac{x^3}{3!} + \cdots = \sum_{n=0}^{\infty} \frac{x^n}{n!}$$

$$\sin x = x - \frac{x^3}{3!} + \frac{x^5}{5!} - \cdots = \sum_{k=0}^{\infty} \frac{(-1)^k}{(2k+1)!} x^{2k+1}$$

$$\cos x = 1 - \frac{x^2}{2!} + \frac{x^4}{4!} - \frac{x^6}{6!} - \cdots = \sum_{k=0}^{\infty} \frac{(-1)^k}{(2k)!} x^{2k}$$

(1) $\dfrac{e^x - 1}{x} = 1 + \dfrac{x}{2!} + \dfrac{x^2}{3!} + \cdots = \sum_{n=1}^{\infty} \dfrac{x^{n-1}}{n!}$

(2) $\cos^2 x = \dfrac{1 + \cos 2x}{2} = 1 + \sum_{n=1}^{\infty} \dfrac{(-1)^n 2^{2n-1} x^{2n}}{(2n)!}$

(3) 与式を微分すると $\dfrac{1}{1+x}$ となる．この関数は上の基本より

$$\frac{1}{1+x} = 1 - x + x^2 - x^3 + \cdots = \sum_{n=0}^{\infty} (-x)^n$$ となるので 0 から x まで形式的に項別積分して，

$$\log(1+x) = x - \frac{x^2}{2} + \frac{x^3}{3} - \cdots = \sum_{n=1}^{\infty} (-1)^{n-1} \frac{x^n}{n}$$

を得る．ここでは整関数の積分を既知とした．この方法は 2.8 節でも扱われる．

(4) 与式を微分すると $\dfrac{1}{1+x^2}$ となる．この関数は前題の展開で x を x^2 で置き換えると

$$\frac{1}{1+x^2} = 1 - x^2 + x^4 - x^6 + \cdots = \sum_{n=0}^{\infty} (-x^2)^n$$

なる無限級数展開を得る．これを 0 から x まで形式的に項別積分すればよい．

$$\tan^{-1} x = x - \frac{x^3}{3} + \frac{x^5}{5} - \cdots = \sum_{n=1}^{\infty} (-1)^{n-1} \frac{x^{2n-1}}{2n-1}$$

この方法は 2.8 節でも扱われる．
(5) 教科書 1.9 節から「$2^x = e^{x \log 2}$」となるので上の基本
$$e^x = \sum_{n=0}^{\infty} \frac{x^n}{n!}$$
に $x \to x \log 2$ とすればよい．
$$2^x = 1 + (x \log 2) + \frac{1}{2!}(x \log 2)^2 + \cdots = \sum_{n=0}^{\infty} \frac{(x \log 2)^n}{n!}. \quad \blacksquare$$

例題 1.11.2 教科書第 1.11 節 系 1.1(62 ページ) を参考にしてマクローリン展開
$$(1+x)^a = 1 + ax + \frac{a(a-1)}{2!}x^2 + \cdots$$
$$+ \frac{a(a-1)(a-2)\cdots(a-n+1)}{n!}x^n + \cdots \quad (-1 < x < 1)$$
を確認して次の問に答えよ．
(1) $a = -1$ として $\dfrac{1}{1+x}$ の巾級数展開を求めよ．
(2) $a = \dfrac{1}{2}$ として $\sqrt{1+x}$ の巾級数展開を求めよ．
(3) $a = -\dfrac{1}{2}$ として $\dfrac{1}{\sqrt{x+1}}$ の巾級数展開を求めよ．

解答 $f(x) = (1+x)^a$ とおけば，$f'(x) = a(1+x)^{a-1}, f''(x) = a(a-1)(1+x)^{a-2}, \cdots$ を教科書第 1.11 節系 1.1 に代入すればよい．
上の確認に (1) $a = -1$, (2) $a = \dfrac{1}{2}$, (3) $a = -\dfrac{1}{2}$ をそれぞれ代入すればよい．

(1) $\dfrac{1}{1+x} = 1 - x + x^2 - \cdots + (-1)^{n-1} x^n + \cdots$

(2) $\sqrt{1+x} = 1 + \dfrac{1}{2}x - \dfrac{1}{2 \cdot 4}x^2 + \dfrac{1 \cdot 3}{2 \cdot 4 \cdot 6}x^3 - \cdots$
$$+ (-1)^{n-1} \frac{1 \cdot 3 \cdot 5 \cdots (2n-3)}{2 \cdot 4 \cdot 6 \cdots (2n)} x^n + \cdots$$

(3) $\dfrac{1}{\sqrt{1+x}} = 1 - \dfrac{1}{2}x + \dfrac{1 \cdot 3}{2 \cdot 4}x^2 - \cdots + (-1)^n \dfrac{1 \cdot 3 \cdot 5 \cdots (2n-1)}{2 \cdot 4 \cdot 6 \cdots (2n)} x^n + \cdots \quad \blacksquare$

例題 1.11.3 次の関数の $x = 0$ での 3 次までの項を求めよ．
(1) $e^x \sin x$ (2) $e^{-x} \cos x$ (3) $\tan x$

解答　教科書第 1.11 節系 1.1 に従って忠実に計算するか，以下のように既知の結果を利用してもよい．

(1) $e^x = 1 + x + \dfrac{x^2}{2!} + \dfrac{x^3}{3!} + \dfrac{x^4}{4!} + \cdots$, $\sin x = x - \dfrac{x^3}{3!} + \dfrac{x^5}{5!} - \cdots$ なので両式を掛けるが，4 次以降は必要ないので省略する．

$$e^x \sin x = \left(1 + x + \frac{x^2}{2} + \frac{x^3}{6} + \cdots\right)\left(x - \frac{x^3}{6} + \cdots\right)$$
$$= x + x^2 + \frac{x^3}{3} \cdots$$

(2) $e^{-x} = 1 + (-x) + \dfrac{(-x)^2}{2!} + \dfrac{(-x)^3}{3!} + \dfrac{(-x)^4}{4!} + \cdots$, $\cos x = 1 - \dfrac{x^2}{2!} + \dfrac{x^4}{4!} - \cdots$ なので両式を掛けるが，4 次以降は必要ないので省略する．

$$e^{-x} \cos x = \left(1 - x + \frac{x^2}{2} - \frac{x^3}{6} + \cdots\right)\left(1 - \frac{x^2}{2} + \cdots\right)$$
$$= 1 - x + \frac{x^3}{3} \cdots$$

(3) $\tan x = \dfrac{\sin x}{\cos x} = \dfrac{x - \frac{x^3}{6} + \cdots}{1 - \frac{x^2}{2} + \cdots} = \left(x - \dfrac{x^3}{6} + \cdots\right)\left(1 + \dfrac{x^2}{2} + \cdots\right)$

$$= x - \frac{x^3}{6} + \frac{x^3}{2} + \cdots = x + \frac{x^3}{3}$$

この問題は第 2.8 節でも扱われる．

例題 1.11.4　$|x| < 1$ のとき，次の関数の $x = 0$ での 4 次の項まで求めよ．

(1) $\dfrac{1}{(1-x)^2}$ 　　(2) $\dfrac{1}{(1+x)^3}$

解答　公比が $|x| < 1$ のとき，次の無限等比級数は収束する．

$$1 + x + x^2 + x^3 + x^4 + x^5 + x^6 + \cdots = \frac{1}{1-x}$$

(1) 両辺を微分して，
$$\frac{1}{(1-x)^2} = 1 + 2x + 3x^2 + 4x^3 + 5x^4 + 6x^5 + \cdots$$

(2) さらに微分して，$x \to -x$ を代入して 2 で割る．
$$\frac{1}{(1+x)^3} = 1 - 3x + 6x^2 - 10x^3 + 15x^4 - \cdots$$

例題 1.11.5　次の値を求めよ．

(1) $\displaystyle\lim_{x \to \infty} x\left(\dfrac{\pi}{2} - \tan^{-1} x\right)$ 　　(2) $\displaystyle\lim_{x \to 0} \dfrac{\log \frac{1}{1-x} - x}{x^2}$

解答 教科書第 1.11 節系 1.3 ロピタルの定理より,

$$f(a) = g(a) = 0 \text{ のとき, } \lim_{x \to a} \frac{f(x)}{g(x)} [\text{不定形}] = \lim_{x \to a} \frac{f'(x)}{g'(x)}$$

を使う

(1) $x = \tan\left(\frac{\pi}{2} - y\right)$ として, $x \to \infty$ と $y \to 0$ $(y > 0)$ は同じことなので

$$\lim_{x \to \infty} x\left(\frac{\pi}{2} - \tan^{-1} x\right) = \lim_{y \to 0 (y>0)} \tan\left(\frac{\pi}{2} - y\right) \cdot y = \lim_{y \to 0} \frac{y}{\tan y}$$
$$= \lim_{y \to 0} \frac{y}{\sin y} \cos y = 1 \times 1 = 1.$$

(2) $\displaystyle\lim_{x \to 0} \frac{\log \frac{1}{1-x} - x}{x^2} = \lim_{x \to 0} \frac{-\log(1-x) - x}{x^2} = \lim_{x \to 0} \frac{\frac{1}{1-x} - 1}{2x}$

$$= \lim_{x \to 0} \frac{\frac{x}{1-x}}{2x} = \lim_{x \to 0} \frac{1}{2(1-x)} = \frac{1}{2}.$$

1.12 偏微分

例題 1.12.1 次の方程式を求めよ.

(1) $z = x^2 + y^2$ の点 $(1, 1, 2)$ における接平面.
(2) $z = \sqrt{x^2 + y^2}$ の点 $(1, 1, \sqrt{2})$ における接平面.
(3) $4\tan^{-1}\dfrac{y}{x}$ の点 $(1, -1, -\pi)$ における接平面.

解答 空間での曲面 $z = f(x, y)$ の点 $(a, b, f(a, b))$ における接平面の方程式は

$$f_x(a, b)(x - a) + f_y(a, b)(y - b) - (z - f(a, b)) = 0$$

であった. 教科書第 1.12 節 74 ページ参照.

(1) $z_x = 2x, z_y = 2y,\ a = 1, b = 1, f(a, b) = 2$ なので

$$2(x - 1) + 2(y - 1) - (z - 2) = 0 \quad \text{すなわち, } z = 2x + 2y - 2.$$

(2) $z_x = \dfrac{x}{\sqrt{x^2 + y^2}}, z_y = \dfrac{y}{\sqrt{x^2 + y^2}},\ a = 1, b = 1, f(a, b) = \sqrt{2}$ なので

$$\frac{1}{\sqrt{2}}(x - 1) + \frac{1}{\sqrt{2}}(y - 1) - (z - \sqrt{2}) = 0 \quad \text{すなわち, } z = \frac{x}{\sqrt{2}} + \frac{y}{\sqrt{2}}.$$

(3) $z_x = 4 \cdot \dfrac{1}{1 + \left(\frac{y}{x}\right)^2} \cdot \left(-\dfrac{y}{x^2}\right) = \dfrac{-4y}{x^2 + y^2},\ z_y = 4 \cdot \dfrac{1}{1 + \left(\frac{y}{x}\right)^2} \cdot \dfrac{1}{x}$ なので

$f_x(1, -1) = 2,\ f_y(1, -1) = 2$ となる.

$$2(x - 1) + 2(y + 1) - z - \pi = 0 \quad \text{すなわち, } 2x + 2y - z - \pi = 0.$$

例題 1.12.2 次の関数 z の 2 階の偏導関数を求めよ.

(1) $ax^2 - bxy + cy^2$ (2) $\dfrac{1}{x} - \dfrac{1}{y}$ (3) $\sin(ax + by)$

(4) $\dfrac{1}{x-y}$ (5) $e^{2x}\sin 3y$ (6) e^{xy}

(7) $e^{2x^2+3xy+y^2}$ (8) $\log_x y$ (9) x^y

【解答】

(1) $z_x = 2ax - by$, $z_y = -bx + 2cy$, $z_{xx} = 2a$,
$z_{xy} = z_{yx} = -b$, $z_{yy} = 2c$.

(2) $z_x = -\dfrac{1}{x^2}$, $z_y = \dfrac{1}{y^2}$, $z_{xx} = \dfrac{2}{x^3}$, $z_{xy} = z_{yx} = 0$, $z_{yy} = \dfrac{-2}{y^3}$.

(3) $z_x = a\cos(ax+by)$, $z_y = b\cos(ax+by)$, $z_{xx} = -a^2\sin(ax+by)$,
$z_{xy} = -ab\sin(ax+by)$, $z_{yx} = -ab\sin(ax+by)$, $z_{yy} = -b^2\sin(ax+by)$.

(4) $z_x = -\dfrac{1}{(x-y)^2}$, $z_y = \dfrac{1}{(x-y)^2}$, $z_{xx} = \dfrac{2}{(x-y)^3}$,
$z_{xy} = \dfrac{-2}{(x-y)^3}$, $z_{yx} = \dfrac{-2}{(x-y)^3}$, $z_{yy} = \dfrac{2}{(x-y)^3}$.

(5) $z_x = 2e^{2x}\sin 3y$, $z_y = 3e^{2x}\cos 3y$, $z_{xx} = 4e^{2x}\sin 3y$,
$z_{yy} = -9e^{2x}\sin 3y$, $z_{xy} = 6e^{2x}\cos 3y$, $z_{yx} = 6e^{2x}\cos 3y$.

(6) $z_x = ye^{xy}$, $z_y = xe^{xy}$, $z_{xx} = y^2 e^{xy}$,
$z_{yy} = x^2 e^{xy}$, $z_{xy} = (1+xy)e^{xy}$, $z_{yx} = (1+xy)e^{xy}$.

(7) $z_x = (4x+3y)e^{2x^2+3xy+y^2}$, $z_y = (3x+2y)e^{2x^2+3xy+y^2}$,
$z_{xx} = \{4+(4x+3y)^2\}e^{2x^2+3xy+y^2}$, $z_{xy} = \{3+(4x+3y)(3x+2y)\}e^{2x^2+3xy+y^2}$,
$z_{yy} = \{2+(3x+2y)^2\}e^{2x^2+3xy+y^2}$, $z_{yx} = z_{xy}$.

(8) $z_x = -\dfrac{\log y}{x(\log x)^2}$, $z_y = \dfrac{1}{y\log x}$, $z_{xx} = \dfrac{\log y(\log x + 2)}{x^2(\log x)^3}$,
$z_{xy} = \dfrac{-1}{xy(\log x)^2}$, $z_{yx} = \dfrac{-1}{xy(\log x)^2}$, $z_{yy} = \dfrac{-1}{y^2\log x}$.

(9) $z_x = yx^{y-1}$, $z_{xx} = y(y-1)x^{y-2}$, $z_y = x^y\log x$,
$z_{xy} = x^{y-1} + yx^{x-1}\log x$, $z_{yy} = x^y(\log x)^2$,
$z_{yx} = yx^{y-1}\log x + x^{y-1}$.

例題 1.12.3 $f(x,y) = \dfrac{xy(x^2-y^2)}{x^2+y^2}$ $((x,y) \neq (0,0))$, $f(0,0) = 0$ とすると $f_x(0,0) = f_y(0,0) = 0$, $f_x(0,y) = -y$, $f_y(x,0) = x$ を示し, $f_{xy}(0,0) \neq f_{yx}(0,0)$ を示せ.

解答 定義から

$$f_x(0,0) = \lim_{h \to 0} \frac{f(h,0) - f(0,0)}{h} = 0,$$

$$f_y(0,0) = \lim_{h \to 0} \frac{f(0,h) - f(0,0)}{h} = 0,$$

$$f_x(0,y) = \lim_{h \to 0} \frac{f(h,y) - f(0,y)}{h} = \lim_{h \to 0} \frac{\frac{hy(h^2-y^2)}{h^2+y^2} - 0}{h}$$

$$= \lim_{h \to 0} \frac{y(h^2-y^2)}{h^2+y^2} = -y,$$

$$f_y(x,0) = \lim_{h \to 0} \frac{f(x,h) - f(x,0)}{h} = \lim_{h \to 0} \frac{x(x^2-h^2)}{x^2+h^2} = x$$

である. したがって,

$$f_{xy}(0,0) = \frac{\partial}{\partial y}(f_x)(0,0) = \lim_{h \to 0} \frac{f_x(0,h) - f_x(0,0)}{h} = \lim_{h \to 0} \frac{-h}{h} = -1,$$

$$f_{yx}(0,0) = \frac{\partial}{\partial x}(f_y)(0,0) = \lim_{h \to 0} \frac{f_y(h,0) - f_y(0,0)}{h} = \lim_{h \to 0} \frac{h}{h} = 1,$$

以上より, $f_{xy}(0,0) \neq f_{yx}(0,0)$ が示せた. ∎

1.13 合成関数の微分

例題 1.13.1 次の問いに答えよ.

(1) $z = f(2t, 3t)$ のとき, $\dfrac{dz}{dt}$ を求めよ.

(2) $z = f\left(\dfrac{1}{t}, \dfrac{1}{t^2}\right)$ のとき $\dfrac{dz}{dt}$ を求めよ.

(3) $z = f(\varphi(t)\cos(\psi(t)), \varphi(t)\sin(\psi(t)))$ のとき, $\dfrac{\partial z}{\partial t}$ を求めよ.

(4) $z = f(x, y)$, $x = uv$, $y = u^2 + v^2$ のとき, $\dfrac{\partial z}{\partial u}$, $\dfrac{\partial z}{\partial v}$ を求めよ.

解答 (1) 教科書第 1.13 節定理 1.29 を用いる.

$$\frac{dz}{dt} = \frac{\partial z}{\partial x} \cdot \frac{dx}{dt} + \frac{\partial z}{\partial y} \cdot \frac{dy}{dt} = 2f_x(2t, 3t) + 3f_y(2t, 3t).$$

(2) 教科書第 1.13 節定理 1.29 を用いる.

$$\frac{dz}{dt} = -\frac{1}{t^2} f_x\left(\frac{1}{t}, \frac{1}{t^2}\right) - \frac{2}{t^3} f_y\left(\frac{1}{t}, \frac{1}{t^2}\right).$$

(3) 教科書第 1.13 節定理 1.29 を用いる.

$$f_x(\varphi(t)\cos\psi(t),\varphi(t)\sin\psi(t))\,(\varphi'(t)\cos\psi(t)-\varphi(t)\psi'(t)\sin\psi(t))$$
$$+f_y(\varphi(t)\cos\psi(t),\varphi(t)\sin(\psi(t))\,(\varphi'(t)\sin\psi(t)+\varphi(t)\psi'(t)\cos\psi(t))$$

(4) 教科書第 1.13 節定理 1.30 で z が u, v の 2 つの変数をもつ場合に応用すれば，次を得る．
$$\frac{\partial z}{\partial u}=\frac{\partial z}{\partial x}\frac{\partial x}{\partial u}+\frac{\partial z}{\partial y}\frac{\partial y}{\partial u}=vf_x(x,y)+2uf_y(x,y)$$
$$\frac{\partial z}{\partial v}=\frac{\partial z}{\partial x}\frac{\partial x}{\partial v}+\frac{\partial z}{\partial y}\frac{\partial y}{\partial v}=uf_x(x,y)+2vf_y(x,y).$$

例題 1.13.2 $z=f(x,y)$, $x=e^u+e^v$, $y=e^{-u}+e^{-v}$ のとき
$$\frac{\partial z}{\partial u}+\frac{\partial z}{\partial v}=x\frac{\partial z}{\partial x}-y\frac{\partial z}{\partial y}$$
を示せ．

解答 教科書第 1.13 節定理 1.30 で z が u, v の 2 つの変数をもつ場合に応用すれば，次を得る．
$$\frac{\partial z}{\partial u}=\frac{\partial z}{\partial x}\frac{\partial x}{\partial u}+\frac{\partial z}{\partial y}\frac{\partial y}{\partial u}=e^u\frac{\partial z}{\partial x}-e^{-u}\frac{\partial z}{\partial y},$$
$$\frac{\partial z}{\partial v}=\frac{\partial z}{\partial x}\frac{\partial x}{\partial v}+\frac{\partial z}{\partial y}\frac{\partial y}{\partial v}=e^v\frac{\partial z}{\partial x}-e^{-v}\frac{\partial z}{\partial y}.$$
$$\frac{\partial z}{\partial u}+\frac{\partial z}{\partial v}=(e^u+e^v)\frac{\partial z}{\partial x}-(e^{-u}+e^{-v})\frac{\partial z}{\partial y}=x\frac{\partial z}{\partial x}-y\frac{\partial z}{\partial y}.$$

例題 1.13.3 $z=f(r,\theta)$, $x=r\cos\theta$, $y=r\sin\theta$ $\left(r>0,\ |\theta|<\dfrac{\pi}{2}\right)$ とする．

(1) $r=\sqrt{x^2+y^2}$, $\theta=\tan^{-1}\dfrac{y}{x}$ を示せ．

(2) $\dfrac{\partial r}{\partial x},\dfrac{\partial r}{\partial y},\dfrac{\partial\theta}{\partial x},\dfrac{\partial\theta}{\partial y}$ を r,θ で表せ．

(3) 次を示せ．
$$\frac{\partial z}{\partial x}=\cos\theta\cdot\frac{\partial z}{\partial r}-\frac{1}{r}\sin\theta\cdot\frac{\partial z}{\partial\theta},\quad \frac{\partial z}{\partial y}=\sin\theta\cdot\frac{\partial z}{\partial r}+\frac{1}{r}\cos\theta\cdot\frac{\partial z}{\partial\theta}$$

(4) $g(u,v), h(u,v)$ を u,v の関数とするとき，2 次の行列 $\dfrac{\partial(g,h)}{\partial(u,v)}$ を

$$\begin{pmatrix}\dfrac{\partial g}{\partial u}&\dfrac{\partial h}{\partial u}\\ \dfrac{\partial g}{\partial v}&\dfrac{\partial h}{\partial v}\end{pmatrix}$$ で定義する．このとき，$\dfrac{\partial(x,y)}{\partial(r,\theta)}\cdot\dfrac{\partial(r,\theta)}{\partial(x,y)}=\begin{pmatrix}1&0\\0&1\end{pmatrix}$

を示せ (1 変数のときの $\dfrac{dx}{dy}\cdot\dfrac{dy}{dx}=1$ の 2 変数の場合である)．

解答 $z = f(r, \theta)$, $x = r\cos\theta, y = r\sin\theta$ $(r > 0)$ とする.

(1) $x^2 + y^2 = r^2(\cos^2\theta + \sin^2\theta) = r^2$. $r > 0$ より $r = \sqrt{x^2 + y^2}$.
また, $\dfrac{y}{x} = \dfrac{r\sin\theta}{r\cos\theta} = \tan\theta$ より, $\theta = \tan^{-1}\dfrac{y}{x}$.

(2) $\dfrac{\partial r}{\partial x} = \dfrac{2x}{2\sqrt{x^2+y^2}} = \dfrac{r\cos\theta}{r} = \cos\theta$.

$\dfrac{\partial r}{\partial y} = \dfrac{2y}{2\sqrt{x^2+y^2}} = \dfrac{r\sin\theta}{r} = \sin\theta$.

また, $\theta = \tan^{-1}\dfrac{y}{x}$ だから,

$$\frac{\partial \theta}{\partial x} = \frac{1}{1+\frac{y^2}{x^2}}\left(-\frac{y}{x^2}\right) = \frac{-y}{x^2+y^2} = \frac{-r\sin\theta}{r^2} = -\frac{\sin\theta}{r},$$

$$\frac{\partial \theta}{\partial y} = \frac{1}{1+\frac{y^2}{x^2}}\left(\frac{1}{x}\right) = \frac{x}{r^2} = \frac{\cos\theta}{r}.$$

(3) $\dfrac{\partial z}{\partial x} = \dfrac{\partial z}{\partial r}\dfrac{\partial r}{\partial x} + \dfrac{\partial z}{\partial \theta}\dfrac{\partial \theta}{\partial x}$

$= \dfrac{\partial z}{\partial r}\cos\theta + \dfrac{\partial z}{\partial \theta}\left(-\dfrac{1}{r}\right)\sin\theta = \cos\theta\dfrac{\partial z}{\partial r} - \dfrac{1}{r}\sin\theta\dfrac{\partial z}{\partial \theta},$

$\dfrac{\partial z}{\partial y} = \dfrac{\partial z}{\partial r}\dfrac{\partial r}{\partial y} + \dfrac{\partial z}{\partial \theta}\dfrac{\partial \theta}{\partial y}$

$= \dfrac{\partial z}{\partial r}\sin\theta + \dfrac{\partial z}{\partial \theta}\left(\dfrac{1}{r}\right)\cos\theta = \sin\theta\dfrac{\partial z}{\partial r} + \dfrac{1}{r}\cos\theta\dfrac{\partial z}{\partial \theta}.$

(4) (2) を使って $\dfrac{\partial(r,\theta)}{\partial(x,y)}$ を具体的に書き下ろして計算するか, $u = r, v = \theta$ として $z = z(r, \theta)$ に教科書第 1.13 節定理 1.30 を使えばよい. ∎

例題 1.13.4 $u = \log\sqrt{x^2+y^2}$ $(x^2+y^2 \neq 0)$, $v = \tan^{-1}\dfrac{y}{x}$ $(x \neq 0)$ は次の関係式を満たすことを証明せよ.

(1) $\dfrac{\partial u}{\partial x} = \dfrac{\partial v}{\partial y}$, $\dfrac{\partial u}{\partial y} = -\dfrac{\partial v}{\partial x}$ (2) $\triangle u = 0$, $\triangle v = 0$

解答 (1) $u_x = \dfrac{1}{2}\cdot\dfrac{2x}{x^2+y^2}$, $u_y = \dfrac{1}{2}\cdot\dfrac{2y}{x^2+y^2}$,

$v_x = \dfrac{1}{1+\left(\dfrac{y}{x}\right)^2}\left(-\dfrac{y}{x^2}\right) = \dfrac{-y}{x^2+y^2}$, $v_y = \dfrac{1}{1+\left(\dfrac{y}{x}\right)^2}\left(\dfrac{1}{x}\right) = \dfrac{x}{x^2+y^2}$.

以上より $u_x = v_y$, $u_y = -v_x$ を得る.

(2) u_{xy}, u_{yx} はともに連続なので，教科書第 1.12 節定理 1.28 (72 ページ) が使える．
$$\triangle u = u_{xx} + u_{yy} = (u_x)_x + (u_y)_y = (v_y)_x + (-v_x)_y = v_{xy} - v_{xy} = 0$$
$$\triangle v = v_{xx} + v_{yy} = (v_x)_x + (v_y)_y = (-u_y)_x + (u_x)_y = -u_{yx} + u_{xy} = 0$$

1.14 陰関数

例題 1.14.1 次の各式で定まる x の陰関数 y について，導関数 y' を求めよ．
(1) $x^3 + y^3 - 3xy = 0$ (2) $xy - xe^y = 1$ (3) $\dfrac{y}{x}\sin(xy) = 1$

解答 教科書第 1.14 節定理 1.31 を用いる．

(1) $f(x,y) = x^3 + y^3 - 3xy$ とおくと，$f_x = 3x^2 - 3y, f_y = 3y^2 - 3x$．よって，
$$y' = -\frac{f_x}{f_y} = -\frac{3x^2 - 3y}{3y^2 - 3x} = \frac{y - x^2}{y^2 - x}.$$

[別解] 両辺を x で微分する．
$3x^2 + 3y^2 y' - 3y - 3xy' = 0$ となるので
$$y' = \frac{y - x^2}{y^2 - x}.$$

(2) $f(x,y) = xy - xe^y - 1$ とおくと，$f_x = y - e^y, f_y = x - xe^y$ を得る．よって，
$$y' = -\frac{f_x}{f_y} = -\frac{y - e^y}{x - xe^y}.$$

[別解] 両辺を x で微分する．
$y + xy' - e^y - xe^y \cdot y' = 0$．これより，
$$y' = \frac{e^y - y}{x(1 - e^y)}.$$

(3) $f(x,y) = \dfrac{y}{x}\sin(xy) - 1$ とすると，
$$f_x = -\frac{y}{x^2}\sin(xy) + \frac{y}{x} \cdot y \cdot \cos(xy)$$
$$f_y = \frac{1}{x}\sin(xy) + \frac{y}{x} \cdot x \cdot \cos(xy).$$
したがって，$f(x,y)$ で定まる陰関数 y の導関数 y' は，
$$y' = -\frac{f_x}{f_y} = -\frac{-\frac{y}{x^2}\sin(xy) + \frac{y}{x} \cdot y \cdot \cos(xy)}{\frac{1}{x}\sin(xy) + \frac{y}{x} \cdot x \cdot \cos(xy)}$$
$$= \frac{y\sin(xy) - xy^2\cos(xy)}{x\sin(xy) + x^2 y\cos(xy)} = \frac{y\{1 - y^2\cos(xy)\}}{x\{1 + y^2\cos(xy)\}}.$$

例題 1.14.2 教科書第 1.14 節定理 1.31 における $y = g(x)$ について
$$g^{(2)}(x) = \frac{-f_{xx}f_y{}^2 + 2f_{xy}f_xf_y - f_{yy}f_x{}^2}{f_y{}^3}$$
を示せ．ただし，右辺の $f_{xx}, \cdots$ は $f_{xx}(x, g(x)), \cdots$ の略記である．

解答 $f(x, y)$ が 2 階微分可能のとき，教科書第 1.14 節定理 1.31 の $g' = g'(x) = -\dfrac{f_x(x, g(x))}{f_y(x, g(x))}$ をさらに微分する．
$$g^{(2)}(x) = -\frac{(f_{xx} + f_{xy} \cdot g')f_y - f_x \cdot (f_{yx} + f_{yy} \cdot g')}{(f_y)^2}$$
ここで，$f_{xy} = f_{yx}$, $g' = -\dfrac{f_x}{f_y}$ より
$$g^{(2)}(x) = -\frac{(f_{xx}f_y - f_{xy}f_x)f_y - f_x(f_{xy}f_y - f_{yy}f_x)}{(f_y)^3}$$
$$= \frac{-f_{xx} \cdot f_y{}^2 + 2f_{xy}f_xf_y - f_{yy} \cdot f_x{}^2}{f_y{}^3}.$$

1.15 極値問題

例題 1.15.1 $a_2 = A\alpha^2 + 2B\alpha\beta + C\beta^2$, $D = B^2 - AC$ $(A \neq 0)$ とおくとき，以下を示せ．

(1) $D < 0$ かつ $A > 0$ ならば $(\alpha, \beta) \neq (0, 0)$ のとき常に $a_2 > 0$ である．

(2) $D < 0$ かつ $A < 0$ ならば $(\alpha, \beta) \neq (0, 0)$ のとき常に $a_2 < 0$ である．

(3) $D > 0$ ならば $a_2 = A\alpha^2 + 2B\alpha\beta + C\beta^2$ は適当な (α, β) に対して 正の値と負の値をともにとりうる．

解答 a_2 の意味については教科書第 1.15 節参照．この問題は高校数学での 2 次関数 $y = ax^2 + 2bx + c$ は「(1) $a > 0, b^2 - ac < 0$ のとき常に $y > 0$ で $\left(-\dfrac{b}{a}, -\dfrac{b^2 - ac}{a}\right)$ で極小値をとる．(2) $a < 0, b^2 - ac < 0$ のとき常に $y < 0$ なので $\left(-\dfrac{b}{a}, -\dfrac{b^2 - ac}{a}\right)$ で極大値をとる」に対応する．証明もそれに従い平方完成を用いる．
$$a_2 = A\alpha^2 + 2B\alpha\beta + C\beta^2 = A\left(\alpha^2 + 2\frac{B\alpha\beta}{A} + \frac{C}{A}\beta^2\right)$$
$$= A\left(\alpha + \frac{B}{A}\beta\right)^2 - \frac{1}{A}(B^2 - AC)\beta^2$$
と変形できるので証明できた．

[補足] 関数 $f(x,y)$ が x, y の 2 次式で与えられたとき，これを平方完成して $f(x,y) = Ax^2 + 2Bxy + Cy^2$ の形にできるので，これの極値を求めるときは $D = B^2 - AC$ $(f_{xx} = 2A, f_{xy} = 2B, f_{yy} = 2C)$ を計算してこの判定条件がそのまま使える．

(1)　$D < 0$ かつ $A > 0$ ならば $(0,0)$ で最小値をとる．

(2)　$D < 0$ かつ $A < 0$ ならば $(0,0)$ で最大値をとる．

(3)　$D > 0$ ならば $a_2 = Ax^2 + 2Bxy + Cy^2 > 0$ は適当な (α, β) に対して正の値と負の値をともにとりうる．

厳密な証明は略するが，一般には関数 $f(x,y)$ に対して，$f_x(a,b) = 0, f_y(a,b) = 0$ なる停留点を求めて $f_{xx} = A$, $f_{xy} = B$, $f_{yy} = C$ とおけば次の結果を得る．
たとえば $z = f(x,y)$ のグラフでいえば，求めた $A = f_{xx}, B = f_{xy}, C = f_{yy}, D = B^2 - AC$ を用いて

1.　$D < 0, A > 0$ ならば (a,b) で極小値をとる．図 1.18(1) 参照．

2.　$D < 0, A < 0$ ならば (a,b) で極大値をとる．図 1.18(2) 参照．

3.　$D > 0$ ならば極大でも極小でもない．図 1.18(3) 参照．

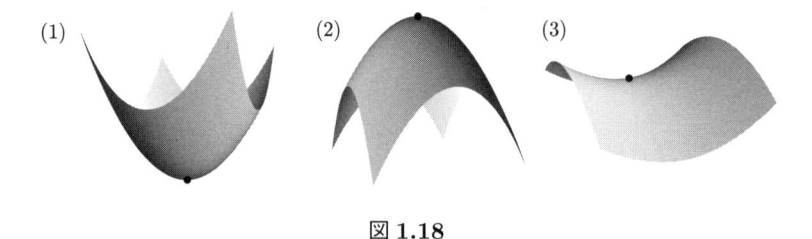

図 1.18

例題 1.15.2　次の関数 $h(x,y)$ の極値を求めよ．

(1)　$h(x,y) = 3x^2 - 5xy + 3y^2 - x - y$

(2)　$h(x, y) = x^2 - 5xy - 2y^2$

(3)　$h(x, y) = x^3 - xy + \dfrac{1}{2}y^2$

(4)　$h(x,y) = x^2 + xy + y^2 - ax - by$

(5)　条件 $f(x,y) = x^3 + y^3 - 3xy = 0$ の下に $h(x,y) = x^2 + y^2$．

解答　(1)　まず与式より次の微分を計算して停留点 (a,b) を求め極値を求めよう．
$$h_x = 6x - 5y - 1, \quad h_y = -5x + 6y - 1,$$
$$A = h_{xx} = 6 > 0, \quad C = h_{yy} = 6, \quad B = h_{xy} = -5.$$

$h_x = h_y = 0$ より，停留点は $(1,1)$ となる．
$D = B^2 - AC = (h_{xy})^2 - h_{xx}h_{yy} = (-5)^2 - 6 \times 6 = -11 < 0$ でかつ $A = h_{xx}(1,1) = 6 > 0$ より極小値 $h(1,1) = -1$ をとる．図 1.19(1) 参照．

(2)　$z = h(x,y) = x^2 - 5xy - 2y^2$ とおく．次の偏微分を計算して停留点を求めて極値を判断しよう．

$$z_x = 2x - 5y,\ z_{xx} = 2 = A,\ z_{xy} = -5 = B,\ z_y = -5x - 4y,\ z_{yy} = -4 = C.$$

停留点を求める．$z_x = 2x - 5y = 0$, $z_y = -5x + 4y = 0$ より $x = 0$, $y = 0$.
しかし $D = B^2 - AC = 25 + 4 > 0$ なので極値をとらない．実際この点は曲面 $z = h(x,y)$ の鞍の中央のところ（鞍点）で計算すると次のように示せる．

$$z = x^2 - 5xy - 2y^2 = \left(x - \frac{5}{2}y\right)^2 - \frac{33}{4}y^2$$

と変形できるので極値なし．図 1.19(2) 参照．

(3)　$z = h(x,\ y) = x^3 - xy + \frac{1}{2}y^2$ とおく．
次の偏微分を計算して停留点を求めて極値を判断しよう．

$$z_x = 3x^2 - y,\ z_{xx} = 6x,\ z_{xy} = -1,\ z_y = -x + y,\ z_{yy} = 1.$$

停留点を求める．$z_x = 3x^2 - y = 0$, $z_y = -x + y = 0$ より $x = 0, \frac{1}{3}$.

停留点は $(x,\ y) = (0,\ 0), \left(\frac{1}{3},\ \frac{1}{3}\right)$ と 2 か所ある．図 1.19(3) 参照．
$x = 0, y = 0$ のときは $z_{xx} = 0$ なので極値なし．
$x = \frac{1}{3},\ y = \frac{1}{3}$ のときは $A = z_{xx} = 2 > 0$ でかつ $D = B^2 - AC = (-1)^2 - 6 \times \frac{1}{3} \times 1 = -1 < 0$ なので極小値をもつ．極小値は

$$h\left(\frac{1}{3}, \frac{1}{3}\right) = \left(\frac{1}{3}\right)^3 - \frac{1}{3} \times \frac{1}{3} + \frac{1}{2} \times \left(\frac{1}{3}\right)^2 = -\frac{1}{54}$$

を得る．

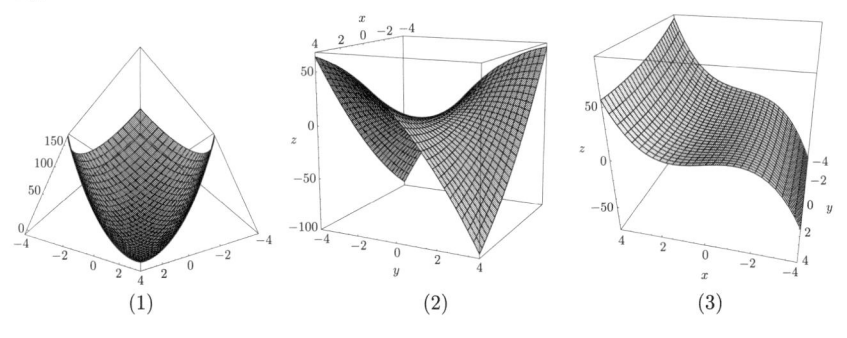

(1)　　　　　　　　(2)　　　　　　　　(3)

図 **1.19**

(4)　$h(x,y) = x^2 + xy + y^2 - ax - by$ より次の微分を得る．
$h_x = 2x + y - a$, 　$h_y = x + 2y - b$　$A = h_{xx} = 2$, 　$C = h_{yy} = 2$, 　$B = h_{xy} = 1$.
$h_x = h_y = 0$ より停留点 $(x,y) = \left(\dfrac{2a-b}{3}, \dfrac{-a+2b}{3}\right)$ を得る．
また，$D = B^2 - AC = (h_{xy})^2 - h_{xx}h_{yy} = 1 - 2 \times 2 = -3 < 0$ でかつ $A = h_{xx} = 2 > 0$
より極小値 $h\left(\dfrac{2a-b}{3}, \dfrac{-a+2b}{3}\right) = -\dfrac{1}{3}(a^2 - 3ab + b^2)$ をとる．

(5)　条件 $f(x,y) = x^3 + y^3 - 3xy = 0$ の下で $h(x,y) = x^2 + y^2$ の極値なのでそれらの一般交点を与える $F(x,y) = x^2 + y^2 + \lambda(x^3 + y^3 - 3xy) = 0$ を考えよう．もしそれに極値があるとすればラグランジェの未定乗数法 (教科書 88 ページ) により次の連立方程式が成立する．

$$\begin{cases} F_x = 2x - \lambda(3x^2 - 3y) = 0 & \text{(i)} \\ F_y = 2y - \lambda(3y^2 - 3x) = 0 & \text{(ii)} \\ f(x,y) = x^3 + y^3 - 3xy = 0 & \text{(iii)} \end{cases}$$

(i), (ii) から λ を消去して次を得る．

$$x(y^2 - x) = y(x^2 - y), \quad xy^2 - yx^2 - (x^2 - y^2) = 0,$$

$$(y-x)yx - (x-y)(x+y) = 0, \quad (y-x)(yx + x + y) = 0.$$

(a)　$y = x$ のとき，(iii) より $2x^3 - 3x^2 = x^2(2x - 3) = 0$．これより $x = 0, \dfrac{3}{2}$ から，極値をとる点は $(x,y) = (0,0)$ または，$(x,y) = \left(\dfrac{3}{2}, \dfrac{3}{2}\right)$ となる．
$h(x,y) = x^2 + y^2 \geqq 0$ だから，$(x,y) = (0,0)$ のときは，極小値 0 をとる．
$\left(\dfrac{3}{2}, \dfrac{3}{2}\right)$ のときは，制約条件 $f(x,y) = x^3 + y^3 - 3xy = 0 \cdots$ (iii) で極値をとる点は $f\left(\dfrac{3}{2}, \dfrac{3}{2}\right) = 0$ となる．
実際ここで極大となるのであるが，それを計算で示すにはさらなる計算が必要であるが，それは省略して下のように示すことにする．
$f_y\left(\dfrac{3}{2}, \dfrac{3}{2}\right) = \dfrac{9}{4} \neq 0$ だから，陰関数の定理から $g(x)$ で

$$f(x, g(x)) = 0, \quad g\left(\dfrac{3}{2}\right) = \dfrac{3}{2}, \quad g'(x) = \dfrac{x^2 - g(x)}{x - g(x)^2} = \dfrac{-f_x(x, g(x))}{f_y(x, g(x))}$$

から $g'\left(\dfrac{3}{2}\right) = -1$ なるものがある．
このとき，$g''(x) = \dfrac{2x - g'(x)}{x - g(x)^2} - \dfrac{(x^2 - g(x))(1 - 2g(x)g'(x))}{(x - g(x))^2}$．

ここで,
$$H(x) = h(x,y) = x^2 + g^2(x)$$
$$= H\left(\frac{3}{2}\right) + H'\left(\frac{3}{2}\right)\left(x - \frac{3}{2}\right) + \frac{H''\left(\frac{3}{2}\right)}{2}\left(x - \frac{3}{2}\right)^2 + \cdots$$
と級数展開しておく.

さて,
$$H'(x) = 2x + 2g(x)g'(x), \quad H''(x) = 2 + 2g'(x)^2 + 2g(x)g''(x),$$
なので $H\left(\frac{3}{2}\right) = \frac{9}{2}$, $H'\left(\frac{3}{2}\right) = 0$, $H''\left(\frac{3}{2}\right) = -28$ となる.
$$H(x) = \frac{9}{2} - 14\left(x - \frac{3}{2}\right)^2 + \cdots$$
で $x = \frac{3}{2}$ のとき, $H''(x) = -28 < 0$ なので $H(x)$ は $x = \frac{3}{2}$ のとき極大値 $\frac{9}{2}$ となる.

(b) $x + y + xy = 0$ のとき,

(iii) より $x^3 + y^3 - 3xy = x^3 + y^3 + 3(x+y) = (x+y)(x^2 - xy + y^2 + 3) = 0$ が導けるのでこれを解けばよい. しかし $\left(x - \frac{y}{2}\right)^2 + \frac{3y^2}{4} + 3 = 0$ は解をもたないので $x = -y$ となるがこれは $x^3 + y^3 - 3xy = 3x^2 = 0$ を意味して $x = y = 0$ となるので, $(x,y) = (0,0)$ となり, すでに求めた.

すなわち, 極大値 $\frac{9}{2}$ と極小値 0 を得たがそれは図 1.20 からも理解できる.

図 1.20 は教科書 1.14 節例 1.28 にある図を利用した. $h(x,y)$ は原点と点 (x,y) との距離の平方なので, 確かに円 $x^2 + y^2 - \frac{9}{2} = 0$ で極大値を示し, $x^2 + y^2 = 0$ が極小値 (最小) である. ■

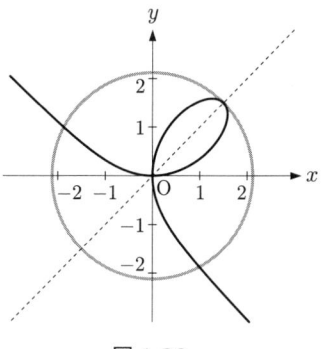

図 **1.20**

例題 1.15.3 $AB = 100$ の線分の両端の同じ側に垂線 AX, BY を立てる．また線分 AB の間に点 P をとり，2つの直角三角形 APX と BPY を描く．いま $AX = 27$, $BY = 18$ とするとき，2つの三角形の斜辺の和 $PX + PY$ を最小にする点 P の位置を求めよ．

[解答] 制約条件 $x + y = 100$, $x = AP$, $y = BP$ のもとで $h(x,y) = \sqrt{x^2 + 27^2} + \sqrt{y^2 + 18^2}$ の極値を求める．ただし P は AB の間とは限らないので $x, y \in \mathbb{R}$ とする．$PX + PY$ は $x \to \pm\infty$ のときは ∞ になることと，$PX + PY$ は x の連続関数であることからどこかで最小値，特に極値をとることがわかる．制約条件を $f(x,y) = x + y - 100 = 0$ とすれば $f_x = 1$, $f_y = 1$, $h_x = \dfrac{x}{\sqrt{x^2 + 27^2}}$, $h_y = \dfrac{y}{\sqrt{y^2 + 18^2}}$ となり，教科書 1.15 節にある条件 (#) は満たされる (教科書 89 ページ)．また，制約条件 (♭) より $h_x = h_y$．すなわち，$x^2(y^2 + 18^2) = y^2(x^2 + 27^2)$ から $18x = 27y$ を得る．これを $f(x,y) = x + y - 100 = 0$ に代入して $x = 60$, $y = 40$ を得る．極値をとるのは $x = 60$ のみなので極小値をとることがわかる．このとき極小値は $h = 5\sqrt{481} = 109.65$ となる．

実際，この問題は X または Y を AB に関して対称に移動すれば最短距離問題として最小値が求められるが微分を用いた和算の問題から紹介した[3]．

談話室：相加平均 $\geqq$ 相乗平均

次の (1), (2) を証明せよ．

(1) $x_1 \cdot x_2 \cdots x_n = 1$ $(x_k > 0, k = 1, 2, \cdots, n)$ ならば，次の不等式が成立する．
$$\frac{x_1 + x_2 + \cdots + x_n}{n} \geqq 1 \qquad (*)$$
等号は $x_1 = x_2 = \cdots = x_n = 1$ のときに限り成り立つ．

(2) $a_1, a_2, \cdots, a_n \geqq 0$ ならば，次の不等式が成立する．
$$\frac{a_1 + a_2 + \cdots + a_n}{n} \text{ (相加平均)} \geqq \sqrt[n]{a_1 \cdot a_2 \cdots a_n} \text{ (相乗平均)} \qquad (**)$$
等号は $a_1 = a_2 = \cdots = a_n$ のときに限り成り立つ．

---

[3] 文政九年 (1826) に茨城県下館市羽黒山 (廃寺) に掲げられた数学の絵馬 (算額) で発表されて『社盟算譜』(1827 年刊行) に記録されたがこの算額は失われた．算額には答えも記されている．

証明 (1) $\log x_k = y_k$ とおけば, $x_k = e^{y_k}$ $(k=1, 2, \cdots, n)$ となる. $x_1 \cdot x_2 \cdot \cdots \cdot x_n = 1$ $(x_k > 0, k=1, 2, \cdots, n)$ なので $y_1 + y_2 + \cdots + y_n = 0$ となる.

ここで教科書第1.8節定理1.22の次の展開を利用しよう.
$$e^x = 1 + \frac{x}{1!} + \frac{x^2}{2!} + \cdots$$

$x \geqq 0$ のとき, 明らかに $e^x \geqq 1 + x$ (等号は $x=0$ のときに限り成立する).
これを $x_k = e^{y_k}$ $(k=1, 2, \cdots, n)$ に応用する.
$$x_1 + x_2 + \cdots + x_n = e^{y_1} + e^{y_2} + \cdots + e^{y_n}$$
$$\geqq (1+y_1) + (1+y_2) + \cdots = n + (y_1 + y_2 + \cdots + y_n)$$
$$= n.$$

よって, 求める関係 (*) を得た. 等号は $y_1 = y_2 = \cdots = y_n = 0$, すなわち $x_1 = x_2 = \cdots = x_n = 1$ のときに限り成立.

(2) a_k の場合に分けて考えてみよう.

 (i) $a_1, a_2, \cdots, a_n$ がすべて正のとき,
 $x_k = \dfrac{a_k}{\sqrt[n]{a_1 \cdot a_2 \cdots a_n}}$ $(k=1, 2, \cdots, n)$ とおけば, $x_1 \cdot x_2 \cdot \cdots \cdot x_n = 1$ となり (1) が使える. (1) の結果を a_k に直せば (**) となる. 等号は $x_1 = x_2 = \cdots = x_n = 1$, すなわち $a_1 = a_2 = \cdots = a_n$ のときのみ成立する.

 (ii) $a_k (k=1, 2, \cdots, n)$ どれかに 0 があれば (**) の右辺は 0 となるので明らかに成立する. 等号は左辺 $= 0$ なので明らかに $a_1 = a_2 = \cdots = 0$ のときのみ成立する.

1.16 微分の章末問題

微分の章末問題 1

1 次の極限を求めよ．

(1) $\displaystyle\lim_{n\to\infty} \sqrt{n}(\sqrt{n+1}-\sqrt{n})$ (2) $\displaystyle\lim_{n\to\infty} \frac{3^n}{n!}$

(3) $\displaystyle\lim_{x\to 0} \frac{\sin 5x}{\sin 4x}$ (4) $\displaystyle\lim_{x\to\infty} \frac{\log(1+x)}{x^2}$

2 次の関数の導関数を定義に従って求めよ．

(1) x^3 (2) $\dfrac{1}{x^2}$

3 次の関数の導関数を求めよ．

(1) $3x^3 - 5x^2 + 7x - 9$ (2) $(3x-5)(x^2+1)$ (3) $e^{x+\frac{1}{x}}$

(4) $\dfrac{x}{\sqrt{x^2+1}}$ (5) $\sin^3(\cos 2x)$ (6) $x^2 \tan^{-1} x$

4 次の関数の偏導関数 $z_x = \dfrac{\partial z}{\partial x},\ z_y = \dfrac{\partial z}{\partial y}$．さらに，2階偏導関数 z_{xx}, z_{xy}, z_{yy} を求めよ．

(1) $z = 3x^3 - 5xy^2 + 2y^3 - 7$ (2) $z = \log \dfrac{x+y}{x}$

5 次の関数の2次導関数を求めよ．

(1) $y = x \sin x$ (2) $y = \log(x^2+1)$

6 次の不等式を示せ．

(1) $x - \dfrac{x^3}{3} < \tan^{-1} x \ \ (x>0)$ (2) $e^{-x} > 1-x \ \ (x>0)$

7 関数 $f(x) = \dfrac{\log x}{x^2} \ (x>0)$ について

(1) $y = f(x)$ のグラフを描け．

(2) $x = \dfrac{1}{e}$ における接線の方程式を求めよ．

微分の章末問題 2

1 次の関数の導関数 y' を求めよ.
(1) $y = 3x^5 - 4x^3 + \dfrac{2}{x^2}$ (2) $y = \dfrac{x}{\sqrt{x^2+1}}$ (3) $y = x^2 e^{-3x}$
(4) $y = \log(2x^2 + 1)$ (5) $y = \cos^{-1}(3x - 1)$ $\left(0 < x < \dfrac{2}{3}\right)$

2 次の関数の 2 次導関数 y'' を求めよ.
(1) $y = e^x(\sin x - \cos 2x)$ (2) $y = \sqrt{\log(2x+1)}$

3 次の問いに答えよ.
(1) $y = \dfrac{1}{x} + \log x \ (x > 0)$ の増減表を作り,その極値を求めよ.
(2) (1) を利用して $y = \dfrac{x-1}{\log x} \ (x > 0)$ のグラフを描け.

4 次の関数の偏導関数 $z_x = \dfrac{\partial z}{\partial x}$ および $z_y = \dfrac{\partial z}{\partial y}$ を求めよ.
(1) $z = 2x^3 - 3xy^2 + 4y^5$ (2) $z = \sin^{-1}\dfrac{x}{y}$ $\left(-1 < \dfrac{x}{y} < 1\right)$

5 極限値 $\displaystyle\lim_{x \to 0}(\cos x)^{\frac{1}{x^2}}$ を求めよ.

6 m, n は $m > n$ を満たす自然数とする.
$x \geqq 0$ のとき,不等式 $\dfrac{x^m - 1}{m} \geqq \dfrac{x^n - 1}{n}$ が成り立つことを示せ.
また,どのようなときに等号が成立するか.

微分の章末問題 3

1 次の関数の導関数 y' および 2 次導関数 y'' を求めよ．
(1) $y = x^4 + x^2$
(2) $y = \log(x+8)$
(3) $y = \sin 4x$
(4) $y = e^{x^2}$
(5) $y = x \tan^{-1} x$
(6) $y = \dfrac{e^x - e^{-x}}{e^x + e^{-x}}$

2 次の関数の偏導関数 $z_x = \dfrac{\partial z}{\partial x}, z_y = \dfrac{\partial z}{\partial y}$ を求めよ．
(1) $z = x^2 + 3xy + 5y^2$
(2) $z = \sqrt{x + 2y}$

3 $y = \dfrac{\cos x}{2 + \cos x - \sin x}$ の $0 \leqq x \leqq \dfrac{\pi}{2}$ での最大値と最小値を求めよ．

4 次の不等式を証明せよ．
$$x \geqq \log(x+1) \quad (x \geqq 0)$$

5 $y = \dfrac{x^2}{e^x} \ (-\infty < x < \infty)$ のグラフを描け．

微分の章末問題 4

1 次の関数の導関数 y' および 2 次導関数 y'' を求めよ.
(1) $y = x^7 + 2x^2$ (2) $y = \log(7x + 15)$
(3) $y = \sin x^4$ (4) $y = e^{\frac{1}{x}}$
(5) $y = \sqrt{\cos 2x}$ (6) $y = \tan^{-1}(\tan^{-1} x)$

2 次の関数の偏導関数 $z_x = \dfrac{\partial z}{\partial x}, z_y = \dfrac{\partial z}{\partial y}$ を求めよ.
(1) $z = x^2 - xy + 2y^2$ (2) $z = \dfrac{x}{x^2 - y^2}$

3 $y = \cos x + \log \sin x \ (0 < x < \pi)$ における最大値を求めよ.

4 次の不等式を証明せよ.
$$e^x - 1 \leqq xe^x$$

5 次のグラフを描け.
$$y = \frac{x}{e^x - 1} \quad (x \neq 0)$$

微分の章末問題 5

1 次の関数の導関数 y' および 2 次導関数 y'' を求めよ.
(1) $y = x^4 + 2x^2 + 1$
(2) $y = xe^{-2x}$
(3) $y = \log(2x+1)$
(4) $y = \dfrac{e^{-\sqrt{x}}}{x}$
(5) $y = \tan 3x$

2 次の関数の 2 次導関数を求めよ.
(1) $y = e^x(\cos x - \sin x)$
(2) $y = \tan^{-1} \dfrac{1}{x}$
(3) $y = \log \sqrt{x^2 + 1}$

3 次の関数の偏導関数 $z_x = \dfrac{\partial z}{\partial x},\ z_y = \dfrac{\partial z}{\partial y}$ を求めよ.
(1) $z = -3x^2 + xy + y^2$
(2) $z = \dfrac{e^{xy}}{e^x + 1}$

4 $y = 3x^4 - 8x^3 + 6x^2 + 6\ (-\infty < x < \infty)$ における最大値・最小値があれば求めよ.

5 $x \geqq 0,\ a > 1$ のとき, $\dfrac{a}{x+1} > 1 - \left(\dfrac{x}{x+1}\right)^a$ を示せ.

6 $0 < x < \pi$ において, $y = \dfrac{\sin x}{x}$ のグラフを描け.

微分の章末問題 6

1 次の関数の導関数 y' および 2 次導関数 y'' を求めよ．
 (1) $y = 3x^5 + 8x^3 + 6$ (2) $y = \tan^{-1}(ax)$
 (3) $y = \log(2x^2 + 3)$ (4) $y = e^{2x + x^{-1}}$
 (5) $y = \sin(\log(3x + 2))$

2 次の関数の 2 次導関数 y'' を求めよ．
 (1) $y = \dfrac{1}{2x^2 + 1}$ (2) $y = e^{x^2} \cos x$

3 次の関数の偏導関数 $z_x = \dfrac{\partial z}{\partial x}, z_y = \dfrac{\partial z}{\partial y}$ を求めよ．
 (1) $z = 2x^3 + x^2 y + y^3$ (2) $z = \log \dfrac{xy}{x^2 + y}$

4 $0 < \lambda < 1$ のとき，$x \geqq 0$ ならば $\lambda + (1 - \lambda)x \geqq x^{1-\lambda}$ を示せ．また等号の成立するのはいつか？

5 $y = \dfrac{e^x - e^{-x}}{2}$ とおく．これは狭義単調増加関数であることを示し，逆関数を求めよ．

6 $y = \dfrac{x^2 - 1}{x^2 + 1}$ のグラフを描き，$x = 1$ での接線の方程式を求めよ．

第2章

積分の演習

2.1 不定積分 I

本書では積分定数を C と書く．

例題 2.1.1 次の不定積分を求めよ．

(1) $\dfrac{x^2+3x+4}{x+1}$ (2) $\dfrac{1}{x^2+2x+2}$

(3) $\dfrac{1}{x^2-x+1}$ (4) $\dfrac{x}{(x+a)(x+b)}$ $(a \neq b)$

(5) $x \log x$ (6) $x \sin x$

解答 (1) この分数式は，実際に割り算を行い分子の次数を下げる．
$\dfrac{x^2+3x+4}{x+1} = x+2+\dfrac{2}{x+1}$ となるので，これで積分できる．

$$\int \frac{x^2+3x+4}{x+1}\,dx = \frac{x^2}{2}+2x+2\log|x+1|+C.$$

(2) この問題では分母を平方完成する．

$$\int \frac{1}{x^2+2x+2}\,dx = \int \frac{1}{(x+1)^2+1}\,dx = \tan^{-1}(x+1)+C.$$

(3) 前題と同様に分母を平方完成するが，ここでは公式 $\displaystyle\int \frac{1}{x^2+a^2}\,dx = \frac{1}{a}\tan^{-1}\frac{x}{a}$
を用いる．$x^2-x+1 = \left(x-\dfrac{1}{2}\right)^2+\dfrac{3}{4}$ なので，$a = \dfrac{\sqrt{3}}{2}$ である．

$$\int \frac{1}{x^2-x+1}\,dx = \int \frac{1}{\left(x-\frac{1}{2}\right)^2+\left(\frac{\sqrt{3}}{2}\right)^2}\,dx$$

$$= \frac{2}{\sqrt{3}}\tan^{-1}\frac{2x-1}{\sqrt{3}}+C.$$

(4) 被積分関数を部分分数に分ける．
$$\frac{x}{(x+a)(x+b)} = \frac{A}{x+a} + \frac{B}{x+b}$$
$$= \frac{A(x+b) + B(x+a)}{(x+a)(x+b)}$$
$$= \frac{(A+B)x + Ab + Ba}{(x+a)(x+b)}.$$

分子を係数比較することにより，定数 A, B を求める．
$A + B = 1$, $Ab + Ba = 0$ より，$A = \dfrac{a}{a-b}$, $B = \dfrac{-b}{a-b}$.
$$\int \frac{x}{(x+a)(x+b)}\,dx = \frac{1}{a-b} \int \left(\frac{a}{x+a} - \frac{b}{x+b} \right) dx$$
$$= \frac{1}{a-b}(a\log|x+a| - b\log|x+b|) + C.$$

(5) 部分積分法を用いるが，微分して $x \log x$ が現れるのを探して，$(x^2 \log x)' = 2x \log x + x$ を使えばよい．
$$\int x \log x \, dx = \frac{x^2}{2} \log x - \int \frac{x}{2}\,dx$$
$$= \frac{x^2}{2} \log x - \frac{1}{4}x^2 + C.$$

(6) この問題も部分積分法を用いるが，$(x \cos x)' = \cos x - x \sin x$ を考える．
$$\int x \sin x \, dx = -x \cos x + \int \cos x \, dx$$
$$= -x \cos x + \sin x + C.$$
∎

例題 2.1.2 次の不定積分を求めよ．

(1) $\dfrac{x^2}{x+2}$　　　(2) $\sin 4x \cos 5x$　　　(3) $\cos 7x \cos 3x$
(4) $e^x \cos x$　　　(5) $e^{-x} \sin 2x$

解答　(1) 与式で割り算を実行して，分子の次数を下げる．
$$\frac{x^2}{x+2} = x - 2 + \frac{4}{x+2}.$$
これを積分する．
$$\int \frac{x^2}{x+2}\,dx = \int \left(x - 2 + \frac{4}{x+2} \right) dx$$
$$= \frac{x^2}{2} - 2x + 4\log|x+2| + C.$$

(2) 三角関数の積和公式を用いて，
$$\int \sin 4x \cos 5x \, dx = \frac{1}{2} \int (\sin 9x - \sin x) \, dx = -\frac{1}{18} \cos 9x + \frac{1}{2} \cos x + C.$$

(3) (2) と同じく積和公式を用いて
$$\int \cos 7x \cos 3x \, dx = \frac{1}{2} \int (\cos 10x + \cos 4x) \, dx = \frac{1}{20} \sin 10x + \frac{1}{8} \sin 4x + C.$$

(4) $I = \int e^x \cos x \, dx$, $I_1 = \int e^x \sin x \, dx$ において，部分積分法を 2 回使う．
$I = e^x \sin x - I_1,$
ここで，
$$I_1 = \int e^x \sin x \, dx = -e^x \cos x - \int e^x (-\cos x) \, dx = -e^x \cos x + I,$$
$$I = e^x \sin x - (-e^x \cos x + I).$$
したがって，
$$I = \frac{1}{2} e^x (\sin x + \cos x) + C.$$

(5) $I = \int e^{-x} \sin 2x \, dx$, $I_1 = \int e^{-x} \cos 2x \, dx$ とおくと，
$$I = -e^{-x} \sin 2x - 2 \int (-e^{-x} \cos 2x) \, dx = -e^{-x} \sin 2x + 2 \int e^{-x} \cos 2x \, dx.$$
ここで，
$$I_1 = -e^{-x} \cos 2x \, dx + \int (-e^{-x} \cdot 2 \cdot \sin 2x) \, dx = -e^{-x} \cos 2x - 2I$$
となる．よって，
$$I = -e^{-x} \sin 2x + 2(-e^{-x} \cos 2x - 2I) = -e^{-x} (\sin 2x + 2 \cos 2x) - 4I.$$
したがって，
$$I = -\frac{2}{5} e^{-x} \left(\cos 2x + \frac{1}{2} \sin 2x \right) + C.$$

例題 2.1.3

1. $I_n = \int \sin^n x \, dx$ とおくとき，漸化式
$$I_n = -\frac{1}{n} \sin^{n-1} x \cos x + \frac{n-1}{n} I_{n-2} \quad (n = 1, 2, 3, \cdots)$$
を示し，次の不定積分を求めよ．

(1) $\int \sin^2 x \, dx$ (2) $\int \sin^4 x \, dx$ (3) $\int \sin^5 x \, dx$

2. $I_n = \displaystyle\int \cos^n x\,dx$ とおくとき，漸化式
$$I_n = \frac{1}{n}\cos^{n-1} x \sin x + \frac{n-1}{n}I_{n-2} \quad (n=1,2,3,\cdots)$$
を示し，次の不定積分を求めよ．
(1) $\displaystyle\int \cos^2 x\,dx$ (2) $\displaystyle\int \cos^4 x\,dx$

解答 1. $I_n = \displaystyle\int \sin^{n-2} x(1-\cos^2 x)\,dx = I_{n-2} - \int \sin^{n-2} \cos^2 x\,dx.$
ここで部分積分法より，
$$\int \sin^{n-2} x \cos^2 x\,dx = \int \left(\frac{\sin^{n-1} x}{n-1}\right)' \cos x\,dx$$
$$= \frac{1}{n-1}\sin^{n-1} x \cos x - \int \frac{\sin^{n-1} x}{n-1}(\cos x)'\,dx$$
$$= \frac{1}{n-1}\sin^{n-1} x \cos x + \frac{I_n}{n-1}.$$
したがって，$I_n = I_{n-2} - \left(\dfrac{1}{n-1}\sin^{n-1} x \cos x + \dfrac{1}{n-1}I_n\right)$ を得る．
これを I_n についてまとめれば，次の結果を得る．
$$I_n = -\frac{1}{n}\sin^{n-1} x \cos x + \frac{n-1}{n}I_{n-2}.$$

(1) $\displaystyle\int \sin^2 x\,dx = -\frac{1}{2}\sin x \cos x + \frac{1}{2}I_0$
$\qquad\qquad\quad = -\dfrac{1}{2}\sin x \cos x + \dfrac{1}{2}x + C.$

これは，三角関数の半角公式からも得られる．
$$\int \sin^2 x\,dx = \int \frac{1-\cos 2x}{2}\,dx$$
$$= \frac{1}{2}x - \frac{1}{4}\sin 2x$$
$$= \frac{1}{2}x - \frac{1}{2}\sin x \cos x + C.$$

(2) $\displaystyle\int \sin^4 x\,dx = -\frac{1}{4}\sin^3 x \cos x + \frac{3}{4}I_2$
$\qquad\qquad\quad = -\dfrac{1}{4}\sin^3 x \cos x - \dfrac{3}{8}\sin x \cos x + \dfrac{3}{8}x + C.$

(3) $I_5 = -\dfrac{1}{5}\sin^4 x \cos x + \dfrac{4}{5}I_3,$

$I_3 = -\dfrac{1}{3}\sin^2 x \cos x + \dfrac{2}{3}I_1$

$\quad = -\dfrac{1}{3}\sin^2 x \cos x - \dfrac{2}{3}\cos x.$

これより,

$$I_5 = -\dfrac{1}{5}\sin^4 x \cos x + \dfrac{4}{5}\left(-\dfrac{1}{3}\sin^2 x \cos x - \dfrac{2}{3}\cos x\right)$$
$$= -\dfrac{1}{5}\sin^4 x \cos x - \dfrac{4}{15}\sin^2 x \cos x - \dfrac{8}{15}\cos x + C.$$

これを $\cos x$ で表すと

$$\int \sin^5 x\, dx = -\dfrac{1}{5}\cos^5 x + \dfrac{2}{3}\cos^3 x - \cos x + C$$

となる.

$I_5 = \displaystyle\int \sin^5 x\, dx = \int (1-\cos^2 x)^2 \sin x\, dx$ となるので,置換積分でも求めることができる.これで計算すれば同じ結果が得られる.

一般に奇数乗は置換積分で求めることができる.

2. 漸化式は 1. と同じ方法で証明できる.

(1) $\displaystyle\int \cos^2 x\, dx = I_2$

$\qquad = \dfrac{1}{2}\cos x \sin x + \dfrac{1}{2}I_0$

$\qquad = \dfrac{1}{2}\sin x \cos x + \dfrac{1}{2}x + C.$

これは三角関数の半角公式からも得られる.

$\displaystyle\int \cos^2 x\, dx = \int \dfrac{1+\cos 2x}{2}\, dx$

$\qquad = \dfrac{1}{2}x + \dfrac{1}{4}\sin 2x = \dfrac{1}{2}x + \dfrac{1}{2}\sin x \cos x + C.$

(2) $I_4 = \dfrac{1}{4}\cos^3 x \sin x + \dfrac{3}{4}I_2$

$\quad = \dfrac{1}{4}\cos^3 x \sin x + \dfrac{3}{4}\left(\dfrac{1}{2}\sin x \cos x + \dfrac{1}{2}x\right)$

$\quad = \dfrac{1}{4}\cos^3 x \sin x + \dfrac{3}{8}\sin x \cos x + \dfrac{3}{8}x + C.$

2.2　不定積分 II

例題 **2.2.1**　置換積分法を使って,次の不定積分を求めよ.

(1) $x(x^2+4)^3$ (2) $\dfrac{\sqrt{x}}{1+\sqrt{x}}$ (3) $\dfrac{1}{e^x+1}$

(4) $\dfrac{1}{e^x-e^{-x}}$ (5) $\dfrac{\cos x}{2+\sin x}$ (6) $\cos x \sin^4 x$

解答 (1) $t=x^2+4$ とおけば，$\dfrac{dt}{dx}=2x$ より

$$\int x(x^2+4)^3\,dx = \dfrac{1}{2}\int t^3\,dt = \dfrac{1}{8}t^4+C = \dfrac{1}{8}(x^2+4)^4+C.$$

(2) $t=1+\sqrt{x}$ とおけば，$\dfrac{dt}{dx}=\dfrac{1}{2\sqrt{x}}=\dfrac{1}{2(t-1)}$，$\dfrac{dx}{dt}=2(t-1)$ となる．

$$\text{与式} = \int \dfrac{t-1}{t}\cdot 2(t-1)\,dt = 2\int \dfrac{t^2-2t+1}{t}\,dt = 2\int \left(t-2+\dfrac{1}{t}\right)dt$$

$$= 2\left(\dfrac{t^2}{2}-2t+\log|t|\right)+C$$

$$= (1+\sqrt{x})^2 - 4(1+\sqrt{x}) + 2\log(1+\sqrt{x}) + C$$

$$= x - 2\sqrt{x} - 3 + 2\log(1+\sqrt{x}) + C.$$

(3) $t=e^x+1$ とおけば，$\dfrac{dt}{dx}=e^x=t-1$ となる．

$$\text{与式} = \int \dfrac{1}{t}\dfrac{1}{t-1}\,dt = \int \left(\dfrac{1}{t-1}-\dfrac{1}{t}\right)dt = \log|t-1|-\log|t|+C$$

$$= \log e^x - \log(e^x+1) + C = \log \dfrac{e^x}{e^x+1} + C.$$

(4) $t=e^x$ とおけば，$\dfrac{dt}{dx}=e^x=t$，$\dfrac{dx}{dt}=\dfrac{1}{t}$ となる．

$$\text{与式} = \int \dfrac{1}{t-\frac{1}{t}}\dfrac{1}{t}\,dt = \int \dfrac{1}{t^2-1}\,dt = \dfrac{1}{2}\int \left(\dfrac{1}{t-1}-\dfrac{1}{t+1}\right)dt$$

$$= \dfrac{1}{2}(\log|t-1|-\log|t+1|)+C = \dfrac{1}{2}\log\left|\dfrac{t-1}{t+1}\right|+C$$

$$= \dfrac{1}{2}\log\left|\dfrac{e^x-1}{e^x+1}\right|+C.$$

(5) $\displaystyle\int \dfrac{\cos x}{2+\sin x}\,dx = \int \dfrac{(2+\sin x)'}{2+\sin x}\,dx = \log(2+\sin x)+C.$

(6) $\displaystyle\int \cos x \sin^4 x\,dx = \int (\sin x)' \sin^4 x\,dx = \dfrac{1}{5}\sin^5 x + C.$ ■

例題 2.2.2 次の不定積分を求めよ．

(1) $\sqrt{e^x+1}$ (2) $\sqrt{x}\log(x+2)$

(3)　$(x-1)\sqrt{2-x^2}$　　　　　　(4)　$\dfrac{x^2}{x^4+1}$

解答　(1)　$\sqrt{e^x+1}=t$ とおく．
$$e^x+1=t^2,\ e^x\,dx=2t\,dt,\ dx=\dfrac{2t}{t^2-1}\,dt.$$

$$\begin{aligned}
\int \sqrt{e^x+1}\,dx &= \int \dfrac{2t^2}{t^2-1}\,dt \\
&= \int \left(2+\dfrac{2}{t^2-1}\right)dt \\
&= \int \left(2+\dfrac{1}{t-1}-\dfrac{1}{t+1}\right)dt \\
&= 2\sqrt{e^x+1}+2\log(\sqrt{e^x+1}-1)-x+C.
\end{aligned}$$

(2)　部分積分法で
$$\int \sqrt{x}\log(x+2)\,dx = \dfrac{2}{3}x^{\frac{3}{2}}\log(x+2)-\dfrac{2}{3}\int \dfrac{x^{\frac{3}{2}}}{x+2}\,dx$$
を得る．
次に $\sqrt{x}=t$ とおく．$x=t^2,\ dx=2t\,dt$.
$$\begin{aligned}
\int \dfrac{x^{\frac{3}{2}}}{x+2}\,dx &= \int \dfrac{t^3}{t^2+2}2t\,dt \\
&= 2\int \dfrac{t^4}{t^2+2}\,dt \\
&= 2\int \left(t^2-2+\dfrac{4}{t^2+2}\right)dt \\
&= 2\left(\dfrac{t^3}{3}-2t+\dfrac{4}{\sqrt{2}}\tan^{-1}\dfrac{t}{\sqrt{2}}\right)+C.
\end{aligned}$$

(3)　$\displaystyle\int(x-1)\sqrt{2-x^2}\,dx = \int x\sqrt{2-x^2}\,dx - \int \sqrt{2-x^2}\,dx.$
$$\int x\sqrt{2-x^2}\,dx = -\dfrac{1}{3}(2-x^2)^{\frac{3}{2}}.$$
$x=\sqrt{2}\sin t,\ dx=\sqrt{2}\cos t\,dt$ を用いる．
$$\begin{aligned}
\int \sqrt{2-x^2}\,dx &= \int \sqrt{2-2\sin^2 t}\sqrt{2}\cos t\,dt \\
&= 2\int \cos^2 t\,dt = \int(1+\cos 2t)\,dt \\
&= t+\dfrac{1}{2}\sin 2t = t+\sin t\cos t \\
&= \sin^{-1}\dfrac{x}{\sqrt{2}}+\dfrac{x}{\sqrt{2}}\sqrt{1-\dfrac{x^2}{2}}.
\end{aligned}$$

したがって，
$$-\frac{1}{3}(2-x^2)^{\frac{3}{2}} - \sin^{-1}\frac{x}{\sqrt{2}} - \frac{x}{2}\sqrt{2-x^2} + C.$$

$\sqrt{1-\sin^2 t} = \cos t$ と変形したが，$-\frac{\pi}{2} \leqq t \leqq \frac{\pi}{2}$ と制限して考え，結果の式を微分して正しいことを確かめればよい．

(4) $x^4 + 1 = (x^2+1)^2 - 2x^2 = (x^2 + \sqrt{2}x + 1)(x^2 - \sqrt{2}x + 1)$ なる分解を使う．さらに，
$$\frac{1}{2\sqrt{2}}\left(\frac{2x-\sqrt{2}}{x^2-\sqrt{2}x+1} - \frac{2x+\sqrt{2}}{x^2+\sqrt{2}x+1}\right) = \frac{x^2-1}{x^4+1}$$
と
$$\frac{1}{2}\left(\frac{1}{x^2-\sqrt{2}x+1} + \frac{1}{x^2+\sqrt{2}x+1}\right) = \frac{x^2+1}{x^4+1}$$
なる関係もいる．
$$\frac{x^2}{x^4+1} = \frac{1}{4\sqrt{2}}\left(\frac{2x-\sqrt{2}}{x^2-\sqrt{2}x+1} - \frac{2x+\sqrt{2}}{x^2+\sqrt{2}x+1}\right)$$
$$+ \frac{1}{4}\left\{\frac{1}{\left(x-\frac{\sqrt{2}}{2}\right)^2 + \frac{1}{2}} + \frac{1}{\left(x+\frac{\sqrt{2}}{2}\right)^2 + \frac{1}{2}}\right\}$$

これを積分すればよい．
$$\frac{1}{4\sqrt{2}}\left(\log\frac{x^2-\sqrt{2}x+1}{x^2+\sqrt{2}x+1}\right) + \frac{1}{2}\left\{\frac{1}{\sqrt{2}}\tan^{-1}(\sqrt{2}x-1) + \frac{1}{\sqrt{2}}\tan^{-1}(\sqrt{2}x+1)\right\} + C$$
$$= \frac{1}{4\sqrt{2}}\left\{\log\frac{x^2-\sqrt{2}+1}{x^2+\sqrt{2}+1} + 2\tan^{-1}(\sqrt{2}x-1) + 2\tan^{-1}(\sqrt{2}x+1)\right\} + C.$$

同じ問題を，例題 2.3.2(8) でも解説しているので参照． ∎

例題 2.2.3 $I_n = \displaystyle\int (x^2+a)^{\frac{n}{2}}\,dx\ (n = 1, 2, 3, \cdots)$ とするとき，次の漸化式の成り立つことを示せ．
$$I_n = \frac{1}{n+1}x(x^2+a)^{\frac{n}{2}} + \frac{n}{n+1}aI_{n-2}$$

解答
$$\{x(x^2+a)^{\frac{n}{2}}\}' = (x^2+a)^{\frac{n}{2}} + x\frac{n}{2}(2x)(x^2+a)^{\frac{n}{2}-1}$$
$$= (x^2+a)^{\frac{n}{2}} + n(x^2)(x^2+a)^{\frac{n}{2}-1}$$

$$= (x^2+a)^{\frac{n}{2}} + n(x^2+a-a)(x^2+a)^{\frac{n}{2}-1}$$
$$= (n+1)(x^2+a)^{\frac{n}{2}} - an(x^2+a)^{\frac{n}{2}-1}$$

これを積分して，$x(x^2+a)^{\frac{n}{2}} = (n+1)I_n - anI_{n-2}$.
これより，
$$I_n = \frac{1}{n+1}x(x^2+a)^{\frac{n}{2}} + \frac{n}{n+1}aI_{n-2}$$
を得る．

例題 2.2.4 次の不定積分を求めよ．

(1) $\tan^2 x$ (2) $e^x \cos x$

(3) $\log(x^2+1)$ (4) $\sin x \log(\sin x)$

解答 (1) $(\tan x)' = \dfrac{1}{\cos^2 x} = 1 + \dfrac{\sin^2 x}{\cos^2 x} = 1 + \tan^2 x$
を思い出そう．すると $\displaystyle\int \tan^2 x\, dx = \tan x - x + C$ となる．

(2) 部分積分法を使う．
$$\int e^x \cos x\, dx = e^x \cos x + \int e^x \sin x\, dx = e^x \cos x + e^x \sin x - \int e^x \cos x\, dx$$
より，求める不定積分は
$$\frac{1}{2}e^x(\sin x + \cos x) + C$$
となる．

(3) $\{x\log(x^2+1)\}' = \log(x^2+1) + x \times \dfrac{2x}{x^2+1}$
$$= \log(x^2+1) + 2\left(1 - \dfrac{1}{x^2+1}\right)$$
より，
$$\int \log(x^2+1)\, dx = x\log(x^2+1) - 2x + 2\tan^{-1} x + C.$$

(4) 部分積分法を使うと，
$$\int \sin x \log(\sin x)\, dx = -\cos x \log(\sin x) + \int \cos x \frac{\cos x}{\sin x}\, dx$$
ここで $\dfrac{1}{\sin x} = \dfrac{\sin x}{1-\cos^2 x} = \dfrac{1}{2}\left(\dfrac{\sin x}{1-\cos x} + \dfrac{\sin x}{1+\cos x}\right)$ なる展開を用いる．
$$\int \frac{\cos^2 x}{\sin x}\, dx = \int \frac{1-\sin^2 x}{\sin x}\, dx$$

$$= \int \left(\frac{1}{\sin x} - \sin x\right) dx$$
$$= \frac{1}{2} \int \left(\frac{\sin x}{1 - \cos x} + \frac{\sin x}{1 + \cos x}\right) dx + \cos x$$
$$= \frac{1}{2} (\log(1 - \cos x) - \log(1 + \cos x)) + \cos x.$$

こうして,
$$与式 = -\cos x \log(\sin x) + \cos x + \frac{1}{2} \log \frac{1 - \cos x}{1 + \cos x} + C$$

を得る.

ここでの問題 $\int \frac{1}{\sin x} dx$ は, 次の例 2.3.1(3) でも求められている.

2.3 不定積分 III

例題 2.3.1 次の不定積分を求めよ.
(1) $\frac{1}{x^2 - 1}$ (2) $\frac{1}{x^2(x+2)}$ (3) $\frac{1}{\sin x}$ (4) $\sqrt{1 + \sin x}$

解答 (1) 部分分数に分ける.
$$\frac{1}{x^2 - 1} = \frac{1}{(x-1)(x+1)} = \frac{1}{2}\left(\frac{1}{x-1} - \frac{1}{x+1}\right).$$

これより,
$$\int \frac{1}{x^2 - 1} dx = \frac{1}{2}(\log|x-1| - \log|x+1|) + C$$
$$= \frac{1}{2} \log\left|\frac{x-1}{x+1}\right| + C.$$

(2) $\frac{1}{x^2(x+2)} = \frac{A}{x} + \frac{B}{x^2} + \frac{C}{x+2}$ とおいて, 右辺を通分して分子を比較することにより部分分数展開を得る.

$1 = Ax(x+2) + B(x+2) + Cx^2$ で $x = 0$ を代入して $B = \frac{1}{2}$.

$x = -2$ を代入して $C = \frac{1}{4}$.

x^2 の係数を比較して, $0 = A + C$ より $A = -\frac{1}{4}$ を得る.

$$\int \frac{1}{x^2(x+2)} dx = \int \left(-\frac{1}{4} \times \frac{1}{x} + \frac{1}{2} \times \frac{1}{x^2} + \frac{1}{4} \times \frac{1}{x+2}\right) dx$$
$$= -\frac{1}{4} \log|x| - \frac{1}{2x} + \frac{1}{4} \log|x+2| + C$$
$$= -\frac{1}{2x} + \frac{1}{4} \log\left|\frac{x+2}{x}\right| + C.$$

(3) 以下の解法では，途中で $t = \cos x$, $dt = -\sin x\, dx$ の変数変換をしている．

$$\int \frac{dx}{\sin x} = \int \frac{\sin x}{\sin^2 x}\, dx = \int \frac{\sin x}{1 - \cos^2 x}\, dx$$
$$= \int \frac{1}{t^2 - 1}\, dt = \frac{1}{2} \int \left(\frac{1}{t-1} - \frac{1}{t+1} \right) dt$$
$$= \frac{1}{2}(\log|t-1| - \log|t+1|) + C = \frac{1}{2} \log \left| \frac{t-1}{t+1} \right| + C$$
$$= \frac{1}{2} \log \left| \frac{\cos x - 1}{\cos x + 1} \right| + C.$$

最後の答えは，半角公式を使えば $\cos x - 1 = -2\sin^2 \frac{x}{2}$, $\cos x + 1 = 2\cos^2 \frac{x}{2}$ なので $\frac{1}{2} \log \left| \frac{\cos x - 1}{\cos x + 1} \right| + C = \log \left| \frac{\sin \frac{x}{2}}{\cos \frac{x}{2}} \right| + C = \log \left| \tan \frac{x}{2} \right| + C$ とも表せる．

[**別解**]　このような三角関数に関する積分は，$t = \tan \frac{x}{2}$ とおくと解ける問題が多い．この問題もそれで解ける．このとき，

$$\cos^2 \frac{x}{2} = \frac{1}{\tan^2 \frac{x}{2} + 1} = \frac{1}{t^2 + 1},$$
$$\sin x = 2 \sin \frac{x}{2} \cos \frac{x}{2} = 2 \tan \frac{x}{2} \cos^2 \frac{x}{2} = \frac{2t}{t^2 + 1},$$
$$\cos x = 2 \cos^2 \frac{x}{2} - 1 = \frac{2}{t^2 + 1} - 1 = \frac{1 - t^2}{1 + t^2}$$

となる．

さらに，$t = \tan \frac{x}{2}$ の両辺を微分して $\frac{dt}{dx} = \frac{\frac{1}{2}}{\cos^2 \frac{x}{2}} = \frac{1}{2}(1 + t^2)$ となり三角関数に関する積分は t の有理式の積分になる．

これはよく使われるのでまとめておこう．

$t = \tan \frac{x}{2}$ とおけば，

$$\sin x = \frac{2t}{t^2 + 1}, \quad \cos x = \frac{1 - t^2}{1 + t^2}, \quad \tan x = \frac{2t}{1 - t^2}, \quad dx = \frac{2}{1 + t^2}\, dt.$$

この問題の場合は次のようになる．

$$\int \frac{dx}{\sin x} = \int \frac{t^2 + 1}{2t} \cdot \frac{2}{t^2 + 1}\, dt$$
$$= \int \frac{1}{t}\, dt = \log|t| = \log \left| \tan \frac{x}{2} \right| + C.$$

(4) 次の計算により，被積分関数は簡単になる．
$$1+\sin x = 1+2\sin\frac{x}{2}\cos\frac{x}{2} = \left(\cos\frac{x}{2}+\sin\frac{x}{2}\right)^2.$$
$$\int \sqrt{1+\sin x}\,dx = \int \left|\cos\frac{x}{2}+\sin\frac{x}{2}\right|dx. \quad \text{ここで場合分けをする．}$$
(i) $\cos\dfrac{x}{2}+\sin\dfrac{x}{2} = \sqrt{2}\sin\left(\dfrac{x}{2}+\dfrac{\pi}{4}\right) > 0$ のとき，
$$\text{与式} = 2\sin\frac{x}{2} - 2\cos\frac{x}{2} + C = 2\sqrt{2}\sin\left(\frac{x}{2}-\frac{\pi}{4}\right)+C.$$
(ii) $\cos\dfrac{x}{2}+\sin\dfrac{x}{2} = \sqrt{2}\sin\left(\dfrac{x}{2}+\dfrac{\pi}{4}\right) < 0$ のとき，
$$\text{与式} = -2\sin\frac{x}{2} + 2\cos\frac{x}{2} + C = -2\sqrt{2}\sin\left(\frac{x}{2}-\frac{\pi}{4}\right)+C. \blacksquare$$

例題 2.3.2 次の不定積分を求めよ．
(1) $\dfrac{1}{1+\cos x}$ (2) $\dfrac{1}{e^{3x}+4}$ (3) $\sqrt{e^x+1}$ (4) $\log\left|\dfrac{x-3}{x+3}\right|$
(5) $\log\dfrac{x-3}{x+3}$ (6) $\dfrac{1}{x^3+1}$ (7) $\dfrac{\sin x}{1+\sin x}$ (8) $\dfrac{x^2}{x^4+1}$
(9) $x^2 e^{ax}$

解答 (1) $t=\tan\dfrac{x}{2}$ とおけば，$\cos x = \dfrac{1-t^2}{1+t^2}$, $\dfrac{dt}{dx} = \dfrac{t^2+1}{2}$ となる．
$$\text{与式} = \int \frac{1}{1+\frac{1-t^2}{1+t^2}} \cdot \frac{2}{t^2+1}\,dt$$
$$= \int \frac{2}{(1+t^2)+(1-t^2)}\,dt$$
$$= \int dt = t + C = \tan\frac{x}{2} + C.$$

(2) $t=e^{3x}$ とおけば，$\dfrac{dt}{dx}=3e^{3x}$, $dx = \dfrac{1}{3e^{3x}}dt = \dfrac{dt}{3t}$ となる．
$$\text{与式} = \int \frac{1}{t+4}\frac{1}{3t}\,dt = \frac{1}{12}\int\left(\frac{1}{t}-\frac{1}{t+4}\right)dt$$
$$= \frac{1}{12}\{\log t - \log(t+4)\} + C = \frac{1}{12}\log\frac{e^{3x}}{e^{3x}+4} + C.$$

(3) $t=\sqrt{e^x+1}$ とおけば，$t^2 = e^x+1$, $2t\dfrac{dt}{dx}=e^x=t^2-1$, $dx = \dfrac{2t}{t^2-1}dt$ を得る．
$$\text{与式} = \int t\frac{2t}{t^2-1}\,dt = \int \frac{2t^2}{t^2-1}\,dt = \int\left(2+\frac{2}{t^2-1}\right)dt$$
$$= 2t + \int\left(\frac{1}{t-1}-\frac{1}{t+1}\right)dt = 2t + \log\left|\frac{t-1}{t+1}\right| + C$$

$$= 2\sqrt{e^x+1} + \log \frac{\sqrt{e^x+1}-1}{\sqrt{e^x+1}+1} + C.$$

(4) $\displaystyle\int \log x\,dx = x\log x - x + C$ だから, $\displaystyle\int \log|x|\,dx = x\log|x| - x + C$ となる. よって

$$\int \log\left|\frac{x-3}{x+3}\right|dx = \int (\log|x-3| - \log|x+3|)\,dx$$
$$= (x-3)\log|x-3| - (x-3)$$
$$\quad - (x+3)\log|x+3| + (x+3) + C$$
$$= (x-3)\log|x-3| - (x+3)\log|x+3| + C.$$

(5) 対数の真数は正なので, $(x-3)(x+3) > 0$ となる. すなわち, $x < -3, 3 < x$ の場合に分けて求める.

(i) $x > 3$ のとき,

与式を $\displaystyle I = \int \log(x-3)\,dx - \int \log(x+3)\,dx = I_1 - I_2$ とおく.

$$I_1 = \int \log(x-3)\,dx$$
$$= (x-3)\log(x-3) - \int (x-3)\frac{1}{x-3}\,dx$$
$$= (x-3)\log(x-3) - x + C_1.$$

$$I_2 = \int \log(x+3)\,dx$$
$$= (x+3)\log(x+3) - \int (x+3)\frac{1}{x+3}\,dx$$
$$= (x+3)\log(x+3) - x + C_2.$$

$$I = (x-3)\log(x-3) - (x+3)\log(x+3) + C, \quad (C = C_1 - C_2).$$

(ii) $x < -3$ のとき,

与式を $\displaystyle I = \int \log(3-x)\,dx - \int \log(-x-3)\,dx = I_3 - I_4$ とおく.

$$I_3 = \int \log(3-x)\,dx$$
$$= -(3-x)\log(3-x) + \int (3-x)\frac{-1}{3-x}\,dx$$
$$= (x-3)\log(3-x) - x + C_1.$$

$$I_4 = \int \log(-x-3)\,dx$$
$$= -(-x-3)\log(-x-3) + \int (-x-3)\frac{-1}{-x-3}\,dx$$
$$= (x+3)\log(-x-3) - x + C_2$$
$$I = (x-3)\log(3-x) - (x+3)\log(-x-3) + C, \quad (C = C_1 - C_2).$$

(i), (ii) より,
$$I = (x-3)\log|x-3| - (x+3)\log|x+3| + C.$$
ただし, (4) の方法でも解ける.

(6) 部分分数展開を用いる.
$$\frac{1}{x^3+1} = \frac{1}{(x+1)(x^2-x+1)}$$
$$= \frac{A}{x+1} + \frac{Bx+C}{x^2-x+1}$$

ここで, 通分して分子を係数比較する.
$$1 = A(x^2-x+1) + (x+1)(Bx+C)$$
$$= (A+B)x^2 + (-A+B+C)x + (A+C)$$

次の連立方程式を解く.
$$A+B = 0$$
$$-A+B+C = 0$$
$$A+C = 1$$

これを解いて,
$$A = \frac{1}{3}, \quad B = -\frac{1}{3}, \quad C = \frac{2}{3}.$$

これで, 次の展開を得た.
$$\frac{1}{x^3+1} = \frac{1}{3}\frac{1}{x+1} - \frac{1}{3}\frac{x-2}{x^2-x+1}$$
$$= \frac{1}{3}\frac{1}{x+1} - \frac{1}{3}\frac{\frac{1}{2}(2x-1) - \frac{3}{2}}{x^2-x+1}$$
$$= \frac{1}{3}\frac{1}{x+1} - \frac{1}{6}\frac{(x^2-x+1)'}{(x^2-x+1)} + \frac{1}{2}\frac{1}{(x-\frac{1}{2})^2 + \frac{3}{4}}.$$

これを積分をすればよい.
$$\int \frac{1}{x^3+1}\,dx = \frac{1}{3}\log|x+1| - \frac{1}{6}\log(x^2-x+1) + \frac{1}{\sqrt{3}}\tan^{-1}\frac{2x-1}{\sqrt{3}} + C.$$

(7) 例題 2.3.1(3)[別解] でまとめた関係を，この問題でも使ってみよう．
$$\int \frac{\sin x}{1+\sin x}dx = \int \frac{2t}{(1+t)^2}\frac{2}{1+t^2}dt = 2\int \left\{\frac{1}{1+t^2} - \frac{1}{(1+t)^2}\right\}dt$$
$$= 2\left(\tan^{-1}t + \frac{1}{1+t}\right) + C = 2\left(\frac{x}{2} + \frac{1}{1+\tan\frac{x}{2}}\right) + C.$$

(8) $x^4 + 1 = x^4 + 2x^2 + 1 - 2x^2$
$$= (x^2+1)^2 - (\sqrt{2}x)^2$$
$$= (x^2 - \sqrt{2}x + 1)(x^2 + \sqrt{2}x + 1) \text{ なので}$$

$$\frac{x^2}{x^4+1} = \frac{Ax+B}{x^2-\sqrt{2}x+1} + \frac{Cx+D}{x^2+\sqrt{2}x+1} \text{ とおいて，分母を払うと}$$

$$x^2 = (Ax+B)(x^2+\sqrt{2}x+1) + (Cx+D)(x^2-\sqrt{2}x+1)$$
$$= (A+C)x^3 + (B+\sqrt{2}A+D-\sqrt{2}C)x^2$$
$$+ (A+\sqrt{2}B+C-\sqrt{2}D)x + B+D$$

係数を比較して，次の連立方程式を得る．

$$A + C = 0 \tag{1}$$
$$\sqrt{2}A + B - \sqrt{2}C + D = 1 \tag{2}$$
$$A + \sqrt{2}B + C - \sqrt{2}D = 0 \tag{3}$$
$$B + D = 0 \tag{4}$$

これを解く．
$$(1) \text{ と } (3) \text{ より} \quad B - D = 0, \tag{5}$$
$$(4) \text{ と } (5) \text{ より} \quad B = D = 0, \tag{6}$$
$$(2) \text{ と } (4) \text{ より} \quad A - C = \frac{1}{\sqrt{2}}, \tag{7}$$
$$(1) \text{ と } (7) \text{ より} \quad A = \frac{1}{2\sqrt{2}}, \quad C = -\frac{1}{2\sqrt{2}} \tag{8}$$

よって，
$$\frac{x^2}{x^4+1} = \frac{1}{2\sqrt{2}}\frac{x}{x^2-\sqrt{2}x+1} - \frac{1}{2\sqrt{2}}\frac{x}{x^2+\sqrt{2}x+1}.$$

したがって，次を得る．
$$\int \frac{x^2}{x^4+1}dx = \frac{1}{4\sqrt{2}}\left(\int \frac{2x-\sqrt{2}+\sqrt{2}}{x^2-\sqrt{2}x+1}dx - \int \frac{2x+\sqrt{2}-\sqrt{2}}{x^2+\sqrt{2}x+1}dx\right)$$

$$= \frac{1}{4\sqrt{2}} \Bigg\{ \log\left|x^2 - \sqrt{2}x + 1\right| - \log\left|x^2 + \sqrt{2}x + 1\right|$$

$$+ 2\int \frac{\frac{1}{\sqrt{2}}}{\left(x - \frac{1}{\sqrt{2}}\right)^2 + \left(\frac{1}{\sqrt{2}}\right)^2} \, dx$$

$$+ 2\int \frac{\frac{1}{\sqrt{2}}}{\left(x + \frac{1}{\sqrt{2}}\right)^2 + \left(\frac{1}{\sqrt{2}}\right)^2} \, dx \Bigg\}$$

$$= \frac{1}{4\sqrt{2}} \Bigg(\log \frac{x^2 - \sqrt{2}x + 1}{x^2 + \sqrt{2}x + 1} + 2\tan^{-1} \frac{x - \frac{1}{\sqrt{2}}}{\frac{1}{\sqrt{2}}}$$

$$+ 2\tan^{-1} \frac{x + \frac{1}{\sqrt{2}}}{\frac{1}{\sqrt{2}}} \Bigg) + C$$

$$= \frac{1}{4\sqrt{2}} \Bigg\{ \log \frac{x^2 - \sqrt{2}x + 1}{x^2 + \sqrt{2}x + 1} + 2\tan^{-1}(\sqrt{2}x - 1)$$

$$+ 2\tan^{-1}(\sqrt{2}x + 1) \Bigg\} + C.$$

(9) $\displaystyle \int x^2 e^{ax}\, dx = \frac{1}{a} x^2 e^{ax} - \frac{2}{a} \int x e^{ax}\, dx$,

$\displaystyle \int x e^{ax}\, dx = \frac{1}{a} x e^{ax} - \int a^{ax}\, dx = \frac{1}{a} x e^{ax} - \frac{1}{a^2} e^{ax}$ より

$$\int x^2 e^{ax}\, dx = \frac{1}{a} x^2 e^{ax} - \frac{2}{a}\left(\frac{1}{a} x e^{ax} - \frac{1}{a^2} e^{ax}\right) + C$$

$$= \frac{e^{ax}}{a}\left(x^2 - \frac{2x}{a} + \frac{2}{a^2}\right) + C$$

例題 2.3.3 (1) 不定積分

$$\int F(x, \sqrt{Ax^2 + Bx + C})\, dx \quad (A \neq 0)$$

は, (i) $\displaystyle \int R(x, \sqrt{x^2 + c})\, dx$ または (ii) $\displaystyle \int R(x, \sqrt{a^2 - x^2})\, dx \; (a > 0)$ の形の不定積分になることを示せ.

(2) (i) の場合は $\sqrt{x^2 + c} + x = t$ とおけば, x と $\sqrt{x^2 + c}$ を t の有理式で表すことができることを示せ. また, (ii) の場合は $t = \sqrt{\dfrac{a-x}{x+a}} \; (-a < x < a)$ とおけば, x と $\sqrt{a^2 - x^2}$ は t の有理式として表せることを示せ.

解答 (1) $A > 0$ のとき,
$$Ax^2 + Bx + C = A\left\{\left(x + \frac{B}{2A}\right)^2 + \frac{4AC - B^2}{4A^2}\right\}.$$

ここで, $t = x - \dfrac{B}{2A}$, $c = \dfrac{4AC - B^2}{4A^2}$ とおけば, $\sqrt{Ax^2 + Bx + C} = \sqrt{A}\sqrt{t^2 + c}$ なので
$$F\left(x, \sqrt{Ax^2 + Bx + C}\right) = F\left(t + \frac{B}{2A}, \sqrt{A}\sqrt{t^2 + c}\right) = R\left(t, \sqrt{t^2 + c}\right)$$

とすればよい.

$A < 0$ のときは, $\sqrt{Ax^2 + Bx + C} = \sqrt{|A|}\sqrt{-c - t^2}$ で根号の中が正として $-c > 0$ だから, $-c = a^2 (a > 0)$ とおけばよい.

(2) (i) $y = \sqrt{x^2 + c}$ のとき, $y^2 = x^2 + c$, $(y-x)(y+x) = c$ となる. そこで $y + x = t$, すなわち $\sqrt{x^2 + c} + x = t$ とおくと,
$$\sqrt{x^2 + c}^2 = (t - x)^2$$
$$x^2 + c = t^2 - 2tx + x^2.$$

これより, $x = \dfrac{t^2 - c}{2t}$, $y = t - \dfrac{t^2 - c}{2t} = \dfrac{t^2 + c}{2t}$ となり, x, y はともに t の有理式で表される.

(ii) $y = \sqrt{a^2 - x^2}$ $(a > 0, -a < x < a)$ として, $t = \sqrt{\dfrac{a - x}{x + a}}$ とおくと, $(x + a)t^2 = a - x$ より次の結果を得る.
$$x = \frac{a(1 - t^2)}{1 + t^2}, \quad y = \sqrt{(a - x)(a + x)} = (x + a)\sqrt{\frac{a - x}{x + a}} = \frac{2at}{1 + t^2}.\blacksquare$$

例題 2.3.4 次の不定積分を求めなさい.

(1) $\dfrac{1}{(x + 2)\sqrt{x^2 - 5}}$ (2) $\dfrac{1}{x\sqrt{1 - x^2}}$ (3) $\dfrac{1}{(x^2 + a)^2}$

解答 (1) 前の例題 2.3.3(2)(i) に該当するので, $t = x + \sqrt{x^2 - 5}$ とおく.
$x^2 - 5 = t^2 - 2xt + x^2$, $2xt = t^2 + 5$, $x = \dfrac{t^2 + 5}{2t}$, $x + 2 = \dfrac{t^2 + 4t + 5}{2t}$,
$$\frac{dx}{dt} = \left(\frac{t^2 + 5}{2t}\right)'$$
$$= \frac{t^2 - 5}{2t^2},$$
$$\sqrt{x^2 - 5} = t - x = \frac{t^2 - 5}{2t}.$$

これらを用いて，

$$\int \frac{1}{(x+2)\sqrt{x^2-5}}\,dx = \int \frac{1}{\left(\dfrac{t^2+4t+5}{2t}\right)\left(\dfrac{t^2-5}{2t}\right)} \cdot \frac{t^2-5}{2t^2}\,dt$$

$$= \int \frac{2}{(t+2)^2+1}\,dt$$

$$= 2\tan^{-1}(t+2) + C$$

$$= 2\tan^{-1}(x+2+\sqrt{x^2-5}) + C.$$

実際，これを微分すると与えられた式になることを確かめなさい．

(2) 前の例題 2.3.3.(2)(ii) に該当するので，$t = \sqrt{\dfrac{x+1}{1-x}}$ とおく．
$x = \dfrac{t^2-1}{t^2+1}$, $\sqrt{1-x^2} = \dfrac{2t}{t^2+1}$, $dx = \dfrac{4t}{(t^2+1)^2}\,dt$.

$$\int \frac{1}{x\sqrt{1-x^2}}\,dx = \int \frac{2}{t^2-1}\,dt = \int \left(\frac{1}{t-1} - \frac{1}{t+1}\right)dt$$

$$= \log|t-1| - \log|t+1| + C = \log\left|\frac{t-1}{t+1}\right| + C$$

$$= \log\left|\frac{\sqrt{1+x}-\sqrt{1-x}}{\sqrt{1+x}+\sqrt{1-x}}\right| + C = \log\frac{1-\sqrt{1-x^2}}{|x|} + C. \blacksquare$$

2.4 定積分 I

例題 2.4.1 次の定積分を求めよ．

(1) $\displaystyle\int_0^3 \frac{dx}{x^2+9}$ (2) $\displaystyle\int_0^{2\pi} \sin^2 x\,dx$ (3) $\displaystyle\int_0^1 \frac{x^3+x^2}{x^2+1}\,dx$

解答 (1) $\displaystyle\int_0^3 \frac{1}{x^2+9}\,dx = \left[\frac{1}{3}\tan^{-1}\frac{x}{3}\right]_0^3$

$$= \frac{1}{3}(\tan^{-1}1 - \tan^{-1}0) = \frac{1}{3}\left(\frac{\pi}{4} - 0\right) = \frac{\pi}{12}$$

(2) $\displaystyle\int_0^{2\pi} \sin^2 x\,dx = \int_0^{2\pi} \frac{1-\cos 2x}{2}\,dx = \frac{1}{2}\left[x - \frac{1}{2}\sin 2x\right]_0^{2\pi} = \pi$

(3) $\dfrac{x^3+x^2}{x^2+1} = x+1 - \dfrac{x+1}{x^2+1} = x+1 - \dfrac{1}{2}\dfrac{2x}{x^2+1} - \dfrac{1}{x^2+1}$ なる変形を使う．

$$\int_0^1 \frac{x^3+x^2}{x^2+1}\,dx = \left[\frac{x^2}{2}+x\right]_0^1 - \frac{1}{2}\left[\log(x^2+1)\right]_0^1 - \left[\tan^{-1}x\right]_0^1$$

$$= \frac{3}{2} - \frac{1}{2}(\log 2 - \log 1) - (\tan^{-1}1 - \tan^{-1}0)$$

$$= \frac{3-\log 2}{2} - \frac{\pi}{4}$$

例題 2.4.2 次の定積分を求めよ．

(1) $\displaystyle\int_0^2 \frac{dx}{x+\sqrt{x+2}}$ (2) $\displaystyle\int_0^2 \sqrt{x(2-x)}\,dx$ (3) $\displaystyle\int_0^1 \tan^{-1} x\,dx$

解答 (1) $t = \sqrt{x+2}$ とおけば，$t^2 = x+2$, $x = t^2 - 2$, $dx = 2t\,dt$ となる．積分区間の変更は次のようになる．

x	$0 \to 2$
t	$\sqrt{2} \to 2$

$$\begin{aligned}
\text{与式} &= \int_{\sqrt{2}}^2 \frac{2t}{t^2 - 2 + t}\,dt \\
&= \int_{\sqrt{2}}^2 \frac{2t+1}{t^2 + t - 2}\,dt - \int_{\sqrt{2}}^2 \frac{1}{(t-1)(t+2)}\,dt \\
&= \left[\log|t^2 + t - 2|\right]_{\sqrt{2}}^2 - \frac{1}{3}\int_{\sqrt{2}}^2 \left(\frac{1}{t-1} - \frac{1}{t+2}\right)dt \\
&= \log 4 - \log\sqrt{2} - \frac{1}{3}\left[\log\frac{t-1}{t+2}\right]_{\sqrt{2}}^2 \\
&= 2\log 2 - \frac{1}{2}\log 2 + \frac{2}{3}\log 2 + \frac{1}{3}\log\frac{\sqrt{2}-1}{2+\sqrt{2}} \\
&= \frac{13}{6}\log 2 + \frac{1}{3}\log\frac{\sqrt{2}-1}{2+\sqrt{2}} = \frac{13}{6}\log 2 + \frac{1}{3}\log\frac{3-2\sqrt{2}}{\sqrt{2}} \\
&= 2\log 2 + \frac{1}{3}\log(3-2\sqrt{2}).
\end{aligned}$$

[別解] $\dfrac{2t}{t^2+t-2} = \dfrac{2}{3}\times\dfrac{1}{t-1} + \dfrac{4}{3}\times\dfrac{1}{t+2}$ と変形しても解ける．

(2) $y = \sqrt{x(2-x)}$ とおくと，$y^2 = 1 - (x-1)^2$ なので $(x-1)^2 + y^2 = 1$ となる．そこで，$x - 1 = \cos t$ とおく．$dx = -\sin t\,dt$.

x	$0 \to 2$
$x-1$	$-1 \to 1$
t	$-\pi \to 0$

$-\pi \leqq t \leqq 0$ では，$\sin t \leqq 0$.

$$\begin{aligned}
\sqrt{x(2-x)} &= \sqrt{2x - x^2} = \sqrt{1 - (x-1)^2} \\
&= \sqrt{1 - \cos^2 t} = \sqrt{\sin^2 t} = -\sin t.
\end{aligned}$$

$$\int_0^2 \sqrt{x(2-x)}\,dx = -\int_{-\pi}^0 \sin t\,dx = \int_{-\pi}^0 \sin^2 t\,dt$$

$$= \int_{-\pi}^{0} \frac{1-\cos 2t}{2}\, dt = \frac{1}{2}\left[t - \frac{1}{2}\sin 2t\right]_{-\pi}^{0}$$
$$= \frac{\pi}{2}.$$

(3) $\displaystyle\int \tan^{-1} x\, dx = x\tan^{-1} x - \int x(\tan^{-1} x)'\, dx$

$$= x\tan^{-1} x - \frac{1}{2}\int \frac{2x}{1+x^2}\, dx$$
$$= x\tan^{-1} x - \frac{1}{2}\log(1+x^2) + C.$$
$$\int_0^1 \tan^{-1} x\, dx = \left[x\tan^{-1} x\right]_0^1 - \frac{1}{2}\left[\log(1+x^2)\right]_0^1$$
$$= \tan^{-1} 1 - \frac{1}{2}\log 2 = \frac{\pi}{4} - \frac{1}{2}\log 2.$$

2.5 定積分 II

例題 2.5.1 次の問いに答えよ.

(1) 区間 $[0,1]$ で連続な関数 $y = f(x)$ に対して,定積分 $\displaystyle\int_0^1 f(x)dx$ を区分求積法で表せ.

(2) $\displaystyle\lim_{n\to\infty} \frac{1}{n}(n!)^{\frac{1}{n}}$ を求めよ.

(3) $\displaystyle\lim_{n\to\infty}\left\{\frac{1}{\sqrt{n^2}} + \frac{1}{\sqrt{n^2+1^1}} + \frac{1}{\sqrt{n^2+2^2}} + \cdots + \frac{1}{\sqrt{n^2+(n-1)^2}}\right\}$ を求めよ.

解答 (1) 教科書第 2.4 節定理 2.4 を復習してみよう. 図 2.1 より区間 $[0,1]$ を n 等分して 1 つの幅 $\Delta x = \dfrac{1}{n}$ を底辺とし,高さを $f\left(\dfrac{k}{n}\right)$ とする長方形の面積を考える. これら長方形の面積の総和を部分和 S_n として,その極限値 $\displaystyle\lim_{n\to\infty} S_n$ を求めればよい. したがって,

$$\int_0^1 f(x)\, dx = \lim_{n\to\infty} \sum_{k=0}^{n-1} f\left(\frac{k}{n}\right)\frac{1}{n} = \lim_{n\to\infty} \sum_{k=1}^{n} f\left(\frac{k}{n}\right)\frac{1}{n}.$$

図 2.1 参照.

(2) $f(n) = \dfrac{1}{n}(n!)^{\frac{1}{n}}$ として,$\displaystyle\lim_{n\to\infty} \log f(n)$ を求める.

$$\lim_{n\to\infty} \log \frac{1}{n}(n!)^{\frac{1}{n}} = \lim_{n\to\infty} \log\left(\frac{n!}{n^n}\right)^{\frac{1}{n}}$$

図 2.1

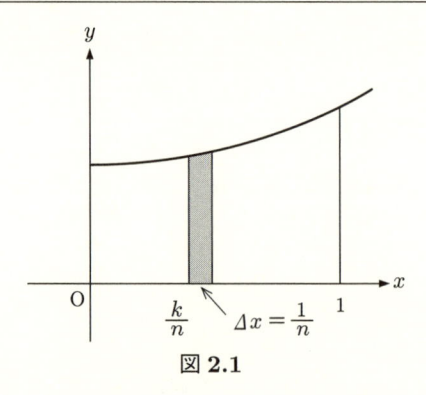

$$= \lim_{n\to\infty} \frac{1}{n} \log \frac{1\cdot 2\cdot 3\cdots n}{n\cdot n\cdot n\cdots n}$$
$$= \lim_{n\to\infty} \frac{1}{n} \left(\log \frac{1}{n} + \log \frac{2}{n} + \log \frac{3}{n} + \cdots + \log \frac{n}{n} \right)$$
$$= \lim_{n\to\infty} \sum_{k=1}^{n} \frac{1}{n} \log \frac{k}{n} \quad ここで, (1) を用いる.$$
$$= \int_0^1 \log x \, dx$$
$$= [x\log x - x]_0^1$$
$$= -1 - \lim_{x>0, x\to 0} x\log x$$
$$= -1.$$

ここで, 関係式 $\lim_{x>0, x\to 0} x\log x = 0$ (例題 1.9.4(2) 参照) を用いた.
$\lim_{n\to\infty} \log f(n) = -1$ なので, $\lim_{n\to\infty} f(n) = e^{-1}$.

(3) 与式 $= \lim_{n\to\infty} \left\{ \dfrac{1}{\sqrt{n^2}} + \dfrac{1}{\sqrt{n^2+1^2}} + \dfrac{1}{\sqrt{n^2+2^2}} + \cdots + \dfrac{1}{\sqrt{n^2+(n-1)^2}} \right\}$

$$= \lim_{n\to\infty} \frac{1}{n} \left\{ \frac{1}{\sqrt{1+\left(\frac{0}{n}\right)^2}} + \frac{1}{\sqrt{1+\left(\frac{1}{n}\right)^2}} + \frac{1}{\sqrt{1+\left(\frac{2}{n}\right)^2}} \right.$$
$$\left. + \cdots + \frac{1}{\sqrt{1+\left(\frac{n-1}{n}\right)^2}} \right\}$$
$$= \lim_{n\to\infty} \frac{1}{n} \sum_{k=0}^{n-1} \frac{1}{\sqrt{1+\left(\frac{k}{n}\right)^2}} \quad ここで, (1) を用いる.$$

$$= \int_0^1 \frac{1}{\sqrt{1+x^2}}\,dx. \quad \text{ここで，教科書第 2.2 節例 2.4.5 の結果を用いる．}$$
$$= \Big[\log|\sqrt{x^2+1}+x|\Big]_0^1 = \log(\sqrt{2}+1). \qquad \blacksquare$$

例題 2.5.2 次の定積分を求めよ．ただし，$m,\ n$ は自然数とする．

(1) $\displaystyle\int_0^{2\pi} \cos^2 mx\,dx$ \qquad (2) $\displaystyle\int_0^{2\pi} \sin^2 mx\,dx$

(3) $\displaystyle\int_0^{2\pi} \cos mx \cos nx\,dx$ \qquad (4) $\displaystyle\int_0^{2\pi} \cos mx \sin nx\,dx$

(5) $\displaystyle\int_0^{2\pi} \sin mx \sin nx\,dx$

解答

(1) $\displaystyle\int_0^{2\pi}\cos^2 mx\,dx = \frac{1}{2}\int_0^{2\pi}(1+\cos 2mx)\,dx$ [半角公式を用いた]
$$= \frac{1}{2}\Big[x + \frac{1}{2m}\sin 2mx\Big]_0^{2\pi} = \pi.$$

(2) $\displaystyle\int_0^{2\pi}\sin^2 mx\,dx = \frac{1}{2}\int_0^{2\pi}(1-\cos 2mx)\,dx$ [半角公式を用いた]
$$= \frac{1}{2}\Big[x - \frac{1}{2m}\sin 2mx\Big]_0^{2\pi} = \pi.$$

(3) $m = n$ のとき，(1) で済み．

$m \neq n$ のとき，積和公式を用いて
$$\int_0^{2\pi}\cos mx\cos nx\,dx = \frac{1}{2}\int_0^{2\pi}\{\cos(m+n)x + \cos(m-n)x\}\,dx$$
$$= \frac{1}{2}\Big[\frac{1}{m+n}\sin(m+n)x + \frac{1}{m-n}\sin(m-n)x\Big]_0^{2\pi}$$
$$= 0.$$

(4) $m = n$ のとき，2倍角公式を用いて
$$\int_0^{2\pi}\cos mx\sin mx\,dx = \frac{1}{2}\int_0^{2\pi}\sin 2mx\,dx$$
$$= \frac{1}{4m}\big[-\cos 2mx\,dx\big]_0^{2\pi} = 0.$$

$m \neq n$ のとき，積和公式を用いて
$$\int_0^{2\pi}\cos mx\sin nx\,dx = \frac{1}{2}\int_0^{2\pi}\{\sin(m+n)x - \sin(m-n)x\}\,dx$$
$$= -\frac{1}{2}\Big[\frac{1}{m+n}\cos(m+n)x - \frac{1}{m-n}\cos(m-n)x\Big]_0^{2\pi}$$
$$= 0.$$

(5) $m = n$ のとき，(2) で済み．

$m \neq n$ のとき，積和公式を用いて

$$\int_0^{2\pi} \sin mx \sin nx \, dx = -\frac{1}{2} \int_0^{2\pi} \{\cos(m+n)x - \cos(m-n)x\} \, dx$$
$$= -\frac{1}{2} \left[\frac{1}{m+n} \sin(m+n)x - \frac{1}{m-n} \sin(m-n)x \right]_0^{2\pi}$$
$$= 0.$$

例題 2.5.3 曲線 $(x-y)^2 = 2x$ の概形を描き，この曲線と x 軸とで囲まれる部分の面積を求めよ．

解答 $(x-y)^2 = 2x \geqq 0$ から $x \geqq 0$. y について解くと $y = x \pm \sqrt{2x}$.

[1] $y = x + \sqrt{2x}$ について $y \geqq 0$, $y' = 1 + \dfrac{1}{\sqrt{2x}} > 0$ から，y は単調に増加する．また，$x = 0$ のとき $y = 0$.

[2] $y = x - \sqrt{2x}$ について $y' = 1 - \dfrac{1}{\sqrt{2x}}$.

$y' = 0$ とすると $x = \dfrac{1}{2}$.

y の増減表は右のようになる．

x	0	$\cdots$	$\dfrac{1}{2}$	$\cdots$
y'		$-$	0	$+$
y	0	$\searrow$	極小	$\nearrow$

よって，y は $x = \dfrac{1}{2}$ のとき極小値 $-\dfrac{1}{2}$ をとる．また，$y = 0$ とすると $x = 0, 2$.

[1],[2] から，曲線の概形は図のようになる．

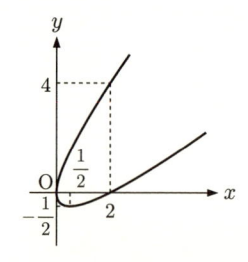

図 2.2

よって，求める面積は

$$-\int_0^2 (x - \sqrt{2x}) \, dx = \left[\left(\frac{2\sqrt{2}}{3} \right) x^{\frac{3}{2}} - \frac{1}{2} x^2 \right]_0^2 = \frac{2}{3}.$$

参考　グラフの凹凸を調べると，次のようになる．

[1]　$y = x + \sqrt{2x}$ について $y'' = -\dfrac{1}{2\sqrt{2}}x^{-\frac{3}{2}} < 0$ からグラフは上に凸．

[2]　$y = x - \sqrt{2x}$ について $y'' = \dfrac{1}{2\sqrt{2}}x^{-\frac{3}{2}} > 0$ からグラフは下に凸．

例題 2.5.4　a を正の実数として，$C_1 : y = x^2$，$C_2 : y = x^2 - 2ax + a(a+1)$ とする．また，C_1, C_2 の両方に接する直線を ℓ とする．このとき，C_1, C_2, ℓ で囲まれた図形の面積 S を求めよ．

解答　点 (t, t^2) における C_1 の接線の方程式は $y - t^2 = 2t(x - t)$ となる．
すなわち，$y = 2tx - t^2$．これが，C_2 にも接することから，次を得る．
$$2tx - t^2 = x^2 - 2ax + a(a+1).$$
$x^2 - 2(a+t)x + t^2 + a^2 + a = 0$ ……①
この判別式を D とすると，$D = 0$ である．
よって，$\dfrac{D}{4} = (a+t)^2 - (t^2 + a^2 + a) = 0$．
整理すると $a(2t - 1) = 0$．$a > 0$ であるから，$t = \dfrac{1}{2}$．
したがって，直線 ℓ の方程式は $y = x - \dfrac{1}{4}$ となる．
このとき，ℓ と C_1 の接点の x 座標は $x = \dfrac{1}{2}$ ……②
また，$t = \dfrac{1}{2}$ を ① に代入すると
$$x^2 - 2\left(a + \dfrac{1}{2}\right)x + a^2 + a + \dfrac{1}{4} = 0.$$
すなわち，$\left\{x - \left(a + \dfrac{1}{2}\right)\right\}^2 = 0$ となる．
ゆえに，ℓ と C_2 の接点の x 座標は $x = a + \dfrac{1}{2}$ ……③
次に，C_1 と C_2 の交点の x 座標は，方程式 $x^2 = x^2 - 2ax + a(a+1)$ の解である．
整理すると，$a\{2x - (a+1)\} = 0$．
$a > 0$ であるから $x = \dfrac{a+1}{2}$ ……④
②，③，④ から，C_1, C_2, ℓ で囲まれる図形の面積 S は
$$S = \int_{\frac{1}{2}}^{\frac{a+1}{2}} \left\{x^2 - \left(x - \dfrac{1}{4}\right)\right\} dx + \int_{\frac{a+1}{2}}^{\frac{2a+1}{2}} \left\{x^2 - 2ax + a(a+1) - \left(x - \dfrac{1}{4}\right)\right\} dx$$
$$= \int_{\frac{1}{2}}^{\frac{a+1}{2}} \left(x - \dfrac{1}{2}\right)^2 dx + \int_{\frac{a+1}{2}}^{\frac{2a+1}{2}} \left\{x - \left(\dfrac{2a+1}{2}\right)^2\right\}^2 dx$$

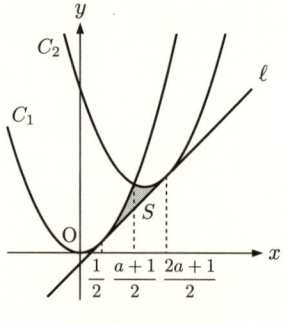

図 2.3

$$= \left[\frac{1}{3}(x-\frac{1}{2})^3\right]_{\frac{1}{3}}^{\frac{a+1}{2}} + \left[\frac{1}{3}\left\{x-\left(\frac{2a+1}{2}\right)^2\right\}^3\right]_{\frac{a+1}{2}}^{\frac{2a+1}{2}}$$
$$= \frac{1}{12}a^3.$$

参考 $\displaystyle\int_\alpha^\beta (x-\alpha)^n\,dx = \left[\frac{1}{n+1}(x-\alpha)^{n+1}\right]_\alpha^\beta = \frac{1}{n+1}(\beta-\alpha)^{n+1}.$

例題 2.5.5 n を非負整数とする.
$$I_n = \int_0^{\frac{\pi}{2}} \sin^n x\,dx$$
とおくとき，次を示せ.

(1) $I_n = \displaystyle\int_0^{\frac{\pi}{2}} \cos^n x\,dx$

(2) $I_n = \dfrac{n-1}{n} I_{n-2} \quad (n \geqq 2), \quad \displaystyle\lim_{n\to\infty} \dfrac{I_{2n+1}}{I_{2n}} = 1.$

(3) $I_n = \dfrac{(n-1)!!}{n!!} \times \begin{cases} \dfrac{\pi}{2} & (n \text{ は偶数}), \\ 1 & (n \text{ は奇数}), \end{cases}$

ただし，
$$n!! = \begin{cases} n(n-2)(n-4)\cdots 4\cdot 2 & (n \text{ は偶数}), \\ n(n-2)(n-4)\cdots 3\cdot 1 & (n \text{ は奇数}) \end{cases}$$
とおく.

(4) ウォリスの公式と呼ばれる次の公式を示せ[1].
$$\pi = 2 \cdot \frac{2 \times 2}{1 \times 3} \cdot \frac{4 \times 4}{3 \times 5} \cdot \frac{6 \times 6}{5 \times 7} \cdots$$

解答 (1) $x = \frac{\pi}{2} - t$ と変数変換する.
$$I_n = \int_0^{\frac{\pi}{2}} \sin^n x \, dx = \int_{\frac{\pi}{2}}^0 \sin^n \left(\frac{\pi}{2} - t\right)(-1) \, dt = \int_0^{\frac{\pi}{2}} \cos^n t \, dt.$$
よって, $I_n = \int_0^{\frac{\pi}{2}} \sin^n x \, dx = \int_0^{\frac{\pi}{2}} \cos^n x \, dx.$

(2) $I_n = \int_0^{\frac{\pi}{2}} \sin^n x \, dx$

$\quad = \int_0^{\frac{\pi}{2}} (-\cos x)' \sin^{n-1} x \, dx$

$\quad = \left[-(\cos x)\sin^{n-1} x\right]_0^{\frac{\pi}{2}} - \int_0^{\frac{\pi}{2}} (-(\cos x)(n-1)(\sin^{n-2} x)\cos x \, dx$

$\quad = (n-1)\int_0^{\frac{\pi}{2}} (1 - \sin^2 x)\sin^{n-2} x \, dx = (n-1)(I_{n-2} - I_n).$

したがって, $nI_n = (n-1)I_{n-2} \quad (n \geqq 2).$
すなわち $I_n = \frac{n-1}{n} I_{n-2} \quad (n \geqq 2).$
次に, $0 < x < \frac{\pi}{2}$ においては $0 < \sin x < 1$ なので
$$\sin^{2n} x > \sin^{2n+1} x$$
$$I_{2n-1} > I_{2n} > I_{2n+1}$$
$$\frac{I_{2n-1}}{I_{2n+1}} > \frac{I_{2n}}{I_{2n+1}} > 1 \quad \cdots (*)$$
上と同様にして, $(2n+1)I_{2n+1} = 2nI_{2n-1}$ なので次の関係を得る.
$$\frac{I_{n-2}}{I_n} = \frac{n}{n-1} \quad \text{を利用して} \quad \frac{I_{2n-1}}{I_{2n+1}} = \frac{2n+1}{2n} = 1 + \frac{1}{2n}.$$
したがって, $\lim_{n \to \infty} \frac{I_{2n-1}}{I_{2n+1}} = 1.$
さらに (*) より $\lim_{n \to \infty} \frac{I_{2n+1}}{I_{2n}} = 1.$

---

[1] イギリスの数学者 John Wallis(1616-1703) が 1656 年に発表. 同じ公式を江戸時代の数学者石黒信基 (1836-1869) が 1856 年に算額で発表.

(3) $I_0 = \displaystyle\int_0^{\frac{\pi}{2}} dx = \frac{\pi}{2}$, $I_1 = \displaystyle\int_0^{\frac{\pi}{2}} \sin x\, dx = -[\cos x]_0^{\frac{\pi}{2}} = 1$ を用いる。
さらに，(2) で求めた関係式を使って，次を得る．

$$I_n = \frac{(n-1)!!}{n!!} \times \begin{cases} \dfrac{\pi}{2} & (n \text{ は偶数}), \\ 1 & (n \text{ は奇数}), \end{cases}$$

(4) (3) で求めた関係式を用いる．

$$\frac{I_{2n}}{I_{2n+1}} = \frac{(2n-1)!!}{(2n)!!} \times \frac{\pi}{2} \times \frac{(2n+1)!!}{(2n)!!}$$

$$= \frac{2n-1}{2n} \cdot \frac{2n-3}{2n-2} \cdot \frac{2n-5}{2n-4} \cdots \frac{3}{4} \cdot \frac{1}{2}$$

$$\times \frac{2n+1}{2n} \cdot \frac{2n-1}{2n-2} \cdot \frac{2n-3}{2n-4} \cdots \frac{3}{4} \cdot \frac{1}{2} \cdot \frac{\pi}{2}$$

$$\pi = 2\lim_{n\to\infty} \frac{I_{2n}}{I_{2n+1}} = 2\lim_{n\to\infty} \left(\frac{(2n)!!}{(2n+1)!!} \times \frac{(2n)!!}{(2n-1)!!}\right)$$

$$= 2 \cdot \frac{2\times 2}{1\times 3} \cdot \frac{4\times 4}{3\times 5} \cdot \frac{6\times 6}{5\times 7} \cdots \blacksquare$$

例題 2.5.6 $|x| < 1$ のとき，

$$\frac{1}{1+x^2} = 1 - x^2 + x^4 - x^6 + \cdots$$

である．両辺を $[0,1]$ で積分して，次を示せ[2]．

$$\frac{\pi}{4} = 1 - \frac{1}{3} + \frac{1}{5} - \frac{1}{7} + \cdots$$

解答 $|x| < 1$ のとき，$\dfrac{1}{1+x^2} = 1 - x^2 + x^4 - x^6 + x^8 \cdots$ なる無限等比級数を得る．ここで項別積分可能性を認めて，両辺を積分してみよう．

$$\int_0^1 \frac{1}{1+x^2}\, dx = \int_0^1 (1 - x^2 + x^4 - x^6 + x^8 - \cdots)\, dx$$

$$\left[\tan^{-1} x\right]_0^1 = \left[x - \frac{1}{3}x^3 + \frac{1}{5}x^5 - \frac{1}{7}x^7 + \frac{1}{9}x^9 - \cdots\right]_0^1$$

$$\frac{\pi}{4} = 1 - \frac{1}{3} + \frac{1}{5} - \frac{1}{7} + \frac{1}{9} - \cdots \blacksquare$$

---

[2] これは Leibnitz(1646-1716) の公式と呼ばれている．江戸時代の数学者和田寧 (1787-1840) の稿本の中にも記載されている．

和算談話-2

この円周率を求める級数 (例題 2.5.6) は「円理算経」中に細かい証明をつけて与えられている. 原文は縦書きに級数が書かれているのでこれを 90° 反時計回りに回転すると円周率を与える級数 $\dfrac{\pi}{4} = 1 - \dfrac{1}{3} + \dfrac{1}{5} - \dfrac{1}{7} + \dfrac{1}{9} - \dfrac{1}{11}$ が記されている. 分子 1 と記号 + は省略され − は斜線を入れて表している.

2.6 定積分 III

例題 2.6.1 次の定積分を求めよ.

(1) $\displaystyle\int_0^1 e^x \sqrt{e^x + 1}\, dx$ (2) $\displaystyle\int_0^2 \sqrt{4 - x^2}\, dx$ (3) $\displaystyle\int_0^\infty \dfrac{x}{e^x}\, dx$

(4) $\displaystyle\int_1^\infty \dfrac{\log x}{x^2}\, dx$ (5) $\displaystyle\int_0^\infty \dfrac{x}{x^4 + 1}\, dx$ (6) $\displaystyle\int_0^\infty \dfrac{x^2}{(x^2 + 1)^2}\, dx$

解答 (1) $t = e^x + 1$ とおく. このとき $dt = e^x\, dx$ となる.

x	$0 \to 1$
t	$2 \to 1 + e$

$$\int_0^1 e^x \sqrt{e^x + 1}\, dx = \int_2^{1+e} t^{\frac{1}{2}}\, dt = \dfrac{2}{3}\left[t^{\frac{3}{2}}\right]_2^{1+e} = \dfrac{2}{3}(1+e)\sqrt{1+e} - \dfrac{4\sqrt{2}}{3}.$$

(2) $x = 2\sin\theta$ $(dx = 2\cos\theta\, d\theta)$ とおく.

x	$0 \to 2$
θ	$0 \to \dfrac{\pi}{2}$

$$\int_0^2 \sqrt{4 - x^2}\, dx = \int_0^{\frac{\pi}{2}} 4\cos^2\theta\, d\theta = 2\int_0^{\frac{\pi}{2}} (1 + \cos 2\theta)\, d\theta$$
$$= 2\left[\theta + \dfrac{1}{2}\sin 2\theta\right]_0^{\frac{\pi}{2}} = \pi.$$

図形で考えると, $y = \sqrt{4 - x^2}$ は半径が 2 の円の面積の $\dfrac{1}{4}$ なので $\dfrac{1}{4}\pi \times 2^2 = \pi$ となり, 正しいことがわかる.

(3) まず，不定積分を部分積分法で求めておく．定積分では積分定数は消去されるので，以後は省略する．
$$\int \frac{x}{e^x}\,dx = \int xe^{-x}\,dx = x(-e^{-x}) - \int (-e^{-x})\,dx = -xe^{-x} - e^{-x}.$$
したがって，
$$\int_0^\infty \frac{x}{e^x}\,dx = \lim_{b\to\infty}\int_0^b \frac{x}{e^x}\,dx$$
$$= -\lim_{b\to\infty}\left[e^{-x}(x+1)\right]_0^b = -(0 - e^0 \times 1) = 1.$$

(4) 前題と同じく，不定積分を部分積分法で求めておく．
$$\int \frac{\log x}{x^2}\,dx = -\frac{1}{x}\log x - \int \left(-\frac{1}{x}\right)\frac{1}{x}\,dx = -\frac{1}{x}\log x - \frac{1}{x}.$$
したがって，
$$\int_1^\infty \frac{\log x}{x^2}\,dx = \lim_{b\to\infty}\int_1^b \frac{\log x}{x^2}\,dx = \lim_{b\to\infty}\left\{\left(-\frac{\log b}{b} - \frac{1}{b}\right) + 1\right\} = 1.$$

(5) この問題では，$x^2 = t,\ (2x\,dx = dt)$ と変数変換する．

x	$0 \to b$
t	$0 \to \sqrt{b}$

$$\int_0^\infty \frac{x}{x^4+1}\,dx = \lim_{b\to\infty}\int_0^b \frac{x}{x^4+1}\,dx$$
$$= \lim_{b\to\infty}\int_0^{\sqrt{b}} \frac{1}{2(t^2+1)}\,dt = \frac{1}{2}\lim_{b\to\infty}\int_0^{\sqrt{b}} \frac{1}{t^2+1}\,dt$$
$$= \frac{1}{2}\lim_{b\to\infty}\left[\tan^{-1} t\right]_0^{\sqrt{b}} = \frac{1}{2}\lim_{b\to\infty}\left(\tan^{-1}\sqrt{b} - \tan^{-1} 0\right)$$
$$= \frac{1}{2}\left(\frac{\pi}{2} - 0\right) = \frac{\pi}{4}.$$

(6) この問題では，$\left(\dfrac{1}{x^2+1}\right)' = -\dfrac{2x}{(x^2+1)^2}$ を利用して部分積分法を使ってみる．
$$\int \frac{x^2}{(x^2+1)^2}\,dx = \int \frac{-x}{2} \times \frac{-2x}{(x^2+1)^2}\,dx$$
$$= -\frac{x}{2} \times \frac{1}{x^2+1} - \int \left(-\frac{1}{2}\right)\frac{1}{x^2+1}\,dx$$
$$= \frac{-x}{2(x^2+1)} + \frac{1}{2}\tan^{-1} x.$$
したがって，
$$\int_0^\infty \frac{x^2}{(x^2+1)^2}\,dx = \lim_{b\to\infty}\left\{-\frac{1}{2}\times\left(\frac{b}{b^2+1}\right) + \frac{1}{2}\left(\tan^{-1} b - \tan^{-1} 0\right)\right\}$$
$$= 0 + \frac{1}{2}\times\frac{\pi}{2} = \frac{\pi}{4}.$$

2.6 定積分 III

例題 2.6.2 次の不等式を示せ．

(1) $1 + \dfrac{1}{2^2} + \dfrac{1}{3^2} + \dfrac{1}{4^2} + \cdots + \dfrac{1}{n^2} + \cdots \,^3 < 2$

(2) $1 + \dfrac{1}{2^3} + \dfrac{1}{3^3} + \dfrac{1}{4^3} + \cdots + \dfrac{1}{n^3} + \cdots \,^4 < \dfrac{4}{3}$

解答 (1) 図 2.4 より，幅が 1 で高さが $\dfrac{1}{(k+1)^2}$ の長方形の面積を考える．

$$\frac{1}{(k+1)^2} < \int_k^{k+1} \frac{1}{x^2} dx.$$

これを $k = 1$ から $k = n-1$ まで加える．

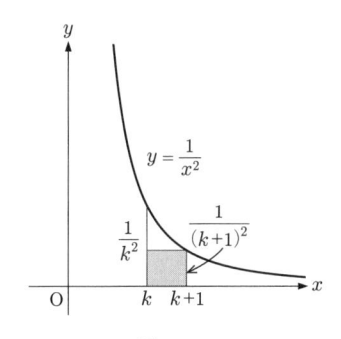

図 2.4

$$\frac{1}{2^2} + \frac{1}{3^2} + \cdots + \frac{1}{n^2} < \int_1^n \frac{1}{x^2} dx = 1 - \frac{1}{n}.$$

両辺に 1 を加えて，

$$1 + \frac{1}{2^2} + \frac{1}{3^2} + \cdots + \frac{1}{n^2} < 2 - \frac{1}{n} < 2$$

$$1 + \frac{1}{2^2} + \frac{1}{3^2} + \cdots < 2$$

[別解] $1 + \dfrac{1}{2^2} + \dfrac{1}{3^2} + \dfrac{1}{4^2} + \cdots + \dfrac{1}{n^2}$

$< 1 + \dfrac{1}{1 \cdot 2} + \dfrac{1}{2 \cdot 3} + \dfrac{1}{3 \cdot 4} + \cdots + \dfrac{1}{(n-1) \cdot n}$

---

[3] 実際の値は $\dfrac{\pi^2}{6} = 1.6449\cdots$ が知られている．その証明はやや複雑である．

[4] 計算機では $n = 1000$ のとき $1.2020564036593\cdots$ となる．しかし理論的には有理数でないことはわかっているが，超越数かどうかはわかっていない．有名な未解決問題の 1 つである．

$$= 1 + \left(\frac{1}{1} - \frac{1}{2}\right) + \left(\frac{1}{2} - \frac{1}{3}\right) + \left(\frac{1}{3} - \frac{1}{4}\right) + \cdots + \left(\frac{1}{n-1} - \frac{1}{n}\right)$$
$$= 2 - \frac{1}{n} < 2.$$

(2) (1) と同様に,幅が 1 で高さが $\dfrac{1}{(k+1)^3}$ の長方形の面積を考える.
$$\frac{1}{(k+1)^3} < \int_k^{k+1} \frac{1}{x^3}\, dx.$$
これを $k = 2$ から $k = n-1$ まで加える.
$$\frac{1}{3^3} + \frac{1}{4^3} + \cdots + \frac{1}{n^3} < \int_2^n \frac{1}{x^3}\, dx = \frac{1}{8} - \frac{1}{2n^2}.$$
両辺に $1 + \dfrac{1}{2^3}$ を加えて,
$$1 + \frac{1}{2^3} + \frac{1}{3^3} + \cdots + \frac{1}{n^3} < 1 + \frac{1}{2^3} + \frac{1}{8} - \frac{1}{2n^2}$$
$$< 1 + \frac{1}{4} = \frac{5}{4} < \frac{4}{3}.$$

[別解] $1 + \dfrac{1}{2^3} + \dfrac{1}{3^3} + \dfrac{1}{4^3} + \cdots + \dfrac{1}{n^3}$
$$< 1 + \frac{1}{2^3} + \frac{1}{3^3} + \frac{1}{2 \cdot 3 \cdot 4} + \frac{1}{3 \cdot 4 \cdot 5} + \cdots + \frac{1}{(n-2)\cdot(n-1)\cdot n}$$
$$= 1 + \frac{1}{8} + \frac{1}{27} + \frac{1}{2}\left(\frac{1}{2 \cdot 3} - \frac{1}{3 \cdot 4}\right) + \frac{1}{2}\left(\frac{1}{3 \cdot 4} - \frac{1}{4 \cdot 5}\right) + \cdots$$
$$+ \frac{1}{2}\left\{\frac{1}{(n-2)\cdot(n-1)} - \frac{1}{(n-1)\cdot n}\right\}$$
$$= 1 + \frac{1}{8} + \frac{1}{27} + \frac{1}{2}\left\{\frac{1}{6} - \frac{1}{(n-1)n}\right\}$$
$$< 1 + \frac{1}{8} + \frac{1}{27} + \frac{1}{12} = \frac{269}{216} = 1.24537\cdots < \frac{4}{3} = 1.3333$$

例題 2.6.3 n を 2 より大きい自然数とするとき,次の問いに答えよ.
(1) 次の不等式を示せ.
$$\log(n+1) < 1 + \frac{1}{2} + \cdots + \frac{1}{n} < 1 + \log n$$
(2) $a_n = 1 + \dfrac{1}{2} + \cdots + \dfrac{1}{n} - \log n$ は $0 < a_n < 1$ を満たすことを示せ.
(3) $\lim\limits_{n\to\infty} a_n = C$ が存在することを示せ.この数を**オイラーの定数**という.

解答 (1) 座標平面上の x 軸上に整数の点をとり，$y = \dfrac{1}{x}$ のグラフを利用して考える．
$y = \dfrac{1}{x}$ より，下の長方形の面積の総和から
$$\frac{1}{2} + \frac{1}{3} + \cdots + \frac{1}{n} < \int_1^n \frac{1}{x}\,dx = \log n.$$
$y = \dfrac{1}{x}$ より，上の長方形の面積の総和から
$$1 + \frac{1}{2} + \frac{1}{3} + \cdots + \frac{1}{n} > \int_1^{n+1} \frac{1}{x}\,dx = \log(n+1).$$
教科書第 2.6 節例 2.14.3 を参照．

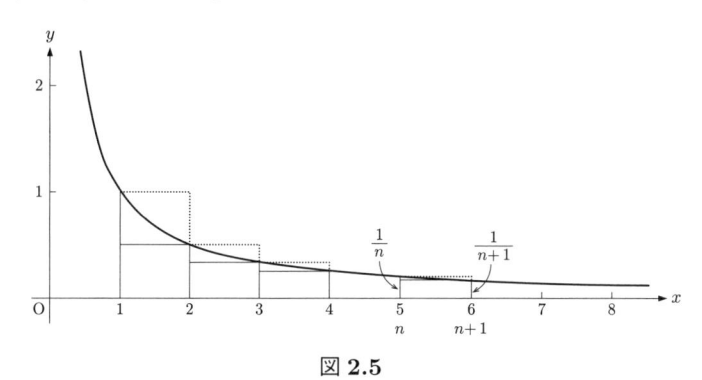

図 **2.5**

(2) (1) の関係式から，$\log n$ を引く．
$$\log(n+1) - \log n = \log\left(1 + \frac{1}{n}\right) < a_n < 1.$$

(3) $a_{n+1} - a_n = \left\{1 + \dfrac{1}{2} + \dfrac{1}{3} + \cdots + \dfrac{1}{n} + \dfrac{1}{n+1} - \log(n+1)\right\}$
$\qquad\qquad\quad - \left\{1 + \dfrac{1}{2} + \dfrac{1}{3} + \cdots + \dfrac{1}{n} - \log n\right\}$
$\qquad = \dfrac{1}{n+1} - \log\dfrac{n+1}{n}.$

ここで，(1) と同じ図形で
$$\frac{1}{n+1} < \int_n^{n+1} \frac{1}{x}\,dx = \log(n+1) - \log n = \log\frac{n+1}{n}$$
なので

$a_{n+1} - a_n = \dfrac{n+1}{n} < 0$ となり，数列 $\{a_n\}$ は単調減少である．しかも，有界なので教科書定理 2.1(存在定理) より収束して極限値をもつ．

しかし，この数が有理数か無理数かはまだわかっていない．具体的な数値としては近似値 $C = 0.5772156\cdots$ が求められている．

例題 2.6.4　広義積分

関数 $f(x)$ が，$x \geqq 1$ で連続である正数 M に対して，$|f(x)| < Mx^{-1-\varepsilon}$ $(\varepsilon > 0)$ なら広義積分 $\int_1^\infty f(x)\,dx = \lim_{t\to\infty}\int_1^t f(x)\,dx$ は収束することを示せ．特に，ガンマ関数 $\Gamma(s) = \int_0^\infty e^{-x}x^{s-1}\,dx\ (s > 0)$ は収束する．

解答　$f_+(x) = \max(f(x), 0),\ f_-(x) = \min(f(x), 0)$ とおくと $f(x) = f_+(x) + f_-(x)$ かつ $|f(x)| = f_+(x) + |f_-(x)|$ である．$1 < t$ のとき

$$\int_1^t |f(x)|\,dx < M\int_1^t x^{-1-\varepsilon}dx = \frac{M}{-\varepsilon}\left[x^{-\varepsilon}\right]_1^t$$
$$= \frac{M}{-\varepsilon}(t^{-\varepsilon} - 1) < \frac{M}{\varepsilon}$$

したがって，t についての単調増加関数である $\int_1^t f_+(x)\,dx$ と $\int_1^t |f_-(x)|\,dx$ は上に有界である．このことと教科書第 1.3 節の定理 1.2 から，これらは $t \to \infty$ のとき収束する．よって，それらの和 $\int_1^t f(x)\,dx = \int_1^t f_+(x)\,dx + \int_1^t f_-(x)\,dx$ も $t \to \infty$ のとき収束する．さらに，ガンマ関数については $0 < t < 1$ なら

$$\int_t^1 e^{-x}x^{s-1}\,dx < \int_t^1 x^{s-1}\,dx = \left[\frac{x^s}{s}\right]_t^1 < \frac{1}{s}$$

だから $t \to 0\,(t > 0)$ のとき増加関数 $\int_t^1 e^{-x}x^{s-1}\,dx$ は上に有界である．したがって，$\lim_{t\to 0}\int_t^1 e^{-x}x^{s-1}\,dx$ は収束するので，$\lim_{a\to 0, b\to\infty}\int_a^b e^{-x}x^{s-1}\,dx$ は収束する．

2.7　応用 I

例題 2.7.1　次の微分方程式を解け．

(1)　$y' = \dfrac{k}{x}$　　　　(2)　$y' = ky(a - y)$　　　(3)　$y' = y\cos x$

解答　(1)　$\dfrac{dy}{dx} = \dfrac{k}{x},\ dy = k\dfrac{dx}{x}$ なので両辺を積分して，$y = k\log|x| + C$．

(2)　$\dfrac{y'}{(a-y)y} = k,\quad \dfrac{dy}{y(a-y)} = k\,dx,\quad \dfrac{1}{a}\left(\dfrac{1}{a-y} + \dfrac{1}{y}\right)dy = k\,dx$

を積分して，$\dfrac{1}{a}(-\log|a-y|+\log|y|)=kx+C_1$．したがって，
$$\log\left|\dfrac{y}{a-y}\right|=akx+aC_1，\quad \left|\dfrac{y}{a-y}\right|=e^{akx}\times e^{C_1}$$
$$y=\dfrac{aCe^{akx}}{1+Ce^{akx}}\quad (C=\pm e^{C_1}).$$

(3) $\dfrac{dy}{dx}=y\cos x$, $\dfrac{dy}{y}=\cos x\,dx$ より，積分して
$$\log|y|=\sin x+C_1,\quad y=C\cdot e^{\sin x}\quad (C=e^{\pm C_1}).$$

例題 2.7.2 次の微分方程式を解け．
  (1) $y'+\dfrac{y}{x}=1$ \hspace{2em} (2) $xy'-x-y=0$

解答 (1) $(xy)'=y+xy'=x$ より，両辺積分して
$$xy=\dfrac{1}{2}x^2+C,\quad y=\dfrac{1}{2}x+\dfrac{C}{x}.$$

[別解] 少し複雑になるが，y' が $\dfrac{y}{x}$ で表されるときの解き方を紹介する．
$z=\dfrac{y}{x}$ とおく．$y=xz$ の両辺を x で微分して，$y'=z+x\dfrac{dz}{dx}$．
題意より，$1-z=z+x\dfrac{dz}{dx}$．$\dfrac{dz}{z-\frac{1}{2}}=-\dfrac{2\,dx}{x}$ と変数分離形を得る．
これを積分する．
$$\log\left|z-\dfrac{1}{2}\right|=\log|x|^{-2}+C_1,\quad \dfrac{y}{x}-\dfrac{1}{2}=\dfrac{C}{x^2},\quad C=\pm e^{C_1},\quad y=\dfrac{x}{2}+\dfrac{C}{x}.$$

(2) $\left(\dfrac{y}{x}\right)'=\dfrac{xy'-y}{x^2}=\dfrac{1}{x}$ より，$\dfrac{y}{x}=\log|x|+C$．つまり $y=x\log|x|+Cx$．

[別解] $z=\dfrac{y}{x}$ とおく．$y=xz$ の両辺を x で微分して，$y'=z+x\dfrac{dz}{dx}$．題意より，
$y'=\dfrac{x+y}{x}=1+z$ となりこれを代入する．
$$1=x\dfrac{dz}{dx}.\text{ すなわち，}dz=\dfrac{dx}{x}\text{ と変数分離形を得る．}$$
$$z=\dfrac{y}{x}=\log|x|+C.\quad y=x\log|x|+Cx.$$

例題 2.7.3 曲線 $y=f(x)$ $(x>0)$ に対し，すべての $a>0$ に対して点 $P(a,f(a))$ での接線を考え x 軸との交点を A，y 軸との交点を B とするとき，P は線分 AB の中点であるとする．このとき，点 $(1,2)$ を通る曲線 $y=f(x)$ を求めよ．

解答 点 $(a, f(a))$ での接線は，$y - f(a) = f'(a)(x-a)$ であり，これは x 軸とは $\left(a - \dfrac{f(a)}{f'(a)}, 0\right)$，$y$ 軸とは $(0, f(a) - af'(a))$ で交わる．この 2 点の中点が $(a, f(a))$ なので，

$$a = \frac{1}{2}\left(a - \frac{f(a)}{f'(a)}\right), \qquad f(a) = \frac{1}{2}(f(a) - af'(a)).$$

これは $f(a) = -af'(a)$ と同じで，仮定ではこれがすべての $a > 0$ で成立している．よって，$y = f(x)$ とおけば，$y' = -\dfrac{y}{x}$ を解けばよい．変数分離形の微分方程式

$$\int \frac{dy}{y} = \int \frac{-dx}{x}$$

を解く．

$$\log|y| = -\log|x| + C_1, \quad \log|xy| = C_1, \quad xy = C.$$

通る点 $(1, 2)$ を代入して，$C = 2$ なので求める曲線は双曲線 $y = \dfrac{2}{x}$ である．

2.8 応用 II

例題 2.8.1 次の関数の $x = 0$ の巾級数展開の 3 次までの項を求めよ．

(1) $e^{-x}\cos x$ 　　(2) $\dfrac{1}{\cos x}$ 　　(3) $\tan x$

解答 ここでは次の基本的な展開を利用するが，4 次以降は省略する．

$$\frac{1}{1-x} = 1 + x + x^2 + x^3 + \cdots$$

$$e^x = 1 + \frac{x}{1!} + \frac{x^2}{2!} + \frac{x^3}{3!} + \cdots$$

$$\sin x = x - \frac{x^3}{3!} + \frac{x^5}{5!} - \cdots$$

$$\cos x = 1 - \frac{x^2}{2!} + \frac{x^4}{4!} + \cdots$$

(1) $e^{-x}\cos x = \left(1 - x + \dfrac{x^2}{2} - \dfrac{x^3}{6} + \cdots\right) \cdot \left(1 - \dfrac{x^2}{2} + \cdots\right) = 1 - x + \dfrac{x^3}{3}$

(2) $\dfrac{1}{\cos x} = \dfrac{1}{1 - \left(\frac{x^2}{2} - \frac{x^4}{24} + \cdots\right)} = 1 + \left(\dfrac{x^2}{2} - \dfrac{x^4}{24}\cdots\right) + (\cdots)^2 + \cdots$

$= 1 + \dfrac{x^2}{2}$

(3) $\tan x = \dfrac{\sin x}{\cos x} = \dfrac{x - \frac{x^3}{6} + \cdots}{1 - (\frac{x^2}{2} - \frac{x^4}{24} + \cdots)}$

$= \left(x - \dfrac{x^3}{6} + \cdots \right) \times \left\{ 1 + \left(\dfrac{x^2}{2} - \dfrac{x^4}{24} + \cdots \right) + (\cdots)^2 \right\}$

$= x + \dfrac{x^3}{3}$

例題 2.8.2　$\dfrac{1}{\sqrt{1-x}}$ を教科書第 2.8 節定理 2.7 により，$x = 0$ を中心とする巾級数展開して第 5 項まで書け．

解答　$f(x) = (1-x)^{-\frac{1}{2}}$ とおく．

$$f'(x) = \dfrac{1}{2}(1-x)^{-\frac{3}{2}}$$
$$f''(x) = \dfrac{1}{2} \times \dfrac{3}{2}(1-x)^{-\frac{5}{2}}$$
$$f'''(x) = \dfrac{1}{2} \times \dfrac{3}{2} \times \dfrac{5}{2}(1-x)^{-\frac{7}{2}}$$
$$f^{(4)}(x) = \dfrac{1}{2} \times \dfrac{3}{2} \times \dfrac{5}{2} \times \dfrac{7}{2}(1-x)^{-\frac{9}{2}}$$

教科書第 2.8 節定理 2.7 を用いて，次の展開を得る．

$\dfrac{1}{\sqrt{1-x}} = 1 + \dfrac{1}{2}x + \dfrac{1 \cdot 3}{2 \cdot 4}x^2 + \dfrac{1 \cdot 3 \cdot 5}{2 \cdot 4 \cdot 6}x^3 + \dfrac{1 \cdot 3 \cdot 5 \cdot 7}{2 \cdot 4 \cdot 6 \cdot 8}x^4 + \cdots$

$= 1 + \dfrac{1}{2}x + \dfrac{3}{8}x^2 + \dfrac{5}{16}x^3 + \dfrac{35}{128}x^4 + \cdots + \dfrac{(2n-1)!!}{(2n)!!}x^n + \cdots$

なお，係数は約分しない前の方が規則性がわかる．分子は奇数が次々と掛けられ分母は偶数が次々と掛けられている．答としては約分した最終結果を採用する．

例題 2.8.3　$\pi = 2 \left(1 + \dfrac{1}{3} \cdot \dfrac{1}{2} + \dfrac{1}{5} \cdot \dfrac{3}{8} + \dfrac{1}{7} \cdot \dfrac{15}{48} + \dfrac{1}{9} \cdot \dfrac{105}{384} + \cdots + \dfrac{1}{2n+1} \cdot \dfrac{(2n-1)!!}{(2n)!!} + \cdots \right)$ を導け[5]．

解答　前題で得た展開を積分する．

$\displaystyle\int_0^1 \dfrac{1}{\sqrt{1-x^2}}\, dx = \int_0^1 \left(1 + \dfrac{1}{2}x^2 + \dfrac{1 \cdot 3}{2 \cdot 4}x^4 + \dfrac{1 \cdot 3 \cdot 5}{2 \cdot 4 \cdot 6}x^6 \right.$

$\left. + \dfrac{1 \cdot 3 \cdot 5 \cdot 7}{2 \cdot 4 \cdot 6 \cdot 8}x^8 + \cdots \right) dx$

---

[5] Newton(1642-1717) が示したが，江戸時代の数学者和田寧 (1787-1840) も同じ結果を記している．

$$\left[\sin^{-1} x\right]_0^1 = \left[x + \frac{1}{2} \times \frac{1}{3}x^3 + \frac{1\cdot 3}{2\cdot 4} \times \frac{1}{5}x^5 + \frac{1\cdot 3\cdot 5}{2\cdot 4\cdot 6} \times \frac{1}{7}x^7 + \cdots\right]_0^1$$

$$\frac{\pi}{2} = 1 + \frac{1}{2} \times \frac{1}{3} + \frac{1\cdot 3}{2\cdot 4} \times \frac{1}{5} + \frac{1\cdot 3\cdot 5}{2\cdot 4\cdot 6} \times \frac{1}{7} + \cdots$$

$$\pi = 2\left(1 + \frac{1}{2\cdot 3} + \frac{3}{5\cdot 8} + \frac{15}{7\cdot 48} + \frac{105}{9\cdot 384} + \cdots\right)$$
∎

例題 2.8.4 区間 $[a,b]$ で，連続な関数 $u(x)$ に対し $U(x) = \int_a^x u(t)\,dt$ とするとき，積分に関する平均値の定理 (教科書第 2.8 節定理 2.8) を用いて $U'(x) = u(x)$ を示せ．

解答 $a < x = A$, $B = x + h < b$ として，定理 2.8 を用いてみよう．$F(x) = u(x)$, $G(x) = 1$(定数関数) とすれば，

$$\int_x^{x+h} u(t)\,dt = u(c)h$$

となる c が x と $x+h$ の間にある．この式を書き直せば

$$\frac{U(x+h) - U(x)}{h} = u(c)$$

であり，$h \to 0$ とすれば，関数 $u(x)$ は連続だから $u(c) \to u(x)$ となり，$U'(x) = u(x)$ を得る． ∎

例題 2.8.5 α を実数とする．$f(x) = (1+x)^\alpha = e^{\alpha\log(1+x)}$ $(|x| < 1)$ について以下を示せ．例題 1.11.2 参照．

(i) 数学的帰納法で

$$f'(x) = \alpha \frac{f(x)}{x+1} \qquad (*)$$

$$f^{(n)}(x) = \alpha(\alpha-1)\cdots(\alpha-(n-1))\frac{f(x)}{(x+1)^n} \qquad (**)$$

を示せ．

(ii) 自然数 n に対し

$$\binom{\alpha}{n} = \frac{\alpha(\alpha-1)\cdots(\alpha-(n-1))}{n!}$$ とし，$n=0$ に対しては $\binom{\alpha}{0} = 1$

と定めると，

$$\frac{f^{(n)}(0)}{n!} = \binom{\alpha}{n}$$

を示せ．

解答　(i)　まず $(*)$ を示す.
$f(x) = (1+x)^\alpha = e^{\alpha \log(1+x)}$ の両辺の対数をとると, $\log f(x) = \alpha \log(1+x)$ となる. これを x について微分すると

$$\frac{f'(x)}{f(x)} = \frac{\alpha}{1+x}$$

となる. したがって,

$$f'(x) = \alpha \frac{f(x)}{1+x}$$

を得る.
次に $(**)$ を示す.

　[I]　$k=1$ のとき, $(*)$ より成立.
　[II]　$n=k$ (k は自然数) で, 成立と仮定すると,

$$f^{(k)}(x) = \alpha(\alpha-1)\cdots\{\alpha-(k-1)\}\frac{f(x)}{(x+1)^k}.$$

両辺を微分して,

$$f^{(k+1)}(x) = \alpha(\alpha-1)\cdots\{\alpha-(k-1)\}\left\{\frac{f'(x)}{(x+1)^k} - f(x)\frac{k}{(1+x)^{k+1}}\right\}$$

ここで $k=1$ のときの $f'(x)$ を代入する.

$$= \alpha(\alpha-1)\cdots\{\alpha-(k-1)\}\left\{\alpha\frac{f(x)}{(x+1)^{k+1}} - f(x)\frac{k}{(1+x)^{k+1}}\right\}$$

$$= \alpha(\alpha-1)\cdots\{\alpha-(k-1)\}(\alpha-k)\left\{\frac{f(x)}{(x+1)^{k+1}}\right\}$$

$n=k+1$ で成立した. [I],[II] より, $(**)$ はすべての自然数 n で成立する.

(ii)　$f(0) = (1+0)^\alpha = 1$ なので,

$$\frac{f^0(0)}{0!} = \frac{f(0)}{1} = 1.$$

$n \geqq 1$ のとき, $(**)$ に $x=0$ を代入すれば次を得る.

$$\frac{f^{(n)}(0)}{n!} = \frac{\alpha(\alpha-1)\cdots\{\alpha-(n-1)\}}{n!} \times \frac{f(0)}{(0+1)^n} = \binom{\alpha}{n}.$$

2.9　曲線の長さ

例題 2.9.1　曲線 $y = \dfrac{1}{2}(e^x + e^{-x})$ $(-1 \leqq x \leqq 1)$ の長さを求めよ.

解答 教科書 2.9 節 (2.26), $L = \int_a^b \sqrt{1 + f'(x)^2}\, dx$ を用いる.
$f'(x) = \dfrac{1}{2}(e^x - e^{-x})$ なので,
$$1 + f'(x)^2 = 1 + \frac{1}{4}(e^{2x} - 2 + e^{-2x}) = \frac{1}{4}(e^x + e^{-x})^2$$
となる.
求める曲線の長さは
$$L = \int_{-1}^{1} \frac{1}{2}(e^x + e^{-x})\, dx = \frac{1}{2}\left[e^x - e^{-x}\right]_{-1}^{1} = e - \frac{1}{e}.$$
この曲線は 2 点を端として固定した紐の形をしていて, 懸垂線 (カテナリー) と呼ばれている. 図 2.6(1) 参照.

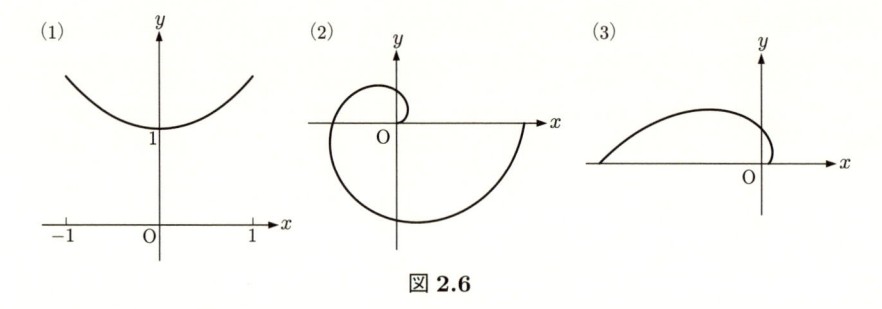

図 2.6

例題 2.9.2 曲線 $C : \{(t\cos t,\ t\sin t) \mid 0 \leqq t \leqq 2\pi\}$ の図を描き, その長さを求めよ.

解答 図は図 2.6(2) 参照. $x = t\cos t,\ y = t\sin t$ とおくと, $\dfrac{dx}{dt} = \cos t - t\sin t,\ \dfrac{dy}{dt} = \sin t + t\cos t.$
$$\left(\frac{dx}{dt}\right)^2 + \left(\frac{dy}{dt}\right)^2 = (\cos^2 t - 2t\cos t\sin t + t^2\sin^2 t) \\ + (\sin^2 t + 2\sin t\cos t + t^2\cos^2 t) = 1 + t^2$$
したがって,
$$L = \int_0^{2\pi} \sqrt{1 + t^2}\, dt \quad [\text{教科書の第 2.2 節例 2.4.6 参照}]$$
$$= \frac{1}{2}\left[t\sqrt{t^2 + 1} + \log(\sqrt{1 + t^2} + t)\right]_0^{2\pi}$$
$$= \frac{1}{2}\left\{2\pi\sqrt{4\pi^2 + 1} + \log\left(\sqrt{4\pi^2 + 1} + 2\pi\right)\right\}$$

例題 2.9.3 曲線 $C : \{(e^t \cos t,\ e^t \sin t) \mid 0 \leqq t \leqq \pi\}$ の図を描き，その長さを求めよ．

解答 図は，図 2.6(3) 参照．$x = e^t \cos t,\ y = e^t \sin t$ とおくと，

$$\frac{dx}{dt} = e^t \cos t - e^t \sin t, \quad \frac{dy}{dt} = e^t \sin t + e^t \cos t.$$

$$\left(\frac{dx}{dt}\right)^2 + \left(\frac{dy}{dt}\right)^2 = e^{2t}(\cos^2 t - 2\cos t \sin t + \sin^2 t)$$
$$+ e^{2t}(\sin^2 t + 2\sin t \cos t + \cos^2 t)$$
$$= 2e^{2t}$$

したがって，$L = \displaystyle\int_0^\pi \sqrt{2}\, e^t\, dt$
$= \sqrt{2}[e^t]_0^\pi = \sqrt{2}(e^\pi - 1).$ ∎

例題 2.9.4 次の問いに答えよ．
(1) $a < b$ とする．$g(x) = Ax + B$ に対して $g(a) = b,\ g(b) = a$ となるように A, B を定めよ．
(2) 区間 $[a, b]$ で定義された関数 $f(x)$ に対して曲線 $C : \{(x, f(x)) \mid a \leqq x \leqq b\}$ を考える．このとき，平面上のグラフとしては同じであるが，始点が $(b, f(b))$ で終点が $(a, f(a))$ であるような曲線を求めよ．

解答 (1) 座標の位置から，図形的に $A = -1, B = a+b$ がわかるが，$g(x) = Ax + B$ とおいて点を代入してみよう．
$$g(a) = Aa + B$$
$$g(b) = Ab + B.$$
$a < b$ より $A = -1, B = b + a$ を得る．
(2) (1) を利用して $\left\{\left(-x+a+b,\ f(-x+a+b)\right) \mid a \leqq x \leqq b\right\}$ とすればよい． ∎

例題 2.9.5 放物線 $y = \dfrac{x^2}{2}\ (-1 \leqq x \leqq 1)$ の長さを小数 5 桁まで求めよ[6]．

解答 放物線の長さを求める方法は，既に教科書第 2.9 節例 2.17.2 で求めている．
$$L = 2\int_0^1 \sqrt{1 + x^2}\, dx.$$

---

[6] 江戸時代の数学者萩原信芳 (1828-1909) の『算法方円鑑』(1862 年刊) にある問題を改作した．

$$= \left[x\sqrt{1+x^2} + \log\left|x+\sqrt{x^2+1}\right|\right]_0^1$$
$$= \sqrt{2} + \log(1+\sqrt{2}).$$

後は，電卓で計算して，$L = 2.29558\cdots$. ∎

2.10　重積分

例題 2.10.1　次の定積分を求めよ．

(1) $\iint_D \sin(x+y)\,dxdy \quad D: 0 \leqq x \leqq \pi,\ 0 \leqq y \leqq 2\pi$

(2) $\iint_D (1-x-y)\,dxdy \quad D: 0 \leqq x,\ 0 \leqq y,\ x+y \leqq 1$

(3) $\iint_D xy\,dxdy \quad D: 0 \leqq x,\ 0 \leqq y,\ x^2+y^2 \leqq 1$

解答　(1)　積分領域が長方形のときは，どちらから積分してもよい．教科書第 2.10 節定理 2.9 系 2.1 を参照．

$$\iint_D \sin(x+y)\,dxdy = \int_0^{2\pi}\left(\int_0^\pi \sin(x+y)\,dx\right)dy$$
$$= -\int_0^{2\pi}\left[\cos(x+y)\right]_0^\pi dy$$
$$= -\int_0^{2\pi}\{-\cos y - \cos y\}\,dy$$
$$= [2\sin y]_0^{2\pi} = 0.$$

(2)　積分領域が曲線で囲まれているときは，これを縦線領域 (y 軸方向積分して x 軸方向積分) とみて $\int_a^b\left(\int_{f_1(x)}^{f_2(x)} z(x,y)\,dy\right)dx$ にするか，横線領域 (x 軸方向積分して y 軸方向積分) とみて $\int_c^d\left(\int_{g_1(y)}^{g_2(y)} z(x,y)\,dx\right)dy$ にするかは，領域を図に描いて判断するとよい．教科書第 2.10 節例 2.19 参照．
この問題では $0 \leqq x \leqq 1,\ 0 \leqq y \leqq 1-x$ として，縦線領域としてみる．

$$\iint_D (1-x-y)\,dxdy = \int_0^1 dx \int_0^{1-x}\{(1-x)-y\}\,dy$$
$$= \int_0^1 \frac{(1-x)^2}{2}\,dx$$
$$= -\frac{1}{6}[(1-x)^3]_0^1 = \frac{1}{6}.$$

(3) この問題でも，$0 \leqq x \leqq 1$, $0 \leqq y \leqq \sqrt{1-x^2}$ として縦線領域としてみよう．

$$\iint_D xy\,dxdy = \int_0^1 dx \int_0^{\sqrt{1-x^2}} xy\,dy$$
$$= \int_0^1 dx \left[x\frac{y^2}{2}\right]_0^{\sqrt{1-x^2}}$$
$$= \frac{1}{2}\int_0^1 x(1-x^2)\,dx$$
$$= \frac{1}{2}\left[\frac{x^2}{2} - \frac{x^4}{4}\right]_0^1 = \frac{1}{8}.$$

例題 2.10.2 次の定積分を求めよ．

(1) $\iint_D \sqrt{x+y}\,dxdy \quad D: 0 \leqq x \leqq 1,\ 0 \leqq y \leqq 1$

(2) $\iint_D \cos\frac{x}{y}\,dxdy \quad D: \frac{\pi}{4} \leqq y \leqq \frac{\pi}{2},\ 0 \leqq x \leqq y^2$

解答 (1) $\iint_D \sqrt{x+y}\,dxdy = \int_0^1 \left(\int_0^1 (x+y)^{\frac{1}{2}}\,dx\right)dy$
$$= \int_0^1 \frac{2}{3}\left\{(1+y)^{\frac{3}{2}} - y^{\frac{3}{2}}\right\}dy$$
$$= \frac{2}{3}\left[\frac{2}{5}(1+y)^{\frac{5}{2}} - \frac{2}{5}y^{\frac{5}{2}}\right]_0^1$$
$$= \frac{4}{15}(2^{\frac{5}{2}} - 2) = \frac{8}{15}(2\sqrt{2} - 1).$$

(2) $\iint_D \cos\left(\frac{x}{y}\right)dxdy = \int_{\frac{\pi}{4}}^{\frac{\pi}{2}} \left(\int_0^{y^2} \cos\left(\frac{x}{y}\right)dx\right)dy$

ここで，$\left[y\sin\frac{x}{y}\right]_0^{y^2} = y\sin y$ を代入して，

$$= \int_{\frac{\pi}{4}}^{\frac{\pi}{2}} y\sin y\,dy$$
$$= -[y\cos y]_{\frac{\pi}{4}}^{\frac{\pi}{2}} + \int_{\frac{\pi}{4}}^{\frac{\pi}{2}} \cos y\,dy$$
$$= -\left(\frac{\pi}{2}\cos\frac{\pi}{2} - \frac{\pi}{4}\cos\frac{\pi}{4}\right) + [\sin y]_{\frac{\pi}{4}}^{\frac{\pi}{2}}$$
$$= \frac{\pi}{4}\frac{\sqrt{2}}{2} + \left(1 - \frac{\sqrt{2}}{2}\right)$$

$$= \frac{\sqrt{2}}{8}\pi + 1 - \frac{\sqrt{2}}{2}.$$

例題 2.10.3 楕円体 $\dfrac{x^2}{a^2} + \dfrac{y^2}{b^2} + \dfrac{z^2}{c^2} \leqq 1$ の体積 V を
$V = \iint_D z\,dxdy$ $(D: \dfrac{x^2}{a^2} + \dfrac{y^2}{b^2} \leqq 1)$ として求めよ.
ただし, $z = \pm c\sqrt{1 - \dfrac{x^2}{a^2} - \dfrac{y^2}{b^2}}$ である.
(ヒント; 教科書第 2.5 節例 2.8 にある不定積分を用いてもよい.)

解答 領域を下図のようにとる. 求める体積は, この領域で積分して 8 倍すればよい. 使う積分公式は, 教科書第 2.5 節例 2.8 にある.

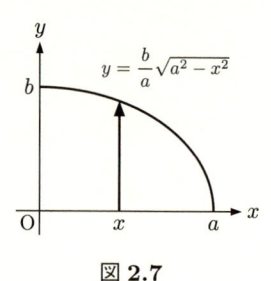

図 2.7

$$\int \sqrt{p^2 - x^2}\,dx = \frac{1}{2}\left(x\sqrt{p^2 - x^2} + p\sin^{-1}\frac{x}{p}\right) + C.$$

$z = \dfrac{c}{b}\sqrt{b^2\left(1 - \dfrac{x^2}{a^2}\right) - y^2}$ として, y 軸方向に積分して x 軸方向に積分する.

$$V = 2\iint_D z\,dxdy = 8\frac{c}{b}\int_0^a dx \int_0^p \sqrt{p^2 - y^2}\,dy, \quad p^2 = b^2\left(1 - \frac{x^2}{a^2}\right).$$

上の積分公式を使って,

$$\int_0^p \sqrt{p^2 - y^2}\,dy = \frac{1}{2}\left[y\sqrt{p^2 - y^2} + p^2\sin^{-1}\frac{y}{p}\right]_0^p = \frac{\pi}{4}p^2 = \frac{\pi}{4}\left(\frac{b^2}{a^2}\right)(a^2 - x^2).$$

$$V = 8\left(\frac{c}{b}\right) \times \left(\frac{\pi}{4}\right)\left(\frac{b^2}{a^2}\right)\left[a^2 x - \frac{1}{3}x^3\right]_0^a = \frac{4\pi}{3}abc.$$

例題 2.10.4 次の立体の体積を求めよ.

半径が 1 の金属製の直円柱を，中心軸が直交するように同じ半径の直円柱で穿ち去るとき，もとの直円柱の穿ち去られる部分の体積を求めよ (ヒント；もとの円柱を $x^2+y^2=1$，穿ち去る円柱を $y^2+z^2=1$ とする) [7].

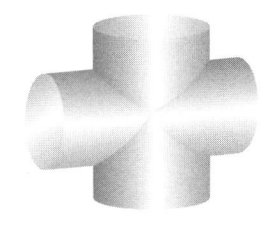

図 2.8

[解答] もとの円柱を $x^2+y^2=1$，穿ち去る円柱を $y^2+z^2=1$ とする．求める部分は，積分領域 $D: x^2+y^2 \leqq 1$ で $-\sqrt{1-y^2} \leqq z \leqq \sqrt{1-y^2}$ となる．求める体積は

$$V = \iint_D \{\sqrt{1-y^2}-(-\sqrt{1-y^2})\}\,dxdy, \quad D: x^2+y^2 \leqq 1$$

$$= 2\iint_D \sqrt{1-y^2}\,dxdy$$

$$= 2\int_{-1}^{1}\left(\int_{-\sqrt{1-y^2}}^{\sqrt{1-y^2}} \sqrt{1-y^2}\,dx\right)dy$$

$$= 4\int_{-1}^{1}(1-y^2)dy = 4\left[y - \frac{1}{3}y^3\right]_{-1}^{1} = \frac{16}{3}.$$

[別解 1] 図 2.9 の右で $OP = x$ とすると，$PQ^2 = OQ^2 - OP^2 = 1-x^2$ となる．図の三角形 $PQR = \frac{1}{2}PQ \cdot QR = \frac{1}{2}(1-x^2)$ となる．

図 2.9 の左で，水平面に載ったくさび形の体積を $\dfrac{V}{8}$ とすれば，

$$\frac{V}{8} = 2\int_0^1 \triangle PQR\,dx = 2\int_0^1 \frac{1}{2}(1-x^2)\,dx = \left[x-\frac{x^3}{3}\right]_0^1 = \frac{2}{3}.$$

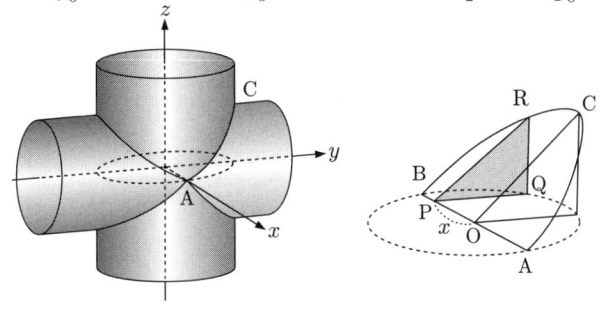

図 2.9

---

[7] この問題は江戸時代の数学書である，内田久命著『算法求積通考』(1844 年発行：書名は「積分概論」の意味) から引用した．

求める体積は，これが 8 個あるので
$$V = 8 \times \frac{2}{3} = \frac{16}{3}.$$

[別解 2] 求める立体を $z = t$ なる $x-y$ 平面に平行な平面で切った切り口の正方形は，一辺が $2\sqrt{1-t^2}$ の正方形である．したがって，その切り口の面積 $S(t) = 4(1-t^2)$ となる．これを積分すればよい．$\int_{-1}^{1}(1-t^2)\,dt = 8\int_{-1}^{1}(1-t^2)\,dt = 8\left[t - \frac{t^3}{3}\right]_0^1 = \frac{16}{3}$
を得る．

和算談話-3

この問題は江戸時代の数学書である内田久命著『算法求積通考』(1844 発行：『積分概論』の意味) から引用した．引用文献にはそれぞれの円柱の半径を r とすれば穿ち去られる円柱の表面積を $2r^2$[π がないのでこれだけでも面白い] で体積は $(2r)^3 \times \frac{2}{3}$ と記している．$r = 1$ とすれば $V = \frac{16}{3}$ である．

2.11 変数変換

例題 2.11.1 領域 D を図示し，1 次変換を利用して次の定積分を求めなさい．

(1) $\iint_D (x+y)\,dxdy \quad D: 0 \leqq 3x - y \leqq 3,\ -4 \leqq x - 3y \leqq 0$

(2) $\iint_D (x^2 + y^2)\,dxdy \quad D: |y+2x| \leqq 2,\ |2y-x| \leqq 1$

解答 (1) 積分領域 D の図は右図のようになる．積分領域が，平行四辺形なので 1 次変換を利用する．教科書 149 ページ (2.29) 式を用いる．
$u = 3x - y, \quad v = x - 3y$ とおく．$0 \leqq u \leqq 3,\ -4 \leqq v \leqq 0$ なる長方形となるので，縦 (横) 領域となり簡単になる．
$\begin{pmatrix} u \\ v \end{pmatrix} = \begin{pmatrix} 3 & -1 \\ 1 & -3 \end{pmatrix} \begin{pmatrix} x \\ y \end{pmatrix}$ より $\Delta = ad - bc = -8$.
$\begin{pmatrix} x \\ y \end{pmatrix} = \frac{-1}{8} \begin{pmatrix} -3 & 1 \\ -1 & 3 \end{pmatrix} \begin{pmatrix} u \\ v \end{pmatrix}.$

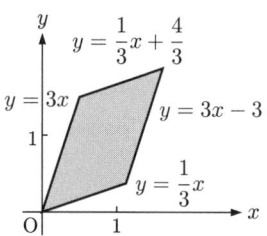

図 2.10

$$\begin{cases} x = -\dfrac{1}{8}(-3u+v) \\ y = -\dfrac{1}{8}(-u+3v) \end{cases} \text{より}$$

$$x+y = -\frac{1}{8}(-3u+v) - \frac{1}{8}(-u+3v) = \frac{1}{2}(u-v).$$

$$\iint_D (x+y)\,dxdy = \frac{1}{16}\int_{-4}^{0} dv \int_{0}^{3} (u-v)\,du = \frac{1}{16}\int_{-4}^{0}\left[\frac{1}{2}u^2 - uv\right]_0^3 dv$$

$$= \frac{1}{16}\left[\frac{9}{2}v - \frac{3}{2}v^2\right]_{-4}^{0} = \frac{1}{16}(18+24) = \frac{42}{16} = \frac{21}{8}.$$

(2) 積分領域 D は図 2.11 参照.
積分領域が平行四辺形なので，1 次変換を利用する．
教科書 (2.29) 式を使う．$u = y+2x$, $v = 2y - x$ とおく．

$$\begin{pmatrix} u \\ v \end{pmatrix} = \begin{pmatrix} 2 & 1 \\ -1 & 2 \end{pmatrix}\begin{pmatrix} x \\ y \end{pmatrix}$$

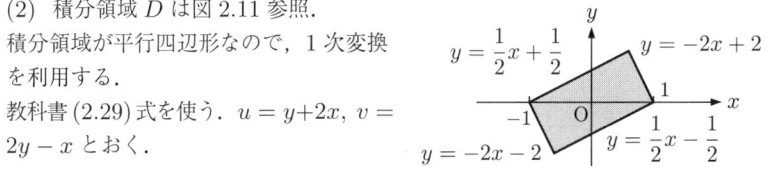

図 2.11

を用いれば $-2 \leqq u \leqq 2$, $-1 \leqq v \leqq 1$ と縦 (横) 領域となる．

$$\begin{pmatrix} x \\ y \end{pmatrix} = \frac{1}{5}\begin{pmatrix} 2 & -1 \\ 1 & 2 \end{pmatrix}\begin{pmatrix} u \\ v \end{pmatrix}$$

より，次を得る．

$$x^2 + y^2 = \frac{1}{25}(2u-v)^2 + \frac{1}{25}(u+2v)^2 = \frac{1}{25}(5u^2+5v^2) = \frac{1}{5}(u^2+v^2).$$

$$\iint_D (x^2+y^2)\,dxdy = \frac{1}{25}\int_{-1}^{1} dv \int_{-2}^{2} (u^2+v^2)\,du$$

$$= \frac{1}{25}\int_{-1}^{1}\left[\left(\frac{1}{3}u^3+v^2 u\right)\right]_{-2}^{2} dv$$

$$= \frac{1}{25}\int_{-1}^{1}\left(\frac{16}{3}+4v^2\right) dv$$

$$= \frac{1}{25}\left[\frac{16}{3}v + \frac{4}{3}v^3\right]_{-1}^{1}$$

$$= \frac{40}{75}.$$

例題 2.11.2 次の定積分を求めなさい．

(1) $\displaystyle\iint_D \frac{1}{1+(x^2+y^2)^2}\,dxdy \qquad D: x^2+y^2 \leqq 1$

(2) $\iint_D x\,dxdy \quad D : x^2 + y^2 \leqq x$

(3) $\iint_D \sqrt{x^2 + y^2}\,dxdy \quad D : x \geqq 0,\ y \geqq 0,\ x \leqq x^2 + y^2 \leqq 1$

解答 (1) 積分領域が単位円なので,$x = r\cos\theta,\ y = r\sin\theta\ (0 \leqq \theta \leqq 2\pi,\ 0 \leqq r \leqq 1)$ と変換する.このとき,$\sqrt{x^2 + y^2} = r$ となり,

$$与式 = \int_0^{2\pi} d\theta \int_0^1 \frac{1}{1+r^4} r\,dr$$

ここで,$t = r^2$ とおけば,$\dfrac{dt}{dr} = 2r$.

$$\int_0^1 \frac{1}{1+r^4} r\,dr = \frac{1}{2}\int_0^1 \frac{1}{1+t^2}\,dt$$
$$= \frac{1}{2}[\tan^{-1} t]_0^1$$
$$= \frac{1}{2}(\tan^{-1} 1 - \tan^{-1} 0) = \frac{\pi}{8}.$$

求める答えは,次の通りである.

$$与式 = 2\pi \times \frac{\pi}{8} = \frac{\pi^2}{4}.$$

(2) 積分領域を変形しておく.

$$x^2 + y^2 \leqq x \text{ より},\ \left(x - \frac{1}{2}\right)^2 + y^2 \leqq \frac{1}{4} \text{ となる}.$$

ここで,$x - \dfrac{1}{2} = r\cos\theta,\ y = r\sin\theta\ \left(0 \leqq \theta \leqq 2\pi,\ 0 \leqq r \leqq \dfrac{1}{2}\right)$ と変数変換する.

$$与式 = \iint_D \left(r\cos\theta + \frac{1}{2}\right) \cdot r\,drd\theta$$
$$= \int_0^{2\pi} \int_0^{\frac{1}{2}} \left(r^2 \cos\theta + \frac{1}{2} r\right) drd\theta$$
$$= \int_0^{2\pi} \left(\frac{1}{24}\cos\theta + \frac{1}{16}\right) d\theta$$
$$= \frac{1}{24}[\sin\theta]_0^{2\pi} + \frac{1}{16}[\theta]_0^{2\pi} = \frac{\pi}{8}.$$

(3) 積分領域を求めておこう.$x \geqq 0,\ y \geqq 0$ より第 1 象限である.$x^2+y^2 \leqq 1$ より原点が中心で半径 1 の円の内部となる.さらに $x \leqq x^2+y^2$ より $\dfrac{1}{4} \leqq \left(x - \dfrac{1}{2}\right)^2 + y^2$.

2.11 変数変換

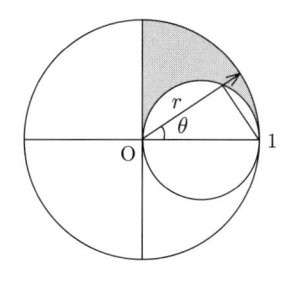

図 2.12

よって中心が $\left(\dfrac{1}{2}, 0\right)$ で半径が $\dfrac{1}{2}$ の円の外側となる．図 2.12 を参考．変数変換 $x = r\cos\theta,\ y = r\sin\theta$ とすれば図より $0 \leqq \theta \leqq \dfrac{\pi}{2}$, $\cos\theta \leqq r \leqq 1$ となる．したがって，

$$\begin{aligned}
I &= \iint_D r \cdot r\, dr d\theta = \int_0^{\frac{\pi}{2}} d\theta \int_{\cos\theta}^1 r^2\, dr \\
&= \int_0^{\frac{\pi}{2}} \left[\frac{1}{3} r^3\right]_{\cos\theta}^1 d\theta = \frac{1}{3}\int_0^{\frac{\pi}{2}} (1 - \cos^3\theta)\, d\theta, \\
&= \frac{\pi}{6} - \frac{1}{3}\int_0^{\frac{\pi}{2}} \cos^3\theta\, d\theta = \frac{1}{6} - \frac{1}{3}\int_0^{\frac{\pi}{2}} (1 - \sin^2\theta)\cos\theta\, d\theta \\
&= \frac{\pi}{6} - \frac{1}{3}\int_0^1 (1 - t^2)\, dt = \frac{\pi}{6} - \frac{1}{3}\left[t - \frac{t^3}{3}\right]_0^1 = \frac{\pi}{6} - \frac{2}{9}.
\end{aligned}$$

例題 2.11.3 楕円体 $\dfrac{x^2}{a^2} + \dfrac{y^2}{b^2} + \dfrac{z^2}{c^2} \leqq 1$ の体積 V を

$$V = \iint_D z\, dxdy \quad D: \frac{x^2}{a^2} + \frac{y^2}{b^2} \leqq 1$$

として変数変換を用いて求めよ．

解答 $x = aX,\ y = bY$ と変数変換する．

$$\begin{pmatrix} X \\ Y \end{pmatrix} = \begin{pmatrix} \dfrac{1}{a} & 0 \\ 0 & \dfrac{1}{b} \end{pmatrix} \begin{pmatrix} x \\ y \end{pmatrix}$$

なる 1 次変換で，積分領域 $D: \dfrac{x^2}{a^2} + \dfrac{y^2}{b^2} \leqq 1$ は $D': X^2 + Y^2 \leqq 1$ なる円となる．

$$\Delta = \frac{1}{ab},\ z = c\sqrt{1 - X^2 - Y^2}$$

$$V = \iint_D z\, dxdy = 2abc \iint_{D'} z\, dXdY \quad D': X^2 + Y^2 \leqq 1$$

となる.
ここで $X = r\sin\theta, Y = r\cos\theta, 0 \leqq r \leqq 1,\ 0 \leqq \theta \leqq 2\pi$ なる極座標変換を用いる (例題 2.11.2 参照).

$$V = 2abc\int_0^{2\pi} d\theta \int_0^1 \sqrt{1-r^2}\, r\, dr = 4\pi abc\left[\left(-\frac{1}{3}\right)(1-r^2)^{\frac{3}{2}}\right]_0^1 = \frac{4}{3}\pi abc.$$

例題 2.10.3 と同じ結果を得た.

例題 2.11.4 半径が $2R$ の金属の球の1つの直径に沿って,2つの接する半径 R の円柱で穿ち去る.残った球の体積を求めよ [8].

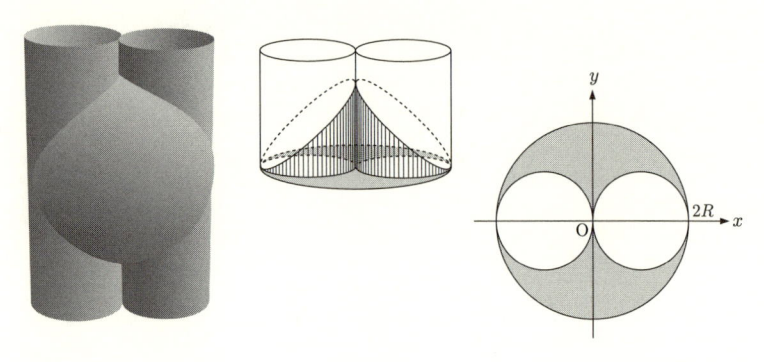

図 2.13

解答 球の方程式を $x^2 + y^2 + z^2 = 4R^2$ とする.穿ち去る積分領域を D: $(x \pm R)^2 + y^2 = R^2$ とする.穿ち去る体積 V の1つは $\dfrac{V}{4}$ となる.極座標による積分公式 [教科書第 2.11 節 (2.31)] を用いる.$x \geqq 0,\ y \geqq 0,\ z \geqq 0$ の部分で求めよう.極座標変換 $x = r\cos\theta,\ y = r\sin\theta\ (0 \leqq \theta \leqq \dfrac{\pi}{2},\ 0 \leqq r \leqq 2R\cos\theta)$ とおけば $z = \sqrt{4R^2 - r^2}$ となる.図 2.14 参照.

$$\begin{aligned}
\frac{V}{4} &= 2\int_0^{\frac{\pi}{2}} \int_0^{2R\cos\theta} zr\, dr d\theta \\
&= 2\int_0^{\frac{\pi}{2}} \int_0^{2R\cos\theta} r\sqrt{4R^2 - r^2}\, dr d\theta \\
&= -\frac{2}{3}\int_0^{\frac{\pi}{2}} \left[(4R^2 - r^2)^{\frac{3}{2}}\right]_0^{2R\cos\theta} d\theta
\end{aligned}$$

---

[8] これも内田久命著『算法求積通考』(1844 年発行) から引用したが,この本はそれまでに数学の絵馬 (算額) で発表された問題を題材に編集されている.この問題は文政九年 (1826 年) 東京都四谷のある神社 (不明) に掲げられた算額の問題で,この算額は失われた.

2.11 変数変換

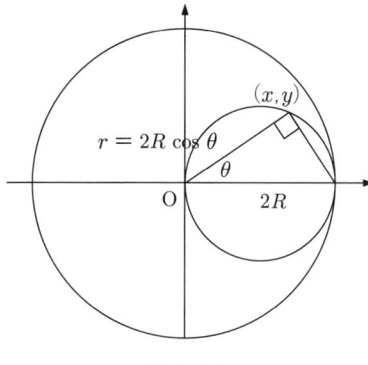

図 **2.14**

$$= -\frac{2}{3}\int_0^{\frac{\pi}{2}} (2R)^3(\sin^3\theta - 1)\,d\theta.$$

$$\frac{V}{4} = -\frac{2(2R)^3}{3}\left(\frac{2}{3} - \frac{\pi}{2}\right) = \frac{\pi}{3}(2R)^3 - \frac{4}{9}(2R)^3.$$

$$V = \left(\frac{4\pi}{3}\right)(2R)^3 - \frac{16}{9}(2R)^3.$$

途中で $\int_0^{\frac{\pi}{2}} \sin^3\theta\,d\theta = \int_0^{\frac{\pi}{2}}(1-\cos^2\theta)\sin\theta\,d\theta = \left[-\cos\theta + \frac{1}{3}\cos^3\theta\right]_1^{\frac{\pi}{2}} = \frac{2}{3}$ を用いた．ここでもとの球の体積は教科書 2.12 節 例 2.22.1 より $\frac{4\pi}{3} \times (2R)^3$ なので残った体積は $\frac{16}{9} \times (2R)^3$ となり円周率 π を含まない． ∎

☕ **和算談話-4**

この問題 (例題 2.11.2) も内田久命著『算法求積通考』(1844 年発行) から引用したが，この本はそれまでに数学の絵馬 (算額) で発表された問題を精選して編集されている．この問題は文政九年 (1826) 東京都四谷のある神社 (不明) の掲げられて算額の問題でこの絵馬は失われた．またこの残ったパラシュート状の球面を「ビビアーニの穹面」という．

2.12　回転体，錘の体積，重心

例題 2.12.1　サイクロイド：$x = t - \sin t,\ y = 1 - \cos t\ (0 \leqq t \leqq 2\pi)$ の図を描き，それを x 軸のまわりに回転してできる立体の体積を求めよ．

次の例題 2.12.1 と例題 2.12.2 の解答では例題 2.5.5.(3) にある結果を利用するのでここでまとめておく．

$I_n = \displaystyle\int_0^{\frac{\pi}{2}} \sin^n x\, dx = \int_0^{\frac{\pi}{2}} \cos^n x\, dx$ の値は

n が偶数のとき，$I_n = \dfrac{(n-1)(n-3)\cdots 1}{n(n-2)\cdots 2} \cdot \dfrac{\pi}{2}$．

たとえば，$I_6 = \dfrac{5 \cdot 3 \cdot 1}{6 \cdot 4 \cdot 2}\dfrac{\pi}{2} = \dfrac{5}{32}\pi$．

n が奇数のとき，$I_n = \dfrac{(n-1)(n-3)\cdots 2}{n(n-2)\cdots 1}$．たとえば，$I_7 = \dfrac{6 \cdot 4 \cdot 2}{7 \cdot 5 \cdot 3 \cdot 1}$

であり，$I_9 = \dfrac{8 \cdot 6 \cdot 4 \cdot 2}{9 \cdot 7 \cdot 5 \cdot 3 \cdot 1}$ である．

解答　図 2.15(1) 参照．$x = t - \sin t,\ dx = (1 - \cos t)\, dt$ および積分区間の変更をする．

x	$0 \to 2\pi$
t	$0 \to 2\pi$

$$V = \pi \int_0^{2\pi} y^2\, dx = \pi \int_0^{2\pi} (1 - \cos t)^2 \cdot (1 - \cos t)\, dt = 8\pi \int_0^{2\pi} \sin^6 \dfrac{t}{2}\, dt.$$

ここで，$\dfrac{t}{2} = \theta,\ dt = 2\,d\theta$ および積分区間の変更

t	$0 \to 2\pi$
θ	$0 \to \pi$

を用いる．

$$V = 8\pi \int_0^{\pi} \sin^6 \theta (2\, d\theta) = 16\pi \int_0^{\pi} \sin^6 \theta\, d\theta = 32\pi \int_0^{\frac{\pi}{2}} \sin^6 \theta\, d\theta.$$

さらに，上で示した結果 $\displaystyle\int_0^{\pi} \sin^6 \theta\, d\theta = \dfrac{5}{32}\pi$ を利用する．

$$V = 32\pi \times \dfrac{5}{32}\pi = 5\pi^2.$$

例題 2.12.2　アステロイド：$x = \cos^3 t,\ y = \sin^3 t\ (-\pi \leqq t \leqq \pi)$ の図を描き，それを x 軸のまわりに回転してできる立体の体積を求めよ．

解答　図 2.15(2) 参照．$x = \cos^3 t,\ dx = -3\cos^2 t \sin t\, dt$ だから，$y = \sin^3 t\ (-\pi \leqq t \leqq \pi)$ が y 軸に関して対称であることを利用して積分区間の変更をする．

x	$0 \to 1$
t	$\dfrac{\pi}{2} \to 0$

$$V = \pi \int_{-1}^{1} y^2\, dx = 2\pi \int_0^1 y^2\, dx$$

$$= 2\pi \int_0^{\frac{\pi}{2}} \sin^6 t \cdot (3\cos^2 t \sin t)\, dt = 6\pi \int_0^{\frac{\pi}{2}} (1-\sin^2 t)\sin^7 t\, dt$$
$$= 6\pi \left(\frac{6\cdot 4 \cdot 2}{7\cdot 5\cdot 3} - \frac{8\cdot 6\cdot 4\cdot 2}{9\cdot 7\cdot 5\cdot 3} \right) = 6\pi \frac{6\cdot 4\cdot 2}{7\cdot 5\cdot 3}\left(1-\frac{8}{9}\right) = \frac{32}{105}\pi.$$

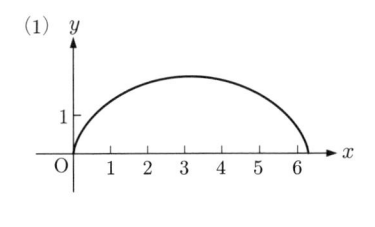

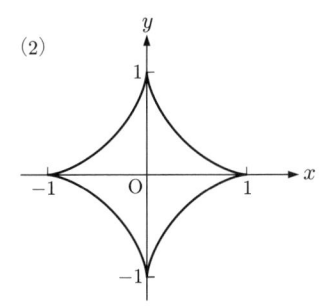

図 2.15

例題 2.12.3 次の問いに答えよ．

(1) $x^2 + (y-4)^2 = 4$ を x 軸のまわりに回転してできる立体の体積を求めよ．

(2) $y = \cos x \left(0 \leqq x \leqq \dfrac{\pi}{2}\right)$ を，x 軸のまわりに回転してできる立体の体積 V_x と，y 軸のまわりに回転してできる立体の体積 V_y をそれぞれ求めよ．

(3) 楕円 $\dfrac{x^2}{a^2} + \dfrac{y^2}{b^2} = 1\ (a>0,\ b>0)$ を，x 軸のまわりに回転してできる立体の体積 V_x と，y 軸のまわりに回転してできる立体の体積 V_y を求めよ．

解答 (1) $x^2+(y-4)^2=4$ より，$y = 4 \pm \sqrt{4-x^2}$ はこの立体（ドーナッツ）の外側と内側を表す．求める回転体の体積 V は，外側の回転体から内側の回転体を引く．
$$V = \pi \int_{-2}^{2} \left\{ (4+\sqrt{4-x^2})^2 - (4-\sqrt{4-x^2})^2 \right\} dx$$
$$= 16\pi \int_{-2}^{2} \sqrt{4-x^2}\, dx = 32\pi \int_0^2 \sqrt{4-x^2}\, dx.$$

ここで，$S = \displaystyle\int_0^2 \sqrt{4-x^2}\, dx$ は半径 2 の円の四分円なので $S = \dfrac{1}{4}\pi \cdot 2^2 = \pi$ である．これを用いる．$V = 32\pi^2$．

なお，この体積は切り口の円の重心 (中心) の移動距離 4(半径) $\times 2\pi = 8\pi$ に切り口の円の面積 $\pi \cdot 2^2 = 4\pi$ を掛けたものである．「体積=切り口の面積 × 重心の移動距離」をパップス・ギュルダンの定理という．回転体の場合は，切り口である図形の重心に糸を通してこの立体のどこかで切って上下に垂らせば直感的に納得できる．

(2) x 軸のまわりに回転した立体の体積 V_x は,次のようになる.
$$V_x = \pi \int_0^{\frac{\pi}{2}} \cos^2 x \, dx = \frac{\pi}{2} \int_0^{\frac{\pi}{2}} (1 + \cos 2x) \, dx$$
$$= \frac{\pi}{2} \left\{ [x]_0^{\frac{\pi}{2}} + \frac{1}{2} [\sin 2x]_0^{\frac{\pi}{2}} \right\} = \frac{\pi^2}{4}.$$

y 軸のまわりに回転した立体の体積 V_y は, $t = \cos^{-1} y$ とおけば,

$y = \cos t$, $dy = -\sin t \, dt$ となり,積分区間は次のようになる.

y	$0 \to 1$
t	$\frac{\pi}{2} \to 0$

$$V_y = \pi \int_0^1 t^2 \, dy = \pi \int_{\frac{\pi}{2}}^0 t^2 (-\sin t) \, dt = \pi \int_0^{\frac{\pi}{2}} t^2 \sin t \, dt = \pi I_1.$$

ここで,部分積分法を使う.
$$I_1 = \int_0^{\frac{\pi}{2}} t^2 \sin t \, dt = -\left[t^2 \cos t \right]_0^{\frac{\pi}{2}} - 2 \int_0^{\frac{\pi}{2}} t(-\cos t) \, dt = 2 \int_0^{\frac{\pi}{2}} t \cos t \, dt = 2 I_2.$$
$$I_2 = \int_0^{\frac{\pi}{2}} t \cos t \, dt = [t \sin t]_0^{\frac{\pi}{2}} - \int_0^{\frac{\pi}{2}} \sin t \, dt = \frac{\pi}{2} + [\cos t]_0^{\frac{\pi}{2}} = \frac{\pi}{2} - 1.$$

これらより,
$$V_y = \pi(\pi - 2) = \pi^2 - 2\pi.$$

(3) x 軸のまわりに回転した立体の体積 V_x は,次のようになる.
$$V_x = \pi \int_{-a}^a y^2 \, dx = \frac{2\pi b^2}{a^2} \int_0^a (a^2 - x^2) \, dx$$
$$= \frac{2\pi b^2}{a^2} \left[a^2 x - \frac{x^3}{3} \right]_0^a = \frac{4\pi a b^2}{3}.$$

y 軸のまわりに回転した立体の体積 V_y は,次のようになる.
$$V_y = \pi \int_{-b}^b x^2 \, dy = \frac{2\pi a^2}{b^2} \int_0^b (b^2 - y^2) \, dy$$
$$= \frac{2\pi a^2}{b^2} \left[b^2 y - \frac{y^3}{3} \right]_0^b = \frac{4\pi b a^2}{3}.$$

補足すると,$a > b > 0$ のとき V_x はラグビーボールの形の体積となり,V_y はまんじゅうの形の体積となり $\dfrac{V_x}{V_y} = \dfrac{b}{a}$ となる.

例題 2.12.4 曲線 $y^2(1+x) = x^2(1-x)$ について,次の問いに答えよ.
(1) グラフの概形を描け.
(2) このグラフの閉じた部分を x 軸のまわりに回転してできる立体の体積を求めよ.

(3) この曲線の $x<0$ の部分において,$x=a$ $(-1<a<0)$ で y 軸に平行に引いた直線とこのグラフで囲まれる部分を,x 軸のまわりに回転してできる立体の体積を V_a とするとき,$\displaystyle\lim_{a\to -1} V_a$ を求めよ.

解答 (1) $y=\pm x\sqrt{\dfrac{1-x}{1+x}}$ なので,$y\geqq 0$ の部分を考える.

定義域は $-1<x\leqq 1$ で,$x=-1$ は漸近線である.

$$y'=\sqrt{\dfrac{1-x}{1+x}}+\dfrac{x}{2}\sqrt{\dfrac{1-x}{1+x}}\,\dfrac{-(1+x)-(1-x)}{(1+x)^2}=\sqrt{\dfrac{1}{1-x^2}}\left(1-x-\dfrac{x}{(1+x)}\right).$$

$y'=0$ より $x=\dfrac{-1\pm\sqrt{5}}{2}$

$$f'(1)=\infty,\quad f'\left(\dfrac{-1+\sqrt{5}}{2}\right)=0,$$

$$f(-1)=-\infty,\quad f(0)=0,\quad f'(0)=1,\quad f'(1)=\infty$$

図は次のようになる.

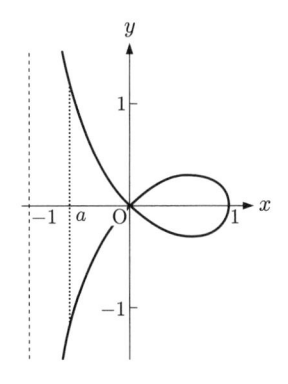

図 2.16

(2)
$$V=\pi\int_0^1 y^2\,dx$$
$$=\pi\int_0^1\left(-x^2+2x-2+\dfrac{2}{x+1}\right)dx$$
$$=\pi\left[-\dfrac{x^3}{3}+x^2-2x+2\log|x+1|\right]_0^1$$
$$=\left(2\log 2-\dfrac{4}{3}\right)\pi.$$

(3)
$$V_a = \pi \int_a^0 y^2 \, dx$$
$$= \pi \left[-\frac{x^3}{3} + x^2 - 2x + 2\log|x+1| \right]_a^0$$
$$= -\pi \left(-\frac{a^3}{3} + a^2 - 2a + 2\log|a+1| \right).$$
$$\lim_{a \to -1} V_a = -\pi \left(\frac{1}{3} + 1 + 2 - \infty \right) = \infty.$$

例題 2.12.5 図形 $D = \{(x,y) \mid x \geqq 0, x^2 + y^2 \geqq 1, \frac{x^2}{a^2} + y^2 \leqq 1 \, (a > 1)\}$ の重心 G が D 上にあるときの a の範囲を求めよ．

解答 重心を $G(\alpha, \beta)$ とするとき $\beta = 0$ はあきらか．α を求めると
$$\int_0^1 (x-\alpha) \left(\int_{\sqrt{1-x^2}}^{\frac{1}{a}\sqrt{a^2-x^2}} dy \right) dx + \int_1^a (x-\alpha) \left(\int_0^{\frac{1}{a}\sqrt{a^2-x^2}} dy \right) dx = 0$$
だから $\frac{a^2}{3} - \frac{1}{3} - \alpha \left(\frac{a\pi}{4} - \frac{\pi}{4} \right) = 0$ となりこれを解いて $\alpha = \frac{4(a+1)}{3\pi}$ となる．G が D 上にあることと $1 \leqq \alpha \leqq a$ は同じだから $a \geqq \frac{3\pi}{4} - 1$ かつ $a \geqq \frac{1}{\frac{3\pi}{4} - 1}$ である．さらに条件 $a > 1$ を満たす a の範囲は $\frac{3\pi}{4} - 1 > 1$ に注意すれば $a \geqq \frac{3\pi}{4} - 1$ である．

2.13 線積分とグリーンの定理

例題 2.13.1 次の線積分を計算せよ．

(1) $\displaystyle\int_C (y\,dx + x\,dy) \quad C : x = t, y = t^2 \quad (0 \leqq t \leqq 1)$

(2) $\displaystyle\int_C ((y-x)\,dx + xy\,dy) \quad C :$ 点 $(1,2)$ から点 $(2,3)$ への線分

(3) $\displaystyle\int_C (y\,dx + x\,dy) \quad C : x^2 + y^2 = a^2 \quad (a > 0;$ 反時計回り$)$．

(4) $\displaystyle\int_C ((2xy + y^2)\,dx + (x^2 + 3xy)\,dy) \quad C : (0,0), (1,0), (1,1), (0,1)$ を頂点とする正方形 (反時計回り)．

解答 (1) $\dfrac{dx}{dt} = 1, \dfrac{dy}{dt} = 2t$ より $dx = dt, dy = 2t\,dt$ となる.

$$与式 = \int_0^1 t^2\,dt + \int_0^1 t \cdot 2t\,dt = \int_0^1 3t^2\,dt = \left[t^3\right]_0^1 = 1.$$

(2) C は $y - 2 = 1(x - 1)$ と表されるので, $C : x = t, y = t + 1 \ (1 \leqq t \leqq 2)$ とおける.
$\dfrac{dx}{dt} = 1, \dfrac{dy}{dt} = 1$ より $dx = dt, dy = dt$ となる. したがって, 次を得る.

$$与式 = \int_1^2 \{t - (t+1)\}\,dt + \int_1^2 t(t+1)\,dt$$
$$= \int_1^2 (t^2 + t - 1)\,dt = \left[\dfrac{t^3}{3} + \dfrac{t^2}{2} - t\right]_1^2 = \dfrac{7}{3} + \dfrac{3}{2} - 1 = \dfrac{17}{6}.$$

(3) $C : x = a\cos t, y = a\sin t \ (0 \leqq t \leqq 2\pi)$ として,

$$\dfrac{dx}{dt} = -a\sin t,\ dx = -a\sin t\,dt,\ \dfrac{dy}{dt} = a\cos t,\ dy = a\cos t\,dt.$$

$$与式 = \int_0^{2\pi}(-a^2 \sin^2 t)\,dt + \int_0^{2\pi} a^2\cos^2 t\,dt \quad [\text{半角公式を用いる.}]$$
$$= -\dfrac{a^2}{2}\int_0^{2\pi}(1-\cos 2t)\,dt + \dfrac{a^2}{2}\int_0^{2\pi}(1+\cos 2t)\,dt$$
$$= a^2 \int_0^{2\pi} \cos 2t\,dt = \dfrac{a^2}{2}[\sin 2t]_0^{2\pi} = 0.$$

[別解] グリーンの定理 (教科書 2.13 節定理 2.11) より, $D : x^2 + y^2 \leqq a^2$ とおくとき,

$$与式 = \iint_D \{(x)_x - (y)_y\}\,dxdy = \iint_D (1-1)\,dxdy = \iint_D 0\,dxdy = 0.$$

(4) $D : 0 \leqq x \leqq 1, 0 \leqq y \leqq 1$ とおくと, グリーンの定理より次を得る.

$$与式 = \iint_D \{(x^2 + 3xy)_x - (2xy + y^2)_y\}\,dxdy$$
$$= \iint_D \{2x + 3y - (2x + 2y)\}\,dxdy$$
$$= \int_0^1 \left(\int_0^1 y\,dy\right)dx = \int_0^1 \left[\dfrac{y^2}{2}\right]_0^1 dx = \int_0^1 \dfrac{1}{2}\,dx = \dfrac{1}{2}.\ \blacksquare$$

例題 2.13.2 次の各場合について, 線積分 I を計算せよ.

$$I = \int_C ((2x - y)dx + (x - y)dy)$$

(1) C : 点 $(0, 0)$ から点 $(1, 1)$ へ直線で行く.
(2) C : 点 $(0, 0)$ から点 $(1, 0)$ へ行き, 点 $(1, 0)$ から点 $(1, 1)$ へ行く.

(3) 円 $x^2 + (y-1)^2 = 1$ の上を正のまわりに，点 $(0,0)$ から点 $(1,1)$ へ行く．

解答 (1) $x = t$, $y = t (0 \leqq t \leqq 1)$ だから，
$$I = \int_0^1 \left\{ (2x-y)\frac{dx}{dt} + (x-y)\frac{dy}{dt} \right\} dt$$
$$= \int_0^1 t\, dt = \left[\frac{1}{2}t^2 \right]_0^1 = \frac{1}{2}.$$

(2) はじめは $C_1 : x = x$, $y = 0$ $(0 \leqq x \leqq 1)$ で，次に $C_2 : x = 1$, $y = y$ $(0 \leqq y \leqq 1)$ なので，
$$I = I_1 + I_2 = \int_0^1 2x\, dx + \int_0^1 (1-y)\, dy$$
$$= \left[x^2 \right]_0^1 + \left[-\frac{1}{2}(1-y)^2 \right]_0^1 = 1 + \frac{1}{2} = \frac{3}{2}.$$

(3) $C : x = \sin t$, $y = 1 - \cos t$ $(0 \leqq t \leqq \frac{\pi}{2})$ なので，次を得る．
$$I = \int_0^{\frac{\pi}{2}} \left\{ (2x-y)\frac{dx}{dt} + (x-y)\frac{dy}{dt} \right\} dt$$
$$= \int_0^{\frac{\pi}{2}} \{(2\sin t - 1 + \cos t)\cos t + (\sin t - 1 + \cos t)\sin t\}\, dt$$
$$= \int_0^{\frac{\pi}{2}} (3\sin t \cos t - \cos t - \sin t + 1)\, dt$$
$$= \left[\frac{3}{2}\sin^2 t - \sin t + \cos t + t \right]_0^{\frac{\pi}{2}}$$
$$= \frac{\pi}{2} - \frac{1}{2}.$$

2.14 ラプラス変換

例題 2.14.1 次の関数のラプラス変換を求めよ．

(1) $2t + 3$ (2) $t^2 + at + b$

(3) $\sin\left(\dfrac{2n\pi t}{T}\right)$, ($n$ は整数)   (4) $\cos(\omega t + \theta)$

解答 まずラプラス変換の定義を思い出そう．教科書第 2.14 節参照．
与えられた関数 $f(x)$ に対して，s の関数 $\mathcal{L}(f) = F(s) = \displaystyle\int_0^\infty e^{-st} f(t)\, dt$ を $f(t)$ の**ラプラス変換**という．

(1) $\mathcal{L}(2t+3) = \displaystyle\int_0^\infty e^{-st}(2t+3)\, dt = 2\int_0^\infty e^{-st} t\, dt + 3\int_0^\infty e^{-st}\, dt = 2\mathcal{L}(t) + 3\mathcal{L}(1) = \dfrac{2}{s^2} + \dfrac{3}{s}$．ただし，教科書第 2.14 節例 2.24.2 と 3 の結果を用いた．

(2) $\mathcal{L}(t^2 + at + b) = \int_0^\infty e^{-st}(t^2 + at + b)\,dt$.

ここで, $\mathcal{L}(t^2) = \int_0^\infty e^{-st} t^2\,dt = \left[\left(\dfrac{-1}{s}\right) s^{-st} \cdot t^2\right]_0^\infty - \int_0^\infty \left(\dfrac{-1}{s} e^{-st}\right) \cdot 2t\,dt$

$= 0 + \dfrac{2}{s} \int_0^\infty e^{-st} \cdot t\,dt = \dfrac{2}{s} \cdot \dfrac{1}{s^2} = \dfrac{2}{s^3}$.

したがって, $\mathcal{L}(t^2 + at + b) = \mathcal{L}(t^2) + a\mathcal{L}(t) + \mathcal{L}(1) = \dfrac{2}{s^3} + \dfrac{a}{s^2} + \dfrac{b}{s}$.

(3) $\dfrac{2n\pi t}{T} = kt$ とおいて, 一般に $\mathcal{L}(\sin kt)$ を求めてみよう.

$I = \mathcal{L}(\sin kt) = \int_0^\infty e^{-st} \sin kt\,dt = \left[\dfrac{e^{-st}}{-s} \sin kt\right]_0^\infty - \int_0^\infty \dfrac{e^{-st}}{-s} \cdot k \cdot \cos kt\,dt$

$= \dfrac{k}{s} \int_0^\infty e^{-st} \cos kt\,dt$ [部分積分法を用いる]

$= \dfrac{k}{s} \left\{ \left[\dfrac{e^{-st}}{-s} \cos kt\right]_0^\infty - \int \dfrac{e^{-st}}{-s}(-k \sin kt)\,dt \right\}$

$= \dfrac{k}{s}\left(0 - \dfrac{1}{-s}\right) - \dfrac{k}{s} \cdot \dfrac{k}{s} \cdot I$.

$\left(1 + \dfrac{k^2}{s^2}\right) I = \dfrac{k}{s^2}$.

$I = \dfrac{k}{s^2} \cdot \dfrac{s^2}{s^2 + k^2} = \dfrac{k}{s^2 + k^2}$.

したがって, $\mathcal{L}\left(\sin\left(\dfrac{2n\pi t}{T}\right)\right) = \dfrac{\frac{2n\pi}{T}}{s^2 + \left(\frac{2n\pi}{T}\right)^2}$.

(4) $\omega t + \theta = kt$ とおいて, 一般に $\mathcal{L}(\cos kt)$ を求めてみよう.

$I' = \mathcal{L}(\cos kt) = \int_0^\infty e^{-st} \cos kt\,dt = \left[\dfrac{e^{-st}}{-s} \cos kt\right]_0^\infty + \int_0^\infty \dfrac{e^{-st}}{-s} \cdot k \cdot \sin kt\,dt$

$= \dfrac{1}{s} - \dfrac{k}{s} \mathcal{L}(\sin kt) = \dfrac{1}{s} - \dfrac{k}{s} \cdot \dfrac{k}{s^2 + k^2} = \dfrac{s}{s^2 + k^2}$.

したがって,

$$\mathcal{L}(\cos(\omega t + \theta)) = \cos\theta \mathcal{L}(\cos \omega t) - \sin\theta \mathcal{L}(\sin \omega t)$$

$$= \cos\theta \dfrac{s}{s^2 + \omega^2} - \sin\theta \dfrac{\omega}{s^2 + \omega^2}$$

$$= \dfrac{s\cos\theta - \omega \sin\theta}{s^2 + \omega^2}.$$

例題 2.14.2 区間 $[0, \infty)$ 上の関数 $f(x)$ に対して

$$|f(t)| \leqq Me^{\gamma t}$$

が成り立ち，$f^{(1)}, \cdots, f^{(n)}$ がすべて連続とする．このとき $s > \gamma$ なら
$\mathcal{L}(f^{(n)}) = s^n \mathcal{L}(f) - s^{n-1} f(0) - s^{n-2} f'(0) - \cdots - f^{(n-1)}(0)$ を $n = 2, 3$ の
ときに示せ．ここで $f^{(k)}(0) = \lim_{\varepsilon \to 0} f^{(k)}(\varepsilon)$ と定義しておく．

解答 教科書第 2.14 節例 2.24.6 において，$|f(t)| \leqq M e^{\gamma t}$ のとき，$\mathcal{L}(f') = s\mathcal{L}(f) - f(0), (s > \gamma)$ を示した．

さて，$1 \leqq k \leqq n$ のとき，$f^{(k)}$ は連続なので $\lim_{t \to 0} f^{(k)}(t) = f^{(k)}(0)$ となる．
$g(t) = e^{-st}$ は連続関数だから，$s > \gamma$ のとき，
$$[e^{-st} f'(t)]_0^\infty = \lim_{t \to \infty} e^{-st} f'(t) - \lim_{t \to 0} e^{-st} f'(t) = 0 - e^0 f'(0) = -f'(0).$$
ここで，
$(e^{-st} f'(t))' = -s e^{-st} f'(t) + e^{-st} f^{(2)}(t)$ より

$$\mathcal{L}(f^{(2)}) = \int_0^\infty e^{-st} f^{(2)}(t)\, dt = \left[e^{-st} f'(t)\right]_0^\infty + s \int_0^\infty e^{-st} f'(t)\, dt$$
$$= -f'(0) + s(\mathcal{L}(t) - \mathcal{L}(0)) = s^2 \mathcal{L}(t) - s f(0) - f'(0). \quad \text{同様にして，}$$
$$\mathcal{L}(f^{(3)}) = \int_0^\infty e^{-st} f^{(3)}(t)\, dt = \left[e^{-st} f^{(2)}(t)\right]_0^\infty - s \int_0^\infty e^{-st} f'(t)\, dt$$
$$= -f^{(2)}(0) + s\{s^2 \mathcal{L}(t) - s f(0) - f'(0)\}$$
$$= s^3 \mathcal{L}(t) - s^2 f(0) - s f'(0) - f^{(2)}(0).$$

ここで，いま得られたラプラス変換を，教科書第 2.14 節の結果とも合わせてまとめておく．

[ラプラス変換表]

$f(t)$	$\mathcal{L}(f(t))$
1	$\dfrac{1}{s}$
t	$\dfrac{1}{s^2}$
t^2	$\dfrac{2}{s^3}$
$\sin kt$	$\dfrac{k}{s^2 + k^2}$
$\cos kt$	$\dfrac{s}{s^2 + k^2}$
e^{at}	$\dfrac{1}{s - a}$
$a f(t) + b g(t)$	$a \mathcal{L}(f(t)) + b \mathcal{L}(g(t))$

談話室：フーリエ級数

工科の数学では「ラプラス変換」とともに「フーリエ級数」も大事な分野である．このフーリエ級数では三角関数の積分が多用される．ここではこのフーリエ級数の概略を簡単に紹介しよう．

$y = \sin x$ や $y = \cos x$ のグラフは 2π ずらしても形は変わらない．このような関数を周期 2π を持つという．このように周期 2π を持つ関数として $\sin nx, \cos nx$ (n は整数) がある．では他にどんなのがあるだろうか．

区間 $[0, 2\pi)$ の，かってな関数を強引に周期 2π で $\mathbb{R}$ に延長してやれば，いくらでも作れる．大雑把にいえば，このように勝手に作った関数も $\sin nx, \cos nx$ 達の和として書ける，というのがフーリエ級数の理論である．たとえば関数 $f(x)$ は $[0, 2\pi]$ で $f(0) = f(2\pi)$ かつ $f'(x)$ が連続なら

$$f(x) = \frac{a_0}{2} + a_1 \cos x + b_1 \sin x + \cdots + a_n \sin nx + b_n \cos nx + \cdots$$

と展開される．教科書問題 2.6 節問題 2.6[A]3.または本書例題 2.6.2 を使えば

$$a_n = \frac{1}{\pi} \int_0^{2\pi} f(x) \cos nx \, dx$$

となる．工学で現れる方形波については次のようになる．本書では触れなかったが，この分野を学びたい人には多くの入門書や参考書がある．[たとえば培風館：技術者のための高等数学 3　フーリエ解析と偏微分方程式]

奇数 n に対しては

$$s_n = \frac{a_0}{2} + a_1 \sin x + b_1 \cos x + \cdots + a_n \sin nx + b_n \cos nx$$
$$= \frac{4k}{\pi} \left(\sin x + \frac{1}{3} \sin 3x + \frac{1}{5} \sin 5x + \cdots + \frac{1}{n} \sin nx \right).$$

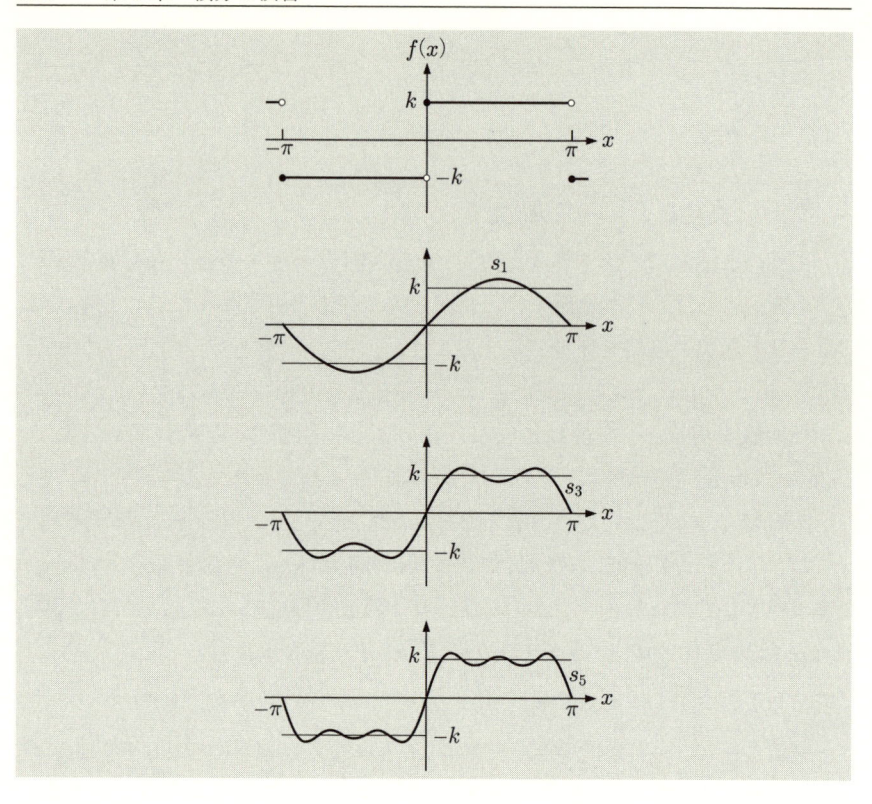

2.15 積分の章末問題

積分の章末問題 1

1 次の積分を求めよ．
(1) $\displaystyle\int \left(-5x^2 + 3 + x^{\frac{2}{3}}\right) dx$ (2) $\displaystyle\int \frac{x^3}{x^2+1}\, dx$
(3) $\displaystyle\int \frac{4x+5}{(x-1)(x+2)}\, dx$ (4) $\displaystyle\int x^3 \log x \, dx$

2 次の定積分を求めよ．
(1) $\displaystyle\int_0^{\frac{\pi}{3}} \sin^3 x \cos x \, dx$ (2) $\displaystyle\int_0^{\log 3} e^x \sqrt{e^x + 1}\, dx$
(3) $\displaystyle\int_0^{\sqrt{2}} \sqrt{4-x^2}\, dx$ (4) $\displaystyle\int_0^{\infty} \frac{x}{1+x^4}\, dx$

3 次の問いに答えよ．
(1) 次の関数の，$x=0$ を中心とした整級数展開 (巾級数展開) で，3 次までの項を求めよ．
$$f(x) = (1+x)\sin x$$
(2) 次の関数の，$x=0$ を中心とした整級数展開 (巾級数展開) を求めよ．
$$f(x) = xe^{-2x}$$

4 $\displaystyle\lim_{n\to\infty} \frac{1}{n} \sum_{i=0}^{n-1} \sin \frac{i\pi}{n}$ を求めよ．

5 次の定積分を求めよ．
(1) $\displaystyle\iint_D (3xy + y^2)\, dxdy \quad D: 0 \leqq x \leqq 1,\ 1 \leqq y \leqq 2$
(2) $\displaystyle\iint_D xy^2 \, dxdy \quad D: 0 \leqq x \leqq 1,\ x^2 \leqq y \leqq x$
(3) $\displaystyle\iint_D x^2 \, dxdy \quad D: 0 \leqq x+y \leqq 2,\ -2 \leqq -x+y \leqq 0$
(4) $\displaystyle\iint_D \frac{1}{1+x^2+y^2}\, dxdy \quad D: 0 \leqq x,\ 0 \leqq y,\ x^2+y^2 \leqq a^2$

積分の章末問題 2

1 次の積分をせよ．

(1) $\displaystyle\int \frac{x^3 - 2x + 3}{x + 4}\, dx$ 　　(2) $\displaystyle\int x\cos(x+1)\, dx$

(3) $\displaystyle\int \frac{\sqrt{x}}{1+\sqrt{x}}\, dx$ 　　(4) $\displaystyle\int_1^\infty \left\{ \frac{1}{1+x} - \log\left(1 + \frac{1}{x}\right) \right\} dx$

(5) $\displaystyle\int_0^1 \sqrt{\frac{x}{1-x}}\, dx$ 　$(x = \sin^2\theta$ と変換する．$)$

2 次の関数の $x = 1$ における，テイラー展開を $(x-1)$ の 3 次の項まで求めよ．
$$f(x) = \sqrt{1 + \frac{1}{x}}$$

3 次の極限値を求めよ．
$$\lim_{n\to\infty} \left(\frac{1}{n+2} + \frac{1}{n+4} + \cdots + \frac{1}{n+2n} \right)$$

4 次の関数の極値を求めよ．
$$f(x,\, y) = e^y(y^2 - 2x^2)$$

5 次の積分を求めよ．

(1) $\displaystyle\iint_D \frac{x^2}{y^2}\, dxdy$ 　$D: -1 \leqq x \leqq 1,\ 1 \leqq y \leqq 2$

(2) $\displaystyle\iint_D x\, dxdy$ 　$D:\ x \geqq 0,\ y \geqq 0,\ a^2 x + b^2 y \leqq 1$

(3) $\displaystyle\iint_D \frac{1}{1 + (x^2 + y^2)^2}\, dxdy$ 　$D:\ x^2 + y^2 \leqq 1$

(4) $\displaystyle\int_0^1 \left(\int_{3y}^3 \frac{dx}{(1+x^2)^3} \right) dy$

積分の章末問題 3

1 次の積分を求めよ．

(1) $\displaystyle\int \left(x+1+\frac{1}{x+1}\right) dx$

(2) $\displaystyle\int \frac{x^2}{x-2} dx$

(3) $\displaystyle\int (e^x + e^{-x}) dx$

(4) $\displaystyle\int xe^x \, dx$

(5) $\displaystyle\int_0^1 \sin(\pi x) \, dx$

(6) $\displaystyle\int_0^2 \frac{x}{\sqrt{2-x}} dx$

(7) $\displaystyle\int_0^\infty \frac{\log x}{x^3} dx$

(8) $\displaystyle\int_0^{\frac{\pi}{2}} \frac{1}{1+\sin^2 x} dx$

(9) $\displaystyle\int \frac{\sqrt{x^2+1}}{x} dx$

2 次の関数の，$x=0$ を中心とした整級数展開 (巾級数展開) を求めよ．

(1) e^{-x^2}

(2) $\dfrac{x}{1-x}$

3 次の定積分を求めよ．

(1) $\displaystyle\iint_D (x+2y) \, dxdy \quad D: 0 \leqq x \leqq 1,\ 0 \leqq y \leqq 1$

(2) $\displaystyle\iint_D (x^2 - y) \, dxdy \quad D: 0 \leqq x \leqq 1,\ 0 \leqq y \leqq x^2$

(3) $\displaystyle\iint_D (1 - x^2 - y^2) \, dxdy \quad D: x^2 + y^2 \leqq 1$

積分の章末問題 4

1 次の積分を求めよ．

(1) $\displaystyle\int \left(1 + \frac{1}{x} + \frac{1}{x^2}\right) dx$

(2) $\displaystyle\int \frac{x^2}{x+2} dx$

(3) $\displaystyle\int e^{8x+1} dx$

(4) $\displaystyle\int \log|2x| dx$

(5) $\displaystyle\int_0^\pi (\cos x + \sin x)^2 dx$

(6) $\displaystyle\int_0^2 \frac{\sqrt{x}}{x+2} dx$

(7) $\displaystyle\int_0^\infty e^{-x} \cos x \, dx$

(8) $\displaystyle\int_0^{\frac{\pi}{4}} \left(\frac{1}{\sin x} - \frac{2}{\sin 2x}\right) dx$

(9) $\displaystyle\int_0^1 \frac{1}{x + \sqrt{1-x^2}} dx$

2 次の関数の，$x=0$ を中心とした整級数展開 (巾級数展開) を求めよ．

(1) $e^{-2x} - e^x$

(2) $\dfrac{x^4}{1+x^4}$

3 次の定積分を求めよ．

(1) $\displaystyle\iint_D (x^2 + xy) \, dxdy \quad D : 0 \leqq x \leqq 1, \; 1 \leqq y \leqq 2$

(2) $\displaystyle\iint_D \sqrt{xy} \, dxdy \quad D : 0 \leqq x \leqq 1, \; 0 \leqq y \leqq x$

(3) $\displaystyle\iint_D (1 - \sqrt{x^2 + y^2}) \, dxdy \quad D : x^2 + y^2 \leqq 1$

積分の章末問題 5

1 次の積分を求めよ．
(1) $\displaystyle\int \left(x^4 + \frac{3}{x^2}\right) dx$
(2) $\displaystyle\int \frac{x+1}{\sqrt{x}} dx$
(3) $\displaystyle\int (x+1)^2 \sin x \, dx$
(4) $\displaystyle\int x e^{-x^2} dx$
(5) $\displaystyle\int \frac{\sin x}{2 + \cos x} dx$
(6) $\displaystyle\int_0^1 \frac{1}{|x-2|} dx$
(7) $\displaystyle\int_0^1 x \log(x+1) \, dx$
(8) $\displaystyle\int_0^1 \sqrt{4 - x^2} \, dx$
(9) $\displaystyle\int_{1+\sqrt{3}}^\infty \frac{1}{x^2 - 2x + 10} dx$
(10) $\displaystyle\int_0^\infty \frac{1}{e^x + 1} dx$

2 次の関数の，$x=0$ を中心とした整級数展開 (巾級数展開) を求めよ．
(1) $\dfrac{e^x - 1}{x}$
(2) $\dfrac{1}{1+x} + \dfrac{1}{1-x}$

3 次の定積分を求めよ．
(1) $\displaystyle\iint_D x^2 y \, dxdy \quad D: 0 \leqq x \leqq 1,\ 0 \leqq y \leqq 2$
(2) $\displaystyle\iint_D (x+y) \, dxdy \quad D: 0 \leqq x \leqq 1,\ 0 \leqq y \leqq x$
(3) $\displaystyle\iint_D \cos\left(\frac{\pi}{2} y^2\right) dxdy \quad D: 0 \leqq x \leqq 1,\ x \leqq y \leqq 1$
(4) $\displaystyle\iint_D \frac{1}{(x^2 + y^2)^2} dxdy \quad D: 1 \leqq x^2 + y^2 \leqq 4$

積分の章末問題 6

1 次の積分を求めよ．

(1) $\displaystyle\int \frac{x^3 + 5x + 2}{x^2}\, dx$

(2) $\displaystyle\int x \log(x+1)\, dx$

(3) $\displaystyle\int \frac{e^{2x}}{e^{2x}+1}\, dx$

(4) $\displaystyle\int \frac{dx}{x^2 - a^2}$

(5) $\displaystyle\int_{-\infty}^{1} x^2 e^x\, dx$

(6) $\displaystyle\int_{0}^{\frac{\sqrt{3}}{2}} \sqrt{1-x^2}\, dx$

2 $\dfrac{1}{1-x} + \dfrac{x}{x^2+x+1}$ の，$x=0$ を中心とした整級数展開 (巾級数展開) を求めよ．

3 $\displaystyle\lim_{n\to\infty} \frac{1}{n^{k+1}}(1 + 2^k + \cdots + n^k)$ (k は整数, $k > -1$) を求めよ．

4 次の積分を求めよ．

(1) $\displaystyle\iint_D (1 + x + y + xy)\, dxdy \quad D: 0 \leqq x \leqq 1,\ 0 \leqq y \leqq 2$

(2) $\displaystyle\iint_D (1 - x - y)\, dxdy \quad D: 0 \leqq x \leqq 1,\ y \geqq 0, x + y \leqq 1$

(3) $\displaystyle\iint_D \sin\sqrt{x^2+y^2}\, dxdy \quad D: x^2 + y^2 \leqq \dfrac{\pi^2}{4}$

(4) $\displaystyle\iint_D \sin(y^2)\, dxdy \quad D: 0 \leqq x \leqq \sqrt{\dfrac{\pi}{2}},\ x \leqq y \leqq \sqrt{\dfrac{\pi}{2}}$

# 第3章

解答編

3.1 確認問題の答

確認問題 1-1 (1) 人によって 5 は大きいか小さいかは異なるので「主張」ではない.

(2) 正しいと判断できるので「主張」である.

(3) (2) のように簡単でない主張もある.これはパソコンを用いて,10000019 と 10000079 しかないので正しい.このように簡単に判断できないものもある.このような難解な予想を立て,真偽を証明することも数学の醍醐味のひとつともいえる.

(4) これが真でクレタ人が全員嘘つきだとすれば,いった本人がクレタ人なので嘘である.このような自己矛盾をパラドックスという.「この壁に張り紙するな」という張り紙も変ですね.
これをどう解釈するかは難しい.各自で考えてみよう.ただし,考えすぎてノイローゼにならないように.

確認問題 1-2

(1) $1 \in A$ (2) $8 \notin A$ (3) $15 \in A$ (4) $30 \in A$

確認問題 1-3 $A = \{9 \times 12,\ 10 \times 12, \cdots, 83 \times 12\}$, $B = \{5 \times 20,\ 6 \times 20, \cdots, 49 \times 20\}$, $A \cap B = \{2 \times 60, 3 \times 60, \cdots, 16 \times 60\}$ を考慮して,次を得る.

(1) $n(A) = 83 - 9 + 1 = 75$

(2) $n(B) = 49 - 5 + 1 = 45$

(3) $n(B^c) = (1000 - 100) - n(B) = 855$

(4) $n(A \cap B) = 16 - 2 + 1 = 15$

(5) $n(A^c \cup B^c) = n((A \cap B)^c) = 900 - 15 = 885$

確認問題 1-4 $A = \{-4, -3, -2, -1, 0, 1, 2, 3, 4\}$, $B = \{-5, -4, -3, -2, -1, 0, 1, 2, 3, 4, 5\}$ なので $A \subset B$ は明らか.

確認問題 1-5

(1) $\left(x - \dfrac{y}{2}\right)^2 + \dfrac{3y^2}{4} = 0$ なので $x = 0, \ y = 0$ となり,「十分条件」である. 反例 $x = 0, \ y = 1$ により「必要条件」ではない.

(2) 反例「$x = 1$」により「十分条件」ではない. $\sqrt{x} = x - 2$ の解は $x = 4$ なので $(x-1)(x-4) = 0$ 満たす.「必要条件」.

(3) 反例「$x = 3, \ y = -1$」により「十分条件」ではない. x, y ともに負だと $(x+y)xy < 0$ なので, $(x+y)xy \geqq 0$ ならば「x, y ともに負」は成立しない. したがって「必要条件」.

(4) $x^4 - 5x^3 + 6x^2 = x^2(x^2 - 5x + 6) = x^2(x-2)(x-3) < 0$ なので「必要十分条件」.

確認問題 1-6 もし「$a \neq 0$ または $b \neq 0$」ならば a, b は実数なので明らかに「$a^2 + b^2 \neq 0$」となり仮定に反する. したがって主張は正しい.

確認問題 2-1

(1) $8x^3 - 12x^2 y + 6xy^2 - y^3$ (2) $8x^3 + 36x^2 + 54x + 27$

(3) $a^2 + b^2 + c^2 + 2ab + 2bc + 2ca$ (4) $x^3 - y^3$

(5) $x^n - y^n$

確認問題 2-2

(1) $x^4 + x^2 + 1 = (x^2+1)^2 - x^2 = (x^2 + x + 1)(x^2 - x + 1)$

(2) $(x^2 + 4y^2)(x - 2y)(x + 2y)$

(3) $(x-y)(x+y)(x^2+y^2)(x^2+xy+y^2)(x^2-xy+y^2)(x^4-x^2y^2+y^4)$

確認問題 2-3 $\sqrt{a} = x, \ \sqrt{b} = y$ とおく. すると, $a = x^2, \ b = y^2$ となる.

$$\text{左辺} - \text{右辺} = \dfrac{x^2 + y^2}{2} - xy = \dfrac{x^2 - 2xy + y^2}{2} = \dfrac{(x-y)^2}{2} \geqq 0.$$

さらに, 等号は $a = b$ のときのみ成立することもわかる.

確認問題 2-4 $\sqrt[3]{a} = x, \ \sqrt[3]{b} = y, \ \sqrt[3]{c} = z$ とおく. すると, $a = x^3, \ b =$

y^3, $c = z^3$ となる.
$$左辺 - 右辺 = \frac{x^3 + y^3 + z^3}{3} - xyz = \frac{x^3 + y^3 + z^3 - 3xyz}{3}$$
ここで因数分解 $x^3 + y^3 + z^3 - 3xyz = (x+y+z)(x^2+y^2+z^2-xy-yz-zx)$ を使うが, 右の因数はさらに, $\dfrac{(x-y)^2 + (y-z)^2 + (z-x)^2}{2}$ と変形できる. これは右辺を展開してみればよい. すなわち,
$$左辺 - 右辺 = \frac{x^3 + y^3 + z^3}{3} - xyz$$
$$= \frac{(x+y+z)\{(x-y)^2 + (y-z)^2 + (z-x)^2\}}{6} \geqq 0$$
が成立し, さらに等号は $x = y = z$ のとき, すなわち $a = b = c$ のときのみ成立することもわかる.

確認問題 2-5

(1) $a \neq 0$ のとき, $x = -\dfrac{b}{a}$.
$a = 0$, $b \neq 0$ のとき, $0 \times x + b = 0$ なので解なし (不能).
$a = 0$, $b = 0$ のとき, $x \times 0 + 0 = 0$ なのですべての数 (不定).
「1次方程式 $ax + b = 0$」というときは, $a \neq 0$ とするのが普通である.

(2) $a \neq 0$ なので式を割ることができる. その後,「平方完成」をする.
$$ax^2 + bx + c = 0 \Rightarrow x^2 + \frac{b}{a} + \frac{c}{a} = 0 \Rightarrow \left(x + \frac{b}{2a}\right)^2 = \frac{b^2}{4a^2} - \frac{c}{a}$$
$$\Rightarrow \left(x + \frac{b}{2a}\right)^2 = \frac{b^2 - 4ac}{4a^2} \Rightarrow x + \frac{b}{2a} = \pm\sqrt{\frac{b^2 - 4ac}{4a^2}} = \pm\frac{\sqrt{b^2 - 4ac}}{2a}$$

(3) 解の公式で $b = 2b'$ を代入する.
$$x = \frac{-2b' \pm \sqrt{4b'^2 - 4ac}}{2a} = \frac{b' \pm \sqrt{b'^2 - ac}}{a}.$$

確認問題 2-6

(1) $(x-5)(x+3) = 0$ より $x = 5, -3$.
(2) $x^4 - 7x^2 + 12 = (x^2 - 3)(x^2 - 4) = 0$ より $x = \pm 2, \pm\sqrt{3}$.
(3) $(x^2 + x - 3)(x^2 + x + 1) = 0$ と因数分解されて,
$x^2 + x - 3 = 0$ より $x = \dfrac{-1 \pm \sqrt{13}}{2}$ と, $x^2 + x + 1 = 0$ より $x = \dfrac{-1 \pm \sqrt{3}i}{2}$
が答えとなる.

(4) 第 2 公式より $x = \dfrac{3 \pm \sqrt{15}}{2}$

(5) 解の第 2 公式より $x = \dfrac{-7 \pm 3\sqrt{11}}{5}$

(6) $(x-1)(x^2+x+1) = 0$ と因数分解されて, $x = 1, \dfrac{-1 \pm \sqrt{3}i}{2}$ を得る. これらを 1 の 3 乗根という.

この問題の (6) の虚数解のどちらかを ω と表すこともある. すると, どちらをとっても, $\omega^3 = 1$, $\omega^2 + \omega + 1 = 0$ が成立する.

確認問題 3-1

三 角 比								
角度	$0°$	$30°$	$45°$	$60°$	$90°$	$120°$	$135°$	$150°$
ラジアン	0	$\dfrac{\pi}{6}$	$\dfrac{\pi}{4}$	$\dfrac{\pi}{3}$	$\dfrac{\pi}{2}$	$\dfrac{2\pi}{3}$	$\dfrac{3\pi}{4}$	$\dfrac{5\pi}{6}$
$\sin\theta$	0	$\dfrac{1}{2}$	$\dfrac{\sqrt{2}}{2}$	$\dfrac{\sqrt{3}}{2}$	1	$\dfrac{\sqrt{3}}{2}$	$\dfrac{\sqrt{2}}{2}$	$\dfrac{1}{2}$
$\cos\theta$	1	$\dfrac{\sqrt{3}}{2}$	$\dfrac{\sqrt{2}}{2}$	$\dfrac{1}{2}$	0	$-\dfrac{1}{2}$	$-\dfrac{\sqrt{2}}{2}$	$-\dfrac{\sqrt{3}}{2}$
$\tan\theta$	0	$\dfrac{1}{\sqrt{3}}$	1	$\sqrt{3}$	なし	$-\sqrt{3}$	-1	$-\dfrac{1}{\sqrt{3}}$

三 角 比								
角度	$180°$	$210°$	$225°$	$270°$	$300°$	$315°$	$330°$	$360°$
ラジアン	π	$\dfrac{7\pi}{6}$	$\dfrac{5\pi}{4}$	$\dfrac{3\pi}{2}$	$\dfrac{5\pi}{3}$	$\dfrac{7\pi}{4}$	$\dfrac{11\pi}{6}$	2π
$\sin\theta$	0	$-\dfrac{1}{2}$	$-\dfrac{\sqrt{2}}{2}$	-1	$-\dfrac{\sqrt{3}}{2}$	$-\dfrac{\sqrt{2}}{2}$	$-\dfrac{1}{2}$	0
$\cos\theta$	-1	$-\dfrac{\sqrt{3}}{2}$	$-\dfrac{\sqrt{2}}{2}$	0	$\dfrac{1}{2}$	$\dfrac{\sqrt{2}}{2}$	$\dfrac{\sqrt{3}}{2}$	1
$\tan\theta$	0	$\dfrac{1}{\sqrt{3}}$	1	なし	$-\sqrt{3}$	-1	$-\dfrac{1}{\sqrt{3}}$	0

確認問題 3-2 斜辺が r, 横が x, 縦が y でこの辺に対する角を θ とする直角三角形ではピタゴラスの定理 (または三平方の定理) より, $x^2 + y^2 = r^2$ が成立する. そこで両辺を r^2 で割り, 記号 $\sin\theta = \dfrac{y}{r}$, $\cos\theta = \dfrac{x}{r}$ を代入すれば $\sin^2\theta + \cos^2\theta = 1$ となる. また記号 $\tan\theta = \dfrac{y}{x}$ の右辺の分母分子を r

で割れば，$\tan\theta = \dfrac{\sin\theta}{\cos\theta}$ となる．さらに，はじめの式の両辺を x^2 で割れば
$1+\left(\dfrac{y}{x}\right)^2 = \dfrac{1}{(\frac{x}{r})^2}$, $1+\tan^2\theta = \dfrac{1}{\cos^2\theta}$ を得る．このことからわかるように，直角三角形のピタゴラスの定理 (または三平方の定理) とは，$\sin^2\theta + \cos^2\theta = 1$ のことである．

確認問題 3-3 図を描いてみると，直角三角形は斜辺は 3 で横は 2 だが縦は $-\sqrt{5}$ になる．したがって，$\sin\theta = -\dfrac{\sqrt{5}}{3}$, $\tan\theta = -\dfrac{\sqrt{5}}{2}$．

確認問題 3-4 2 点 $\mathrm{P}(x_1, y_1), \mathrm{Q}(x_2, y_2)$ の距離は $\mathrm{PQ} = \sqrt{(x_2-x_1)^2 + (y_2-y_1)^2}$ なので，これを AB と A′B′ に応用する．

$$\begin{aligned}
\mathrm{A'B'}^2 &= \{1-\cos(\alpha+\beta)\}^2 + \{0-\sin(\alpha+\beta)\}^2 \\
&= 1 - 2\cos(\alpha+\beta) + \cos^2(\alpha+\beta) + \sin^2(\alpha+\beta) \\
&= 2 - 2\cos(\alpha+\beta). \\
\mathrm{AB}^2 &= (\cos\alpha - \cos\beta)^2 + (-\sin\alpha - \sin\beta)^2 \\
&= \cos^2\alpha - 2\cos\alpha\cos\beta + \cos^2\beta + \sin^2\alpha + 2\sin\alpha\sin\beta + \sin^2\beta \\
&= 2 - 2\cos\alpha\cos\beta + 2\sin\alpha\sin\beta.
\end{aligned}$$

これより，次の余弦の加法定理を得た．
$$\cos(\alpha+\beta) = \cos\alpha\cos\beta - \sin\alpha\sin\beta.$$

ここの証明では x 軸と y 軸があるので角度を α, β としたが，微分積分では x, y を多用するので $\alpha \Rightarrow x$, $\beta \Rightarrow y$ と変更する．
$$\cos(x+y) = \cos x \cos y - \sin x \sin y.$$

これに，$x \Rightarrow \dfrac{\pi}{2} + x$ を代入して，正弦に関する次の加法定理を得る．
$$\sin(x+y) = \sin x \cos y + \cos x \sin y.$$

さらに 2 つの式でそれぞれ $y \Rightarrow -y$ とおいて
$\cos(x-y) = \cos x \cdot \cos y + \sin x \cdot \sin y$ と $\sin(x-y) = \sin x \cdot \cos y - \cos x \cdot \sin y$
の展開を得る．

次に $\tan(x+y)$ の展開については，$\tan\theta = \dfrac{\sin\theta}{\cos\theta}$ の関係を用いる．
$$\tan(x+y) = \frac{\sin(x+y)}{\cos(x+y)} = \frac{\sin x \cos y + \cos x \sin y}{\cos x \cos y - \sin x \sin y} = \frac{\tan x + \tan y}{1 - \tan x \cdot \tan y}$$
以上に $y \to -y$ とすれば残りの加法定理も得られる．

確認問題 3-5　オイラー (Euler) の公式；$e^{i\theta} = \cos\theta + i\sin\theta$ は教科書第 1.11 節の系 1.2 に紹介されているが，ここでは既知として $e^{i(x+y)} = e^{ix} \cdot e^{iy}$ なる等式に用いると次のようになる．ただし，$i = \sqrt{-1}$ である．

一般に $z = a + bi$ (a, b は実数) の形を**複素数**といい，a を複素数 z の**実数部分**といい，b を複素数 z の**虚数部分**という．複素数の計算は $a + bx$ なる式の計算と同じであるが $x^2 = i^2 = -1$ に直すことだけが異なる．次の計算も式の掛け算と同じように展開する．
$$\begin{aligned}
e^{i(x+y)} &= \cos(x+y) + i\sin(x+y), \\
e^{ix}e^{iy} &= (\cos x + i\sin x)(\cos y + i\sin y) \\
&= \cos x \cos y + i(\cos x \sin y + \sin x \cos y) + i^2 \sin x \sin y \\
&= (\cos x \cos y - \sin x \sin y) + i(\cos x \sin y + \sin x \cos y).
\end{aligned}$$
ただし，$i^2 = \sqrt{-1}^2 = -1$ を用いた．

両辺の実数部分と虚数部分を比較して，次の加法定理を得る．
$$\cos(x+y) = \cos x \cos y - \sin x \sin y, \ \sin(x+y) = \sin x \cos y + \cos x \sin y.$$

確認問題 3-6

(1) $\sin 75° = \sin(45° + 30°) = \sin 45° \cos 30° + \cos 45° \sin 30°$
$$= \frac{\sqrt{2}}{2} \times \frac{\sqrt{3}}{2} + \frac{\sqrt{2}}{2} \times \frac{1}{2} = \frac{\sqrt{6} + \sqrt{2}}{4}$$

(2) $\sin 15° = \sin(45° - 30°) = \sin 45° \cos 30° - \cos 45° \sin 30°$
$$= \frac{\sqrt{2}}{2} \times \frac{\sqrt{3}}{2} - \frac{\sqrt{2}}{2} \times \frac{1}{2} = \frac{\sqrt{6} - \sqrt{2}}{4}$$

(3) $\cos 75° = \cos(45° + 30°) = \cos 45° \cos 30° - \sin 45° \sin 30°$
$$= \frac{\sqrt{2}}{2} \times \frac{\sqrt{3}}{2} - \frac{\sqrt{2}}{2} \times \frac{1}{2} = \frac{\sqrt{6} - \sqrt{2}}{4}$$

(4) $\cos 15° = \cos(45° - 30°) = \cos 45° \cos 30° + \sin 45° \sin 30°$
$$= \frac{\sqrt{2}}{2} \times \frac{\sqrt{3}}{2} + \frac{\sqrt{2}}{2} \times \frac{1}{2} = \frac{\sqrt{6} + \sqrt{2}}{4}$$

(5) $\tan 105° = \tan(60° + 45°) = \dfrac{\tan 60° + \tan 45°}{1 - \tan 60° \tan 45°} = \dfrac{\sqrt{3} + 1}{1 - \sqrt{3}}$

$= -\dfrac{(\sqrt{3} + 1)^2}{(\sqrt{3} - 1)(\sqrt{3} + 1)} = -\dfrac{4 + 2\sqrt{3}}{3 - 1} = -(2 + \sqrt{3})$

(6) $\tan 15° = \tan(60° - 45°) = \dfrac{\tan 60° - \tan 45°}{1 + \tan 60° \tan 45°}$

$= \dfrac{\sqrt{3} - 1}{1 + \sqrt{3}} = \dfrac{(\sqrt{3} - 1)^2}{(\sqrt{3} - 1)(\sqrt{3} + 1)} = \dfrac{4 - 2\sqrt{3}}{3 - 1} = 2 - \sqrt{3}$

なお，(5) または (6) で用いた分数の分母の根号をはずす方法を「分母の有理化」という．(6) では $15° = 45° - 30°$ としてもよい．

確認問題 3-7　加法定理を使うだけである．$\sin(x+y) = \sin x \cdot \cos y + \cos x \cdot \sin y$ と $\sin(x - y) = \sin x \cdot \cos y - \cos x \cdot \sin y$ を加えれば

$$2 \sin x \cdot \cos y = \sin(x + y) + \sin(x - y)$$

を得るし，引けば

$$2 \cos x \cdot \sin y = \sin(x + y) - \sin(x - y)$$

となる．

　次に $\cos(x + y) = \cos x \cdot \cos y - \sin x \cdot \sin y$ と $\cos(x - y) = \cos x \cdot \cos y + \sin x \cdot \sin y$ を加えると

$$2 \cos x \cdot \cos y = \cos(x + y) + \cos(x - y)$$

を得るし，引けば

$$-2 \sin x \cdot \cos y = \cos(x + y) - \cos(x - y)$$

を得る．

　こうして，「積和公式」を得た．

確認問題 3-8

(1) $\sin 45° \times \cos 15° = \dfrac{1}{2} (\sin 60° - \sin 30°)$

$= \dfrac{1}{2} \left(\dfrac{\sqrt{3}}{2} - \dfrac{1}{2} \right) = \dfrac{\sqrt{3} - 1}{4}$

(2) $\cos 45° \times \cos 75° = \dfrac{1}{2}\{\cos 120° + \cos(-30)°\}$
$= \dfrac{1}{2}\left(-\dfrac{1}{2} + \dfrac{\sqrt{3}}{2}\right) = \dfrac{\sqrt{3}-1}{4}$

(3) $\sin 75° \times \sin 15° = -\dfrac{1}{2}(\cos 90° - \cos 60°) = -\dfrac{1}{2}\left(0 - \dfrac{1}{2}\right) = \dfrac{1}{4}$

確認問題 3-9 「積和公式」で，$x+y=X$, $x-y=Y$ とおけば，$x=\dfrac{X+Y}{2}$, $y=\dfrac{X-Y}{2}$ となり，積和公式は $\sin X + \sin Y = 2\sin\dfrac{X+Y}{2}\cdot\sin\dfrac{X-Y}{2}$ となり，文字だけ小文字に変えれば次を得る．

$$\sin x + \sin y = 2\sin\left(\dfrac{x+y}{2}\right)\cdot\cos\left(\dfrac{x-y}{2}\right).$$

以下，同様に残りの「和積公式」も得られる．

$$\sin x - \sin y = 2\cos\left(\dfrac{x+y}{2}\right)\cdot\sin\left(\dfrac{x-y}{2}\right)$$
$$\cos x + \cos y = 2\cos\left(\dfrac{x+y}{2}\right)\cdot\cos\left(\dfrac{x-y}{2}\right)$$
$$\cos x - \cos y = -2\sin\left(\dfrac{x+y}{2}\right)\cdot\sin\left(\dfrac{x-y}{2}\right)$$

確認問題 3-10

(1) $\sin 75° + \sin 15° = 2\sin\dfrac{75°+15°}{2}\times\cos\dfrac{75°-15°}{2}$
$= 2\sin 45° \times \cos 30° = \sqrt{\dfrac{3}{2}}$

(2) $\cos 75° + \cos 15° = 2\cos\dfrac{75°+15°}{2}\times\cos\dfrac{75°-15°}{2}$
$= 2\cos 45° \times \cos 30° = \dfrac{\sqrt{6}}{2}$

(3) $\sin 20° + \sin 40° - \sin 80° = 2\sin 30° \times \sin 10° - \sin(90°-10°)$
$= \sin 10° - \sin 10° = 0$

確認問題 3-11 加法定理 $\sin(x+y) = \sin x\cdot\cos y + \cos x\cdot\sin y$ で，$x=y$ とすれば，$\sin 2x = 2\sin x\cdot\cos x$ を得る．

加法定理 $\cos(x+y) = \cos x\cdot\cos y - \sin x\cdot\sin y$ で，$x=y$ とすれば，$\cos 2x = \cos^2 x - \sin^2 x = 2\cos^2 - 1 = 1 - 2\sin^2 x$ を得る．ここでは $\sin^2 x + \cos^2 x = 1$ を利用した．

確認問題 3-12 オイラー (Euler) の公式で，$e^{i3x} = (e^{ix})^3$ を用いる．
$$e^{i3x} = \cos 3x + i\sin 3x.$$
$$\begin{aligned}(e^{ix})^3 &= (\cos x + i\sin x)^3 \\ &= \cos^3 x + 3i\cos^2 x \sin x + 3i^2 \cos x \sin^2 x + i^3 \sin^3 x \\ &\qquad\qquad\qquad\qquad\qquad\qquad (i^2 = -1,\ i^3 = -i.) \\ &= \cos^3 x - 3\cos x \sin^2 x + i(3\cos^2 x \sin x - \sin^3 x).\end{aligned}$$

実数部分と虚数部分を比較して，次の「3倍角の公式」を得る．
$$\cos 3x = \cos^3 x - 3\cos x(1 - \cos^2 x) = 4\cos^3 x - 3\cos x.$$
$$\sin 3x = 3(1 - \sin^2 x)\sin x - \sin^3 x = 3\sin x - 4\sin^3 x.$$

このオイラー (Euler) の公式を使えば，何倍角でも求められる．

確認問題 3-13 前題の「2倍角の公式」の $\cos 2x = 2\cos^2 -1 = 1 - 2\sin^2 x$ を変形すれば，$\cos^2 x = \dfrac{1 + \cos 2x}{2}$, $\sin^2 x = \dfrac{1 - \cos 2x}{2}$ を得る．

確認問題 3-14 横が a で縦が b の直角三角形を作る．b に対する角を α とし，斜辺はピタゴラスの定理より $r = \sqrt{a^2 + b^2}$ となる．すると $\cos\alpha = \dfrac{x}{r}$, $\sin\alpha = \dfrac{y}{r}$ となる．すなわち，$a = r\cos\alpha$, $b = r\sin\alpha$ を次式に用いる．
$$\begin{aligned}a\sin\theta + b\cos\theta &= r\cos\alpha \cdot \sin\theta + r\sin\alpha \cdot \cos\theta = r(\sin\theta \cdot \cos\alpha + \cos\theta \cdot \sin\alpha) \\ &= r\sin(\theta + \alpha).\end{aligned}$$

横 a, 縦 b, 斜辺 $r = \sqrt{a^2 + b^2}$ なる直角三角形 (b に対する角を α とする) を補助として作ることにより次の式が1つの三角関数となる．これを「三角関数の合成」という．
$$a\sin\theta + b\cos\theta = r\sin(\theta + \alpha). \quad \text{ただし}, \tan\alpha = \dfrac{b}{a}.$$

確認問題 3-15 合成の応用．
(1) $\sin x + \sqrt{3}\cos x$ のときは，$a = 1$(横), $b = \sqrt{3}$(縦) を用いて補助の直角三角形を作る．斜辺は $r = \sqrt{1+3} = 2$ で，1つの角は $60°$ となり $\cos 60° = \dfrac{a}{2}$, $\sin 60° = \dfrac{\sqrt{3}}{2}$, すなわち，$a = 2\cos 60°$, $b = 2\sin 60°$ となる．これより次のように合成できる．

$\sin x + \sqrt{3}\cos x = 2\sin x \times \cos 60° + 2\cos x \times \sin 60° = 2\sin(x+60°)$.

(2) $\sqrt{3}\cos x - \sin x - 3$ のときは，$a = -1$(横)，$b = \sqrt{3}$(縦) を用いて補助の直角三角形を作る．斜辺は $r = \sqrt{1+3} = 2$ だが，$a = -1$ なので第2象限となり，1つの角は $120°$ となる．$\cos 120° = \dfrac{a}{2}$, $\sin 120° = \dfrac{\sqrt{3}}{2}$, すなわち，$a = -2\cos 120°$, $b = 2\sin 120°$ となる．これより次のように合成できる．
$\sqrt{3}\cos x - \sin x - 3 = 2\cos x \times \sin 120° + 2\sin x \times \cos 120° - 3 = 2\sin(x+120°) - 3$.
この結果をみて，最大値は $2 - 3 = -1$，最小値は $-2 - 3 = -5$ となる．

確認問題 4-1

(1) $\boxed{8}$ (2) $\boxed{-4}$ (3) $\boxed{\dfrac{2}{3}}$ (4) $\boxed{-\dfrac{2}{3}}$ (5) $\boxed{\dfrac{2}{15}}$

確認問題 4-2

(1) $\boxed{1}$ (2) $\boxed{\dfrac{1}{16}}$ (3) $\boxed{-\dfrac{1}{8}}$ (4) $\boxed{2}$ (5) $\boxed{7}$ (6) $\boxed{\dfrac{1}{2}}$

(7) $\boxed{2}$ (8) $\boxed{3}$ (9) $\boxed{2}$ (10) $\boxed{2}$ (11) $\boxed{\dfrac{1}{243}}$ (12) $\boxed{\dfrac{5}{4}}$

確認問題 4-3

(1) $\boxed{16}$ (2) $\boxed{2}$ (3) $\boxed{4}$ (4) $\boxed{2}$ (5) $\boxed{3\sqrt{2}}$ (6) $\boxed{-2}$

確認問題 4-4

(1) $a^1 = a$ より $x = \boxed{1}$ (2) $a^0 = 1$ より $x = \boxed{0}$

(3) $9^2 = \boxed{81}$ (4) $10^{-3} = \boxed{\dfrac{1}{1000}}$

(5) $\left(\dfrac{1}{2}\right)^x = 4 = 2^2$ より $x = \boxed{-2}$ (6) $2^x = 8 = 2^3$ より $x = \boxed{3}$

(7) $100^x = 10$, $x = \boxed{\dfrac{1}{2}}$ (8) $5^x = 5^{-2}$, $x = \boxed{-2}$

確認問題 4-5 (1) 前問 (1),(2) より明らか．

(2) $x = \log_a u$, $y = \log_a v$ とおく．すなわち，$u = a^x$, $v = a^y$．
$u \cdot v = a^x \cdot a^y = a^{x+y}$, すなわち，$\log_a(uv) = x + y = \log_a u + \log_a v$.

(3) (2)と同じ記号で $\dfrac{u}{v} = \dfrac{a^x}{a^y} = a^{x-y}$, すなわち，$\log_a u - \log_a v = x - y = \log_a\left(\dfrac{u}{v}\right)$.

(4) $x = \log_a u$ とおく. $a^x = u$, $u^n = (a^x)^n = a^{xn}$, $\log_a u^n = n \cdot x = n \cdot \log_a u$.

(5) $x = \log_a u$, $y = \log_b a$ とおく. $a^x = u$, $b^y = a$ より $(b^y)^x = u$, $b^{xy} = u$ となる. これより, $\log_b u = xy$, すなわち, $\log_a u = x = \dfrac{\log_b u}{\log_b a}$ を得る.

確認問題 4-6

(1) $\log_3 \left(\dfrac{27}{35} \times 105 \right) = \log_3 81 = 4$

(2) $\log_5 \left(\sqrt{2} \times \sqrt{\dfrac{25}{12}} \times \sqrt{6} \right) = \log_5 5 = 1$

(3) $\log_5 (64 \div 4 \times \sqrt{2}) = \log_5 (2^4 \times 2^{\frac{1}{2}}) = \dfrac{9}{2} \log_5 2$

確認問題 5-1

(1) $a = 2$, $b = 1$ の楕円なので, 長軸の長さは $2a = 4$ となり, 短軸の長さは $2b = 2$, 焦点は $\mathrm{F}(\sqrt{3}, 0)$, $\mathrm{F}'(-\sqrt{3}, 0)$ となる. 図 3.1(1) 参照.

(2) $a = 4$, $b = 5$ なので, 長軸の長さは $2b = 10$ で短軸の長さは $2a = 8$ で焦点 $\mathrm{F}(0, 3)$, $\mathrm{F}'(0, -3)$ となる. 図 3.1(2) 参照.

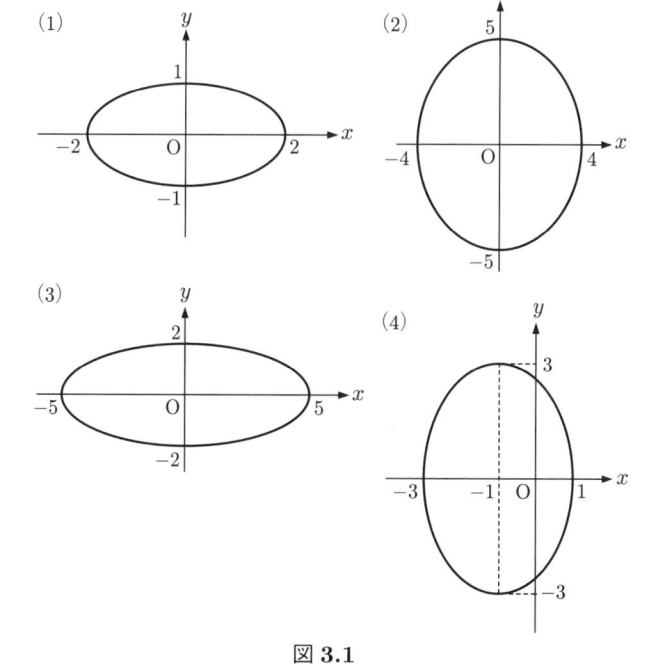

図 **3.1**

(3) $a=5$, $b=2$, $\sqrt{a^2-b^2}=\sqrt{21}$ なので，長軸の長さは $2a=10$ で短軸の長さは $2b=4$ で焦点は $\mathrm{F}(\sqrt{21},0)$, $\mathrm{F}'(-\sqrt{21},0)$ となる．図 3.1(3) 参照．

(4) $9x^2+4y^2+18x-27=0$ を平方完成する．$9(x+1)^2+2y^2=27+9=36$. $\dfrac{(x+1)^2}{4}+\dfrac{y^2}{9}=1$ なので，中心は $(-1,0)$ なる楕円である．すなわち，$\dfrac{x^2}{4}+\dfrac{y^2}{9}=1$ を x 軸方向に -1 移動した．長軸の長さは $2b=6$ で短軸の長さは $2a=4$. 焦点は $\mathrm{F}(-1,\sqrt{5})$, $\mathrm{F}'(-1,-\sqrt{5})$. 図 3.1(4) 参照．

確認問題 5-2

(1) $a=3, b=2$ なので，焦点 $\mathrm{F}(\sqrt{13},0)$, $\mathrm{F}'(-\sqrt{13},0)$ で漸近線は $y=\pm\dfrac{2}{3}x$. 図 3.2(1) 参照．

(2) $a=1, b=2$ から，焦点は $\mathrm{F}(0,\sqrt{5})$, $\mathrm{F}'(0,-\sqrt{5})$ となる．漸近線は $y=\pm 2x$. 図 3.2(2) 参照．

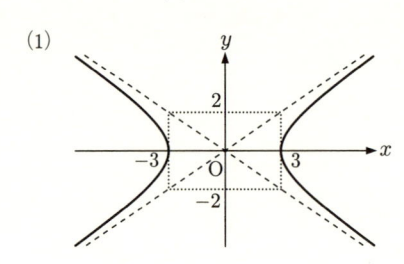

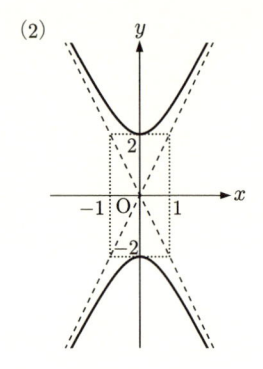

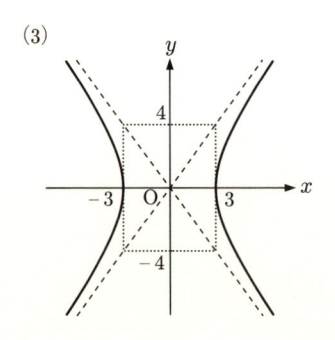

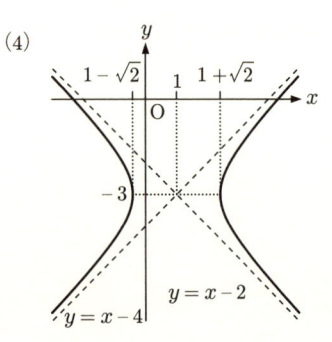

図 3.2

(3) $\dfrac{x^2}{9} - \dfrac{y^2}{16} = 1$ と基本形に変形できるので，$a=3, b=4$ となり焦点は F$(5,0)$, F$'(-5,0)$ で漸近線は $y = \pm\dfrac{4}{3}x$ となる．図 3.2(3) 参照．

(4) $x^2 - y^2 - 2x - 6y - 10 = 0$ を平方完成して，$(x-1)^2 - (y+3)^2 = 10+1-9 = 2$ なので，双曲線 $\dfrac{x^2}{2} - \dfrac{y^2}{2} = 1$ を x 方向に 1, y 方向に -3 移動している．焦点は F$(\sqrt{2}+1, -3)$, F$'(-\sqrt{2}+1, 0)$ で，漸近線は $y+3 = \pm(x-1)$ である．図 3.2(4) 参照．

確認問題 5-3 基本は $y^2 = 4px$ で，焦点 F$(p,0)$ と準線 $x = -p$ を用いる．

(1) $y^2 = 4x$ より $p=1$ なので，焦点 F$(1,0)$ で準線 $x=-1$ である．図 3.3(1) 参照．

(2) $y = x^2$ より $x^2 = 4 \times \left(\dfrac{1}{4}\right) y$ となる．$p = \dfrac{1}{4}$ なので，焦点は F$\left(0, \dfrac{1}{4}\right)$ で準線は $y = -\dfrac{1}{4}$ となる．図 3.3(2) 参照．

(3) $y = -\dfrac{1}{6}x^2$ より $x^2 = 6y = 4 \times \left(-\dfrac{3}{2}\right)y$ となる．$p = -\dfrac{3}{2}$ なので，焦

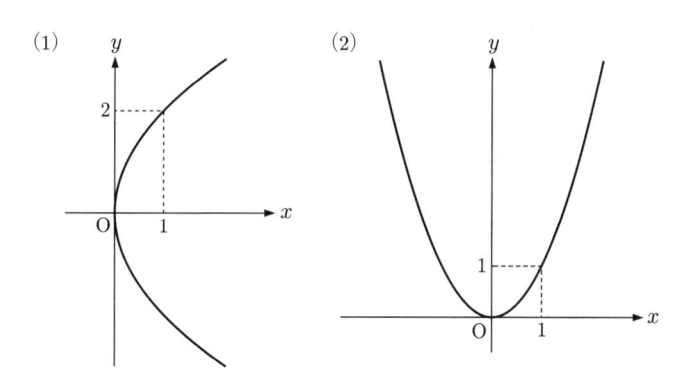

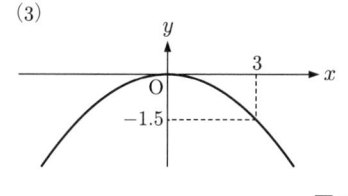

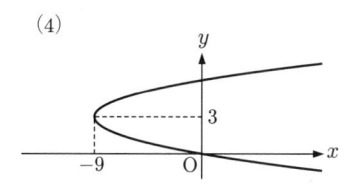

図 3.3

点は $\mathrm{F}\left(0, -\dfrac{3}{2}\right)$ で準線は $y = \dfrac{3}{2}$ となる．図 3.3(3) 参照．

(4) $y^2 - 6y = x$ から $(y-3)^2 = x + 9$ より，頂点の座標が $(-9, 3)$ となる．これは，$y^2 = 4 \times \left(\dfrac{1}{4}\right) x$ を x 軸方向に -9，y 軸方向に 3 移動したものである．焦点は $\mathrm{F}\left(\dfrac{1}{4} - 9, 0 + 3\right) = \left(-\dfrac{35}{4}, 3\right)$ で準線は $x = -\dfrac{1}{4} - 9 = -\dfrac{37}{4}$ となる．図 3.3(4) 参照．

確認問題 5-4

(1) $\mathrm{PF} + \mathrm{PF}' = \sqrt{(x-c)^2 + y^2} + \sqrt{(x+c)^2 + y^2} = 2a$ を変形する．$\sqrt{(x-c)^2 + y^2} = 2a - \sqrt{(x+c)^2 + y^2}$ として両辺平方する．

$$x^2 - 2cx + c^2 + y^2 = 4a^2 - 4a\sqrt{(x+c)^2 + y^2} + x^2 + 2cx + c^2 + y^2$$

$a\sqrt{(x+c)^2 + y^2} = a^2 + cx$．再び平方して $b = \sqrt{a^2 - c^2}$, $c = \sqrt{a^2 - b^2}$ とおく．

$b^2 x^2 + a^2 y^2 = a^2 b^2$ より次を得る．
$$\dfrac{x^2}{a^2} + \dfrac{y^2}{b^2} = 1.$$

(2) 2 点 $\mathrm{F}(c, 0)$, $\mathrm{F}'(-c, 0)$ と点 $\mathrm{P}(x, y)$ があって，$\mathrm{PF} - \mathrm{PF}' = \pm 2a (a < c)$ のとき，(1) と同じように計算する．
$\mathrm{PF} + \mathrm{PF}' = \sqrt{(x-c)^2 + y^2} - \sqrt{(x+c)^2 + y^2} = 2a$ を変形する．$\sqrt{(x-c)^2 + y^2} = 2a + \sqrt{(x+c)^2 + y^2}$ として両辺平方する．

$$x^2 - 2cx + c^2 + y^2 = 4a^2 + 4a\sqrt{(x+c)^2 + y^2} + x^2 + 2cx + c^2 + y^2.$$

$a\sqrt{(x+c)^2 + y^2} = a^2 - cx$．再び平方して $b = \sqrt{c^2 - a^2}$, $c = \sqrt{a^2 + b^2}$ とおく．

$b^2 x^2 - a^2 y^2 = a^2 b^2$ より
$$\dfrac{x^2}{a^2} - \dfrac{y^2}{b^2} = 1$$

を得る．

(3) 定直線 $x = -p$ と定点 $\mathrm{F}(-p, 0)$ から等距離にある点 $\mathrm{P}(x, y)$ の満たす方程式を求めたいので，条件を式にする．

$\sqrt{(x-p)^2+y^2} = p+x$. これを平方して，直ちに次を得る．
$$y^2 = 4px.$$

確認問題 6-1

(1) $a_n = a_1 + (n-1)d$

(2) $S_n = \dfrac{2a_1 + (n-1)d}{2}$

(3) $a_n = a_1 \times r^{n-1}$

(4) $S_n = \dfrac{a_1(r^n-1)}{r-1}\ (r \neq 1)$

確認問題 6-2

(1) 2, 5, $\boxed{8}$, $\boxed{11}$, 公差が $d=3$.

(2) $\boxed{-2}$, $\boxed{-6}$, 公差が $d=-4$.

(3) 3, -9, $\boxed{27}$, $\boxed{-81}$, $\cdots$. 公比が $r=-3$.

(4) 1, $\dfrac{1}{2}$, $\boxed{\dfrac{1}{4}}$, $\dfrac{1}{8}$, $\boxed{\dfrac{1}{16}}$, $\cdots$. 公比が $d=\dfrac{1}{2}$.

確認問題 6-3

(1) $1+2+3+4+\cdots+n = \displaystyle\sum_{k=1}^{n} k = \dfrac{n(n+1)}{2}$

[証明] 右辺の結果を証明しよう．一般に $(k+1)^2 - k^2 = 2\times k + 1$ が成立する．この式を $k=1$ から $k=n$ までずらりと縦に並べて，右辺通し左辺通し縦に加える．すると 左辺 $=(n+1)^2 - 1^2 = 2\times(1+2+3+\cdots+n) + 1\times n$ となる．したがって，
$$1+2+3+\cdots+n = \dfrac{n(n+1)}{2}.$$

[別解] $S = 1+2+3+\cdots+n$ を，左右反対にして加えると $2S = (1+n) + (2+n-1) + (3+n-2) + \cdots = (n+1)\times n$ となり，$S = \dfrac{n(n+1)}{2}$ となる．

(2) $1^2+2^2+3^2+4^2+\cdots+n^2 = \displaystyle\sum_{k=1}^{n} k^2 = \dfrac{n(n+1)(2n+1)}{6}$.

[証明] 右辺の結果を証明しよう．一般に $(k+1)^3 - k^3 = 3\times k^2 + 3\times k + 1$ が成立する．この式を $k=1$ から $k=n$ までずらりと縦に並べて，右辺通し左辺通し縦に加える．すると 左辺 $=(n+1)^3 - 1^3 = 3\times(1^2+2^2+3^3+\cdots+n) + 3\times(1+2+3+\cdots+n) + n$ となる．したがって，

$n^3 + 3n^2 + 3n = 3 \times (1^2 + 2^2 + 3^2 + \cdots + n^2) + 3\dfrac{n(n+1)}{2} + n$ となる．これより次を得る．

$$1^2 + 2^2 + 3^2 + \cdots + n^2 = \dfrac{2n^3 + 3n^2 + n}{6} = \dfrac{n(n+1)(2n+1)}{3!}.$$

(3)　$1^3 + 2^3 + 3^3 + 4^3 + \cdots + n^3 = \displaystyle\sum_{k=1}^{n} k^3 = \dfrac{n^2(n+1)^2}{4}.$

[証明] 右辺の結果を証明しよう．一般に $(k+1)^4 - k^4 = 4 \times k^3 + 6 \times k^2 + 4 \times k + 1$ が成立する．この式を $k=1$ から $k=n$ までずらりと縦に並べて，右辺通し左辺通し縦に加える．すると $(n+1)^4 - 1^4 = 4 \times (1^3 + 2^3 + 3^3 + \cdots + n^3) + 6 \times (1^2 + 2^2 + 3^2 + \cdots + n^2) + 4 \times (1+2+3+\cdots+n) + n$ となる．したがって，$n^4 + 2n^3 + n^2 = 4 \times (1^3 + 2^3 + 3^3 + \cdots + n^3) + 6\dfrac{n(n+1)(2n+1)}{6} + 4\dfrac{n(n+1)}{2} + n$ となる．これより次を得る．

$$1^3 + 2^3 + 3^3 + \cdots + n^3 = \dfrac{n^4 + 2n^3 + n^2}{4} = \dfrac{n^2(n+1)^2}{4}.$$

確認問題 7-1

(1)　$f'(x) = \dfrac{dy}{dx} = 2x^3$　　　(2)　$f'(x) = \dfrac{dy}{dx} = 6x + 2$

(3)　$f'(x) = \dfrac{dy}{dx} = 3x^2 + 8x - 3$　　(4)　$f'(x) = \dfrac{dy}{dx} = 0$

(5)　$f'(x) = \dfrac{dy}{dx} = (2x^2 + 7x - 4)' = 4x + 7$

(6)　$f'(x) = \dfrac{dy}{dx} = -3x^2 + 4x - 3$

確認問題 8-1

(1)　$y = x^3 - 3x,\ y' = 3x^2 - 3 = 3(x-1)(x+1).$ $y' = 0$ より $x = \pm 1$ で増減表を作る．$y' = 0$ の前後で y' の符号が変わるときには極値をとる．図3.4(1) 参照．

[増減表]

x	$\cdots$	-1	$\cdots$	1	$\cdots$
y'	$+$	0	$-$	0	$+$
y	↗	2(極大)	↘	-2(極小)	↘

(2) $y = -x^3 - x$, $y' = -3x^2 - 1 = -(3x^2 + 1) < 0$ なので，単調減少で極値なし．

この場合は，増減表は不要．図 3.4(2) 参照．

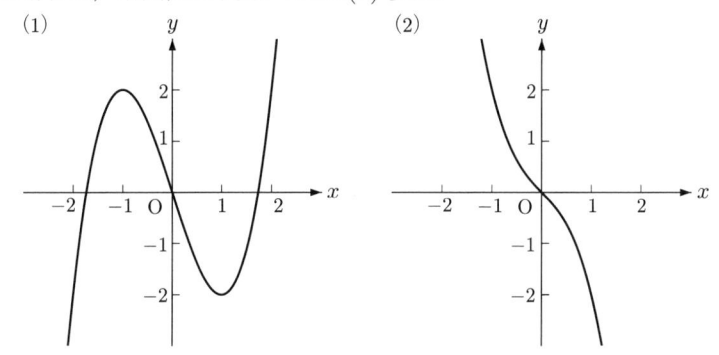

図 3.4

(3) $y = x^4 + 2x^3 + 1$, $y' = 4x^3 + 6x^2 = 4x^2\left(x + \dfrac{3}{2}\right) = 0$ より，$x = 0, -\dfrac{3}{2}$

[増減表]

x	$\cdots$	$-\dfrac{3}{2}$	$\cdots$	0	$\cdots$
y'	$-$	0	$+$	0	$+$
y	↘	$-\dfrac{11}{16}$(極小)	↗	1	↗

この場合は $x = -\dfrac{2}{3}$ で $y' = 0$ となり，減少から増加に移るので，極小値をとる．$x = 0$ では $y' = 0$ だが，増加から増加なので極値をとらない．極値とな

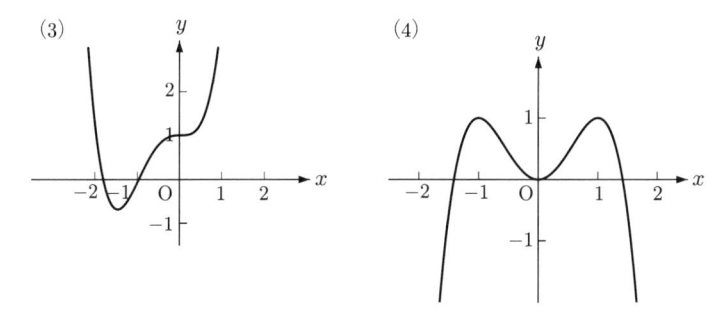

図 3.5

るには $y'=0$ の前後で y' の符号が変わらないといけない．図 3.5(3) 参照．

(4)　$y=-x^4+2x^2$, $y'=-4x^3+4x=-4x(x+1)(x-1)$ なので，$y'=0$ となる $x=0,\pm 1$ で増減表を分ける．このグラフからわかることは，4次関数は微分すると 3次式になるので，$y'=0$ の点は最大で 3個ある．その各点の前後で y' の符号が変わると極値をとる．符号が同じ場合は，その近くでは単調増加か単調減少である．図 3.5(4) 参照．

[増減表]

x	$\cdots$	-1	$\cdots$	0	$\cdots$	1	$\cdots$
y'	$+$	0	$-$	0	$+$	0	$-$
y	↗	1(極大)	↘	0(極小)	↗	1(極大)	↘

確認問題 9-1

(1)　$f(x)=x^3$, $f'(x)=3x^2$, $f''(x)=6x$. $f'(x)=0$ から，$x=0$. $f''(0)=0$ だが極値でない．
$x<0$ のときは $f''(x)<0$ なので上に凸となる．$x>0$ のときは $f''(x)>0$ なので下に凸となる．すなわち $x=0$ は変曲点．図 3.6(1) 参照．

(2)　$f(x)=x^4$, $f'(x)=4x^3$, $f''(x)=12x^2$. $f'(x)=0$ のとき，$f''(x)=0$ であるが，ここでは極小値をとる．
また常に $f''(x)>0$ なので，下に凸で変曲点はない．図 3.6(2) 参照．

(3)　$y=x^4-2x^3+2x-1$, $y'=4x^3-6x^2+2$, $y''=12x^2-12x=12x(x-1)$. これより，$x<0$ で $y''>0$ より下に凸，$0<x<1$ で $y''<0$ より上に凸，

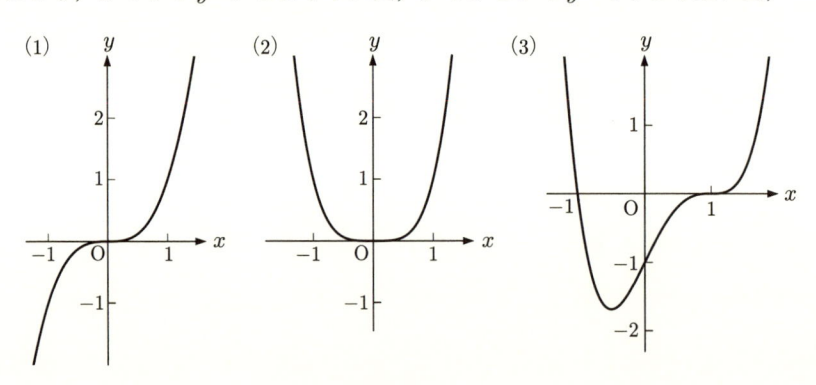

図 3.6

$1 < x$ で $y'' > 0$ より下に凸，すなわち $x = 0, x = 1$ は変曲点となる．
極値については，$y' = 2(x-1)^2(2x+1) = 0$ より $x = \dfrac{-1}{2}$ を代入すると
$f''\left(\dfrac{-1}{2}\right) > 0$ より，下に凸で極小値となり，$x = 1$ を代入すると $f''(1) = 0$
となり極値の判定ができない．実際には極値はない．図 3.6(3) 参照．

(4) $y = -x^2 + 3x$, $y' = -2x + 3$, $y'' = -2$. $y'' < 0$ なので，このグラフは常に上に凸．
したがって，$y' = 0$ のところで極大値 $f\left(\dfrac{3}{2}\right) = \dfrac{-9}{4} + \dfrac{9}{2} = \dfrac{9}{4}$ をとる．図 3.7(4) 参照．

(5) $y = x^3 - 6x^2 + 9x$, $y' = 3x^2 - 12x + 9 = 3(x^2 - 4x + 3) = 3(x-1)(x-3)$, $y'' = 6x - 12 = 6(x-2)$.
ここで極値をみよう．$y' = 0$ のとき，$x = 1$ で $f''(1) = -6$ なので上に凸となり，極大値 $f(1) = 4$ が増減表なしで得られる．
次に $y' = 0$ のときの解 $x = 3$ のとき，$f''(3) = 6 > 0$ なので下に凸となり，増減表を作らなくても極小値 $f(3) = 0$ が結論される．
変曲点については $y'' = 0$ なる $x = 2$ をみると，凹凸が変わっているので変曲点は $(2, 2)$ と判断できる．図 3.7(5) 参照．

(6) $y = x + \sin 2x$, $y' = 1 + 2\cos 2x$, $y'' = 2(-2\sin 2x) = -4\sin 2x$.
ここで，$y'' = 0$ とすれば $\sin 2x = 0$, $x = \dfrac{\pi}{2}$ $(0 < x < \pi)$.
そこで，増減表に似せて凹凸表を作ってみよう．

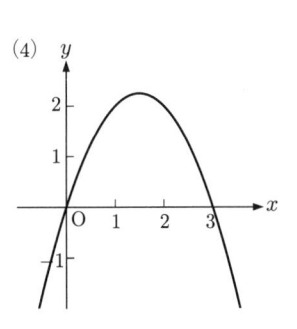

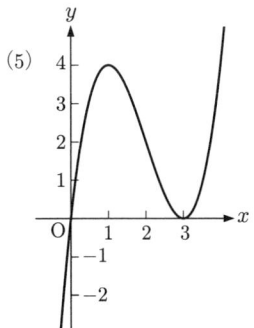

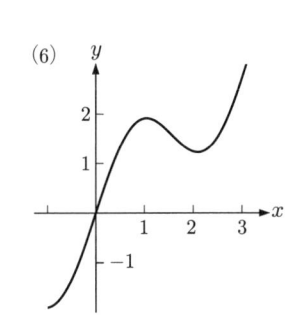

図 **3.7**

[凹凸表]

x	0	$\cdots$	$\dfrac{\pi}{2}$	$\cdots$	π
y''		$-$	0	$+$	
y		上に凸	変曲点	下に凸	

この表より変曲点 $\left(\dfrac{\pi}{2}, \dfrac{\pi}{2}\right)$ がわかる．
そこで，極値を求めてみよう．

$y' = 1 + 2\cos 2x = 0$ より，$\cos 2x = -\dfrac{1}{2}$ $(0 < 2x < 2\pi)$ となり，$2x = \dfrac{2\pi}{3}, \dfrac{4\pi}{3}$ となる．

$x = \dfrac{\pi}{3}$ のとき，$f''\left(\dfrac{\pi}{3}\right) = -2\sqrt{3} < 0$ (上に凸) より極大値 $f\left(\dfrac{\pi}{3}\right) = \dfrac{\pi}{3} + \dfrac{\sqrt{3}}{2}$．

$x = \dfrac{2\pi}{3}$ のとき，$f''\left(\dfrac{2\pi}{3}\right) = 2\sqrt{3} > 0$ (下に凸) より極小値 $f\left(\dfrac{2\pi}{3}\right) = \dfrac{2\pi}{3} - \dfrac{1}{2}$ を得る．図 3.7(6) 参照．

確認問題 10-1

(1) $y^2 - y - y' = 0$, $\dfrac{dy}{dx} = y(y-1)$, $\dfrac{dy}{y(y-1)} = dx$, $\left(\dfrac{1}{y-1} - \dfrac{1}{y}\right) dy = dx$. これを積分して $\log|y-1| - \log|y| = x + C_1$, $\left|\dfrac{y-1}{y}\right| = e^{x+C_1}$, $\dfrac{y-1}{y} = \pm e^x \times e^{C_1}$. これより $y = \dfrac{1}{1 - Ce^x}$.

(2) $3xy' = (3-x)y$, $\dfrac{dy}{y} = \dfrac{3-x}{3x} dx = \left(\dfrac{1}{x} - \dfrac{1}{3}\right) dx$. これを積分して
$$\log y = \log|x| - \dfrac{1}{3}x + C_1 = \log(|x|e^{-\frac{x}{3}+C_1})$$
$y = |x| \times e^{-\frac{x}{3}+C_1}$. $y = C \cdot x \cdot e^{-\frac{x}{3}}$, $(C = \pm e^{C_1})$.

(3) $xy' = 2y$, $y' = \dfrac{dy}{dx} = \dfrac{2y}{x}$, $\dfrac{dy}{y} = \dfrac{2}{x} dx$. 両辺を積分する．
$\log|y| = \log x^2 + C_1 = \log e^{C_1} x^2$. $y = C \cdot x^2$ $(C = \pm e^{C_1})$.

確認問題 11-1

(1) $\dfrac{1}{1-x} = 2 \approx 1 + \dfrac{1}{2} + \dfrac{1}{4} + \dfrac{1}{8} + \dfrac{1}{16} = 1.9375.$

(2) $\sin x = 0.5 \approx \dfrac{3.14}{6} - \dfrac{\left(\frac{3.14}{6}\right)^3}{3!} + \dfrac{\left(\frac{3.14}{6}\right)^5}{5!} - \dfrac{(3.14)^7}{7!} + \dfrac{(3.14)^9}{9!}$
$= 0.499770102.$

(3) $\cos x = 0.5 \approx 1 - \dfrac{\left(\frac{3.14}{3}\right)^2}{2!} + \dfrac{\left(\frac{3.14}{3}\right)^4}{4!} - \dfrac{\left(\frac{3.14}{3}\right)^6}{6!} + \dfrac{\left(\frac{3.14}{3}\right)^8}{8!}$
$= 0.50046012$

(4) $e = 2.718281 \approx 1 + 1 + \dfrac{1}{2!} + \dfrac{1}{3!} + \dfrac{1}{4!} = 2.70833333.$

確認問題 12-1

(1) 正方形の紙を対角線で折って，直角二等辺三角形を作る．それを目の位置において，木の頂が斜線上に見えるまで下がる．残りは，その位置に自分の目の高さ分を横に追加すればよい．紙のたてが鉛直になるように端に石を結んだ紐を使ってもよい．問題の図 0.10 参照.

(2) 長方形の左の辺 AD 上に，松の木がくるように手前の川原に長方形の板を置く．そこから横に直角に 10 m 移動する．再び B から松の木 P を臨み直線 BQ を引く．あとは板の上で比例 AP : 10 = a : b で求める．細かいことは省略する．問題の図 0.11 と次の図参照.

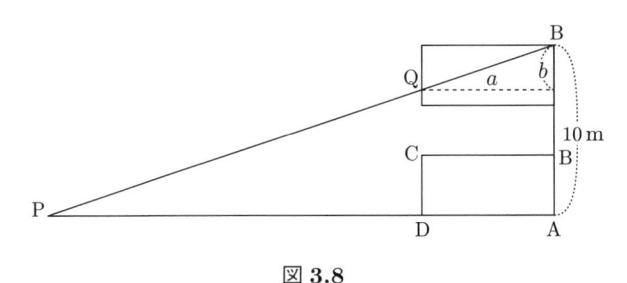

図 3.8

(3) $10\,\ell, 3\,\ell, 7\,\ell$ の容器の中身の量を (x,y,z) で表すと，はじめの状態は $(10,0,0)$ である．解法は何通りかあるが，引用した和算書には $(10,0,0) \Rightarrow (7,0,3) \Rightarrow (4,0,6) \Rightarrow (1,2,7) \Rightarrow (8,2,0) \Rightarrow (8,0,2) \Rightarrow (5,3,2) \Rightarrow (5,0,5)$ とある．この方法は 1 通りではない．問題の図 0.12 参照.

3.2 微分の章末問題解答

1.16 節の答

微分章末問題 1 の解答

1. (1) 与式 $= \lim_{n\to\infty} \dfrac{\sqrt{n}}{\sqrt{n+1}+\sqrt{n}} = \lim_{n\to\infty} \dfrac{1}{\sqrt{1+\frac{1}{n}}+1} = \dfrac{1}{2}$

   (2) $0 < \dfrac{3^n}{n!} \leqq \dfrac{3^6}{6!}\left(\dfrac{3}{6}\right)^{n-6} \leqq \dfrac{3^6}{6!}\left(\dfrac{1}{2}\right)^{n-6} \to 0$

   (3) $\lim_{x\to 0} \dfrac{4x}{\sin 4x} \times \dfrac{\sin 5x}{5x} \times \dfrac{5}{4} = \dfrac{5}{4}$

   (4) $0 < \dfrac{\log(1+x)}{x^2} \leqq \dfrac{x}{x^2} = \dfrac{1}{x} \to 0$

2. (1) $\lim_{h\to 0}\dfrac{(x+h)^3 - x^3}{h} = \lim_{h\to 0}(3x^2 + 3xh + h^2) = 3x^2$

   (2) $\lim_{h\to 0} \dfrac{\frac{1}{(x+h)^2} - \frac{1}{x^2}}{h} = \lim_{h\to 0} \dfrac{-2x-h}{(x+h)^2 x^2} = -\dfrac{2}{x^3}$

3. (1) $y' = 9x^2 - 10x + 7$

   (2) $y' = 3(x^2+1) + (3x-5)\cdot 2x = 9x^2 - 10x + 3$

   (3) $y' = \left(1 - \dfrac{1}{x^2}\right)e^{x+\frac{1}{x}}$

   (4) $y' = \dfrac{1}{\sqrt{x^2+1}^3}$

   (5) $y = X^3$, $X = \sin Z$, $Z = \cos 2x$ とおく。
   $y' = 3X^2 \times X' = 3\sin^2(\cos 2x)\cos Z \times (-\sin 2x)\times 2$
   $= -6\sin^2(\cos 2x)\cos(\cos 2x)\sin 2x$

   (6) $y' = 2x\tan^{-1}x + x^2 \times \dfrac{1}{1+x^2} = \dfrac{2x(1+x^2)\tan^{-1}x + x^2}{1+x^2}$

4. (1) $z = 3x^3 - 5xy^2 + 2y^3 - 7$, $z_x = 9x^2 - 5y^2$, $z_{xx} = 18x$,
   $z_y = -10xy + 6y^2$, $z_{xy} = -10y$, $z_{yy} = -10x + 12y$.

   (2) $z = \log \dfrac{x+y}{x}$, $z_x = \dfrac{1}{x+y} - \dfrac{1}{x} = \dfrac{-y}{x(x+y)}$, $z_y = \dfrac{1}{x+y}$,
   $z_{xx} = -(x+y)^{-2} + x^{-2} = \dfrac{1}{x^2} - \dfrac{1}{(x+y)^2} = \dfrac{2xy + y^2}{x^2(x+y)^2}$,
   $z_{xy} = -\dfrac{1}{(x+y)^2}$, $z_{yy} = -\dfrac{1}{(x+y)^2}$

5. (1) $y' = \sin x + x \cos x$, $y'' = 2\cos x - x \sin x$
   (2) $y' = \dfrac{2x}{x^2+1}$, $y'' = \dfrac{2(1-x^2)}{(x^2+1)^2}$

6. (1) $f(x) = \tan^{-1} x - x + \dfrac{x^3}{3}$ とおけば
   (i) $f(x)$ は $x \geqq 0$ で連続 (ii) $f(0) = 0$
   (iii) $f'(x) = \dfrac{x^4}{1+x^2} > 0\ (x > 0)$ より単調増加となる.
   (i), (ii), (iii) より $x - \dfrac{x^3}{3} < \tan^{-1} x\ (x > 0)$.
   (2) $f(x) = e^{-x} - 1 + x$ とおけば
   (i) $f(x)$ は $x > 0$ で連続 (ii) $f(0) = 0$
   (iii) $f'(x) = 1 - e^{-x} > 0\ (x > 0)$ より単調増加となる.
   (i),(ii),(iii) より $e^{-x} > 1 - x\ (x > 0)$.

7. (1) $y' = \dfrac{1 - 2\log x}{x^3}$ なので, $f'(\sqrt{e}) = 0$ を使って増減表を作る.

x	0	$\cdots$	$\sqrt{e}$	$\cdots$	∞
y'			$+$	0	$-$
y	$-\infty$	$\nearrow$	$\dfrac{1}{2e}$	$\searrow$	0

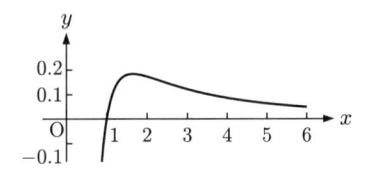

図 3.9

$$\lim_{x \to \infty} \dfrac{\log x}{x^2} = \lim_{x \to \infty} \dfrac{1}{2x^2} = 0.$$

(2) $f\left(\dfrac{1}{e}\right) = -e^2$, $f'\left(\dfrac{1}{e}\right) = 3e^3$ なので, 接線の方程式は $y = 3e^3 x - 4e^2$ である.

微分章末問題 2 の解答

1. (1) $y' = 15x^4 - 12x^2 - \dfrac{4}{x^3}$

(2) $y' = \{x(x^2+1)^{-\frac{1}{2}}\}' = (x^2+1)^{-\frac{1}{2}} - \frac{1}{2}x(x^2+1)^{-\frac{3}{2}}(2x)$
$= (x^2+1)^{-\frac{3}{2}}(x^2+1-x^2) = (x^2+1)^{-\frac{3}{2}}$

(3) $y' = 2xe^{-3x} - 3x^2 e^{-3x} = x(2-3x)e^{-3x}$

(4) $y' = \dfrac{4x}{2x^2+1}$

(5) $\cos y = 3x - 1$ より $(-\sin y)y' = 3.$
$y' = -\dfrac{3}{\sin y} = -\dfrac{3}{\sqrt{1-\cos^2 y}}$
$= -\dfrac{3}{\sqrt{1-(3x-1)^2}} = -\dfrac{3}{\sqrt{6x-9x^2}}$

2. (1) $y' = e^x(\sin x - \cos 2x + \cos x + 2\sin 2x)$
$= e^x(\sin x + \cos x + 2\sin 2x - \cos 2x)$
$y'' = e^x(\sin x + \cos x + 2\sin 2x - \cos 2x)$
$\quad + e^x(\cos x - \sin x + 4\cos 2x + 2\sin 2x)$
$= e^x(2\cos x + 3\cos 2x + 4\sin 2x)$

(2) $y' = \dfrac{1}{2\sqrt{\log(2x+1)}}\dfrac{2}{2x+1} = \dfrac{1}{(2x+1)\sqrt{\log(2x+1)}}$
$y'' = \dfrac{-2}{(2x+1)^2\sqrt{\log(2x+1)}}$
$\quad + \dfrac{1}{2x+1}\left(-\dfrac{1}{2}\right)\{\log(2x+1)\}^{-\frac{3}{2}} \times \dfrac{2}{2x+1}$
$= \dfrac{-2\log(2x+1) - 1}{(2x+1)^2\{\log(2x+1)\}^{\frac{3}{2}}}$

3. (1) $y' = -x^{-2} + x^{-1} = \dfrac{x-1}{x^2},$
$\lim_{x\to\infty} y = \lim_{x\to\infty} \dfrac{1+x\log x}{x} = \lim_{x\to\infty}\left(\dfrac{1}{x} + \log x\right) = +\infty$

[増減表]

x	0	$\cdots$	1	$\cdots$
y'		$-$	0	$+$
y	∞	$\searrow$	1	$\nearrow$

増減表より, $x = 1$ のとき極小値 1 をとる. 極大値はなし.
図 3.10 参照.

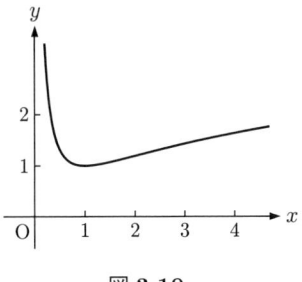

図 3.10

(2) $\displaystyle\lim_{x\to 0}\frac{x-1}{\log x}=0$, $\displaystyle\lim_{x\to 1}\frac{x-1}{\log x}=\lim_{x\to 1}\frac{1}{\frac{1}{x}}=1$,

$\displaystyle\lim_{x\to\infty}\frac{x-1}{\log x}=\lim_{x\to\infty}\frac{1}{\frac{1}{x}}=\lim_{x\to\infty}x=+\infty$

$y'=\dfrac{\log x-\dfrac{x-1}{x}}{(\log x)^2}=\dfrac{\log x+\dfrac{1}{x}-1}{(\log x)^2}.$

(1) より $y'\geqq 0$ なので,$y=f(x)$ は単調増加.

なお,$\displaystyle\lim_{x\to\infty}y'=\lim_{x\to\infty}\frac{\frac{1}{x}-\frac{1}{x^2}}{2(\log x)\frac{1}{x}}=\lim_{x\to\infty}\frac{1-\frac{1}{x}}{2\log x}=0$ となる.

以上より図 3.11 を得る.

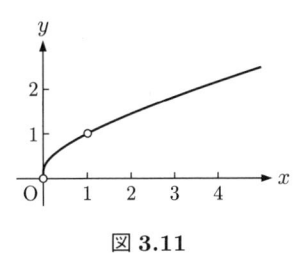

図 3.11

4. (1) $z_x=6x^2-3y^2,\quad z_y=-6xy+20y^4$

(2) $\sin z=\dfrac{x}{y}$,$z_x\cos z=\dfrac{1}{y}$,$z_x=\dfrac{1}{y\cos z}=\dfrac{1}{\sqrt{y^2-x^2}}$,

$z_y\cos z=-\dfrac{x}{y^2}$,$z_y=-\dfrac{x}{y^2\cos z}=-\dfrac{x}{y\sqrt{y^2-x^2}}.$

5. $\displaystyle\lim_{x\to 0}\log((\cos x)^{\frac{1}{x^2}})=\lim_{x\to 0}\frac{\log(\cos x)}{x^2}[\text{ロピタル}]=\lim_{x\to 0}\frac{-\sin x}{2x\cos x}=-\frac{1}{2}.$

したがって，$\lim_{x \to 0}(\cos x)^{\frac{1}{x^2}} = e^{-\frac{1}{2}} = \dfrac{1}{\sqrt{e}}$.

6. $f(x) = \dfrac{x^m - 1}{m} - \dfrac{x^n - 1}{n} \ (x \geqq 0)$ とおく．
$$f'(x) = x^{m-1} - x^{n-1} = x^{n-1}(x^{m-n} - 1)$$

$f'(x) = 0$ のとき，$x = 0, 1$ なのでこれをもとに増減表を作る．

[増減表]

x	0	$\cdots$	1	$\cdots$
y'		$-$	0	$+$
$f(x)$	$\dfrac{1}{n} - \dfrac{1}{m}$	$\searrow$	0	$\nearrow$

増減表より，$x \geqq 0$ のとき $f(x) \geqq 0$．等号は $x = 1$ のときのみ．

これより，$x \geqq 0$ のとき，$\dfrac{x^m - 1}{m} \geqq \dfrac{x^n - 1}{n}$ が成立する．等号は $x = 1$ のときのみ成立する．

微分章末問題 3 の解答

1. (1) $y' = 4x^3 + 2x, \quad y'' = 12x^2 + 2$.
   (2) $y' = \dfrac{1}{x+8}, \quad y'' = \dfrac{-1}{(x+8)^2}$.
   (3) $y' = 4\cos 4x, \quad y'' = -16\sin 4x$.
   (4) $y' = 2xe^{x^2}, \quad y'' = (2 + 4x^2)e^{x^2}$.
   (5) $y' = \tan^{-1} x + \dfrac{x}{1+x^2}$,
   $$y'' = \dfrac{1}{1+x^2} + \dfrac{1+x^2-2x^2}{(1+x^2)^2} = \dfrac{2}{(1+x^2)^2}.$$
   (6) $y' = \dfrac{4}{(e^x + e^{-x})^2}, \quad y'' = \dfrac{-8(e^x - e^{-x})}{(e^x + e^{-x})^3}$.

2. (1) $z_x = 2x + 3y, \quad z_y = 3x + 10y$.
   (2) $z_x = \dfrac{1}{2\sqrt{x+2y}}, \quad z_y = \dfrac{1}{\sqrt{x+2y}}$.

3. $y' = \dfrac{-2\sin x + 1}{(2 + \cos x - \sin x)^2}$ より，$y' = 0$ のときは，$x = \dfrac{\pi}{6}$ となる．これより，増減表を作ると次のようになる．

[増減表]

x	0	$\cdots$	$\dfrac{\pi}{6}$	$\cdots$	$\dfrac{\pi}{2}$
y'		+	0	−	
y	$\dfrac{1}{3}$	↗	$\dfrac{\sqrt{3}-1}{2}$	↘	0

表より，$x = \dfrac{\pi}{6}$ のときに，最大値 $\dfrac{\sqrt{3}-1}{2}$ をとり，$x = \dfrac{\pi}{2}$ のときに，最小値 0 をとる．参考にグラフを示しておく．

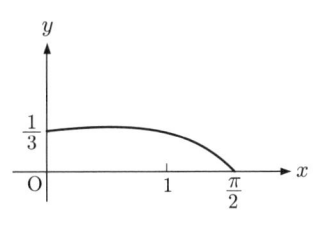

図 3.12

4. $y = f(x) = x - \log(x+1)$ とおく．
$y' = 1 - \dfrac{1}{1+x} = \dfrac{x}{1+x}$ なので，$y' = 0$ のとき $x = 0$ である．これより増減表を作ってみる．

[増減表]

x	0	$\cdots$
y'	0	+
y	0	↗

増減表より，$y = x - \log(x+1) \geqq 0$ が示された．

5. $y' = \dfrac{x(2-x)e^x}{e^{2x}}$ より増減表を作る．

[増減表]

x	$\cdots$	0	$\cdots$	2	$\cdots$
y'	−	0	+	0	−
y	↘	0	↗	$\dfrac{4}{e^2}$	↘

ここで，グラフの両端を調べる．
$$\lim_{x \to -\infty} \dfrac{x^2}{e^x} = \lim_{t \to \infty} t^2 e^t = \infty.$$

$$\lim_{x\to\infty}\frac{x^2}{e^x}(\text{不定形}) = \lim_{x\to\infty}\frac{2x}{e^x}(\text{不定形}) = \lim_{x\to\infty}\frac{2}{e^x} = 0.$$

図 3.13 参照.

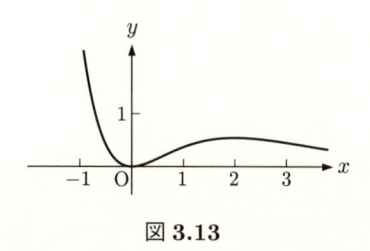

図 **3.13**

微分章末問題 4 の解答

1. (1) $y' = 7x^6 + 4x, \quad y'' = 42x^5 + 4.$

    (2) $y' = \dfrac{7}{7x+15}, \quad y'' = -7(7x+15)^{-2}(7x+15)' = \dfrac{-49}{(7x+15)^2}.$

    (3) $y' = 4x^3 \cos(x^4),$
    $y'' = 12x^2 \cos(x^4) - 4x^3 \sin(x^4) \cdot 4x^3 = 4x^2(3\cos x^4 - 4x^2 \sin x^4).$

    (4) $y' = e^{x^{-1}}(x^{-1})' = -\dfrac{e^{\frac{1}{x}}}{x^2},$
    $y'' = 2x^{-3}e^{\frac{1}{x}} - x^{-2}e^{\frac{1}{x}}(-x^{-2}) = e^{\frac{1}{x}}\dfrac{2x+1}{x^4}.$

    (5) $y' = -\sin 2x (\cos 2x)^{-\frac{1}{2}},$
    $y'' = -2\cos 2x(\cos 2x)^{-\frac{1}{2}} - \sin 2x \cdot \left(-\dfrac{1}{2}\right)(\cos 2x)^{-\frac{3}{2}}(-2\sin 2x)$
    $= -(\cos 2x)^{-\frac{3}{2}}\{2(\cos 2x)^2 + (\sin 2x)^2\}.$

    (6) $y' = \dfrac{dy}{dx} = \dfrac{dy}{dX}\cdot\dfrac{dX}{dx} \quad (y = \tan^{-1} X,\ X = \tan^{-1} x)$
    $= \dfrac{1}{1+X^2}\cdot\dfrac{1}{1+x^2} = \dfrac{1}{\{1+(\tan^{-1} x)^2\}(1+x^2)},$
    $y'' = -\{(1+(\tan^{-1} x)^2)(1+x^2)\}^{-2}[\{1+(\tan^{-1} x)^2\}(1+x^2)]'$
    $= -\dfrac{2(\tan^{-1} x)(1+x^2)\cdot\frac{1}{1+x^2} + 2x\{1+(\tan^{-1} x)^2\}}{\{1+(\tan^{-1} x)^2\}^2(1+x^2)^2}$
    $= -\dfrac{2\tan^{-1} x + 2x\{1+(\tan^{-1} x)^2\}}{\{1+(\tan^{-1} x)^2\}^2(1+x^2)^2}$

2. (1) $z_x = 2x - y, \quad z_y = -x + 4y.$

(2) $z_x = \dfrac{(x^2-y^2)-2x^2}{(x^2-y^2)^2} = -\dfrac{x^2+y^2}{(x^2-y^2)^2}$, $z_y = \dfrac{2xy}{(x^2-y^2)^2}$.

3. $y = f(x) = \cos x + \log \sin x$ とおく.

$y' = -\sin x + \dfrac{\cos x}{\sin x} = \dfrac{\cos x - \sin^2 x}{\sin x} = \dfrac{\cos^2 x + \cos x - 1}{\sin x}$ より,

$y' = 0$ のときは, $\cos x = \dfrac{-1 \pm \sqrt{5}}{2}$ となる. $\cos x = \dfrac{-1 - \sqrt{5}}{2}$ は不適.

$\cos x = \dfrac{-1+\sqrt{5}}{2}$ なので $\sin x = \sqrt{1 - \left(\dfrac{\sqrt{5}-1}{2}\right)^2} = \dfrac{\sqrt{2\sqrt{5}-2}}{2}$ と

なる. $0 < x < \pi$ なので, $\cos\theta = \dfrac{\sqrt{5}-1}{2}$ なる θ は一意に決まる. これより, 増減表を作ると次のようになる.

[増減表]

x	0		θ		π
y'		$+$	0	$-$	
y	$-\infty$	↗	$f(\theta)$	↘	$-\infty$

表より, $x = \theta$ のときに, 最大値 $f(\theta)$ をとる.

最大値 $f(\theta) = \dfrac{\sqrt{5}-1}{2} + \log\sqrt{\dfrac{2\sqrt{5}-2}{4}} = \dfrac{\sqrt{5}-1}{2} + \dfrac{1}{2}\log\dfrac{\sqrt{5}-1}{2}$.

参考にグラフ (図 3.14) を示しておく.

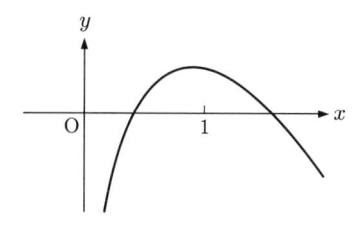

図 3.14

4. $y = f(x) = 右辺 - 左辺 = xe^x - e^x + 1$ とおく.

$y' = e^x + xe^x - e^x = xe^x$ なので, $y' = 0$ のとき $x = 0$ である. これより増減表を作ってみる.

[増減表]

x	$\cdots$	0	$\cdots$
y'	$-$	0	$+$
y	$\searrow$	0	$\nearrow$

この表より，$xe^x - e^x + 1 \geqq 0$ で等号は $x = 0$ のときに成立する．
参考にグラフ (図 3.15) を示しておく．

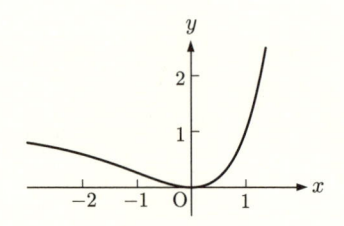

図 **3.15**

5. 前題の結果を用いる．$y' = \dfrac{e^x - 1 - xe^x}{(e^x - 1)^2} \leqq \dfrac{e^x - e^x}{(e^x - 1)^2} = 0$ より，グラフは単調減少．

グラフの両端は $\displaystyle\lim_{x \to -\infty} \dfrac{x}{e^x - 1} = \dfrac{-\infty}{0 - 1} = +\infty$.

$$\lim_{x \to \infty} \dfrac{x}{e^x - 1} (\text{不定形}) = \lim_{x \to \infty} \dfrac{1}{e^x} = 0.$$

$$\lim_{x \to 0} \dfrac{x}{e^x - 1} (\text{不定形}) = \lim_{x \to 0} \dfrac{1}{e^x} = 1.$$

以上より，グラフの概形 (図 3.16) を得る．

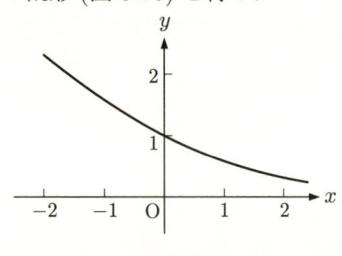

図 **3.16**

微分章末問題 5 の解答

1. (1) $y' = 4x^3 + 4x$, $y'' = 12x^2 + 4$.

(2) $y' = e^{-2x} + xe^{-2x} \cdot (-2) = (1 - 2x)e^{-2x}$,

$$y'' = -2e^{-2x} + (1-2x)e^{-2x}(-2) = (-4+4x)e^{-2x}.$$

(3) $y' = \dfrac{2}{2x+1}[=2(2x+1)^{-1}]$, $y'' = -4(2x+1)^{-2} = \dfrac{4}{(2x+1)^2}$.

(4) $y' = \dfrac{e^{-\sqrt{x}} \cdot (-\frac{1}{2})x^{-\frac{1}{2}}x - e^{-\sqrt{x}}}{x^2} = -\dfrac{(\sqrt{x}+2)e^{-\sqrt{x}}}{2x^2}$,

$y'' = -\dfrac{\frac{1}{2}x^{\frac{1}{2}}e^{-\sqrt{x}} - 2xe^{-\sqrt{x}}}{2x^4} = -\dfrac{\left(\frac{1}{2\sqrt{x}} - 2x\right)e^{-\sqrt{x}}}{2x^4}$

$= -\dfrac{(1-4x\sqrt{x})e^{-\sqrt{x}}}{4x^4\sqrt{x}}.$

(5) $y' = \dfrac{3}{(\cos 3x)^2}$, $y'' = \dfrac{18\sin 3x}{(\cos 3x)^3}$.

2. (1) $y' = -2e^x \sin x$,

$y'' = -2e^x \sin x - 2e^x \cos x = -2e^x(\sin x + \cos x)$

(2) $y' = \dfrac{-\frac{1}{x^2}}{1+\frac{1}{x^2}} = -\dfrac{1}{1+x^2}$, $y'' = \dfrac{2x}{(1+x^2)^2}$.

(3) $y' = \dfrac{x}{1+x^2}$, $y'' = \dfrac{(1+x^2) - x(2x)}{(1+x^2)^2} = \dfrac{1-x^2}{(1+x^2)^2}$.

3. (1) $z_x = -6x + y$, $z_y = x + 2y$.

(2) $z_x = \dfrac{ye^{xy}(e^x+1) - e^{xy}e^x}{(e^x+1)^2} = \dfrac{e^{xy}(ye^x + y - e^x)}{(e^x+1)^2}$, $z_y = \dfrac{xe^{xy}}{e^x+1}$.

4. $y = f(x) = 3x^4 - 8x^3 + 6x^2 + 1 \ (-\infty < x < \infty)$ を微分する.

$$y' = 12x^3 - 24x^2 + 12x = 12x(x-1)^2.$$

$y' = 0$ のとき, $x = 0, 1$. これを基準として, 増減表を作ってみよう.

[増減表]

x	$\cdots$	0	$\cdots$	1	$\cdots$
y'	$-$	0	$+$	0	$+$
y	↘	1(極小)	↗	2	↗

表より, $x = 0$ のときに, 最小値 $f(0) = 6$ をとる. 最大値はなし.

ここで, 少し追加説明しよう.

$y'' = 36x^2 - 48x + 12 = 12(3x-1)(x-1)$ なので, $x = \dfrac{1}{3}$ で変曲点となる. それを説明しよう.

すなわち, $x < \dfrac{1}{3}$ で $y'' < 0$ となりグラフは下に凸となる. $\dfrac{1}{3} < x < 1$

のときは $y'' > 0$ となり上に凸となる．したがって，点 $\left(\dfrac{1}{3}, \dfrac{173}{27}\right)$ はグラフの凹凸が変わる点となる．このような点を変曲点という．

さらに，$\dfrac{1}{3} < x < 1$ のときは $y'' < 0$ なので下に凸であり，$1 < x$ のときは，$y'' > 0$ なので下に凸となり点 $(1, 2)$ も，このグラフの変曲点となる．

参考にグラフ（図 3.17）を示しておく．見易くするために x 軸の幅と y 軸の幅を変えている．

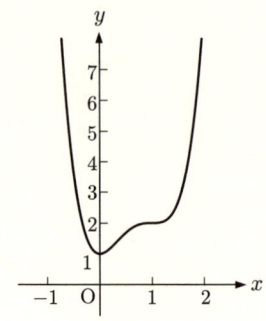

図 3.17

5. $y = f(x) = 左辺 - 右辺 = \dfrac{a}{x+1} + \left(\dfrac{x}{x+1}\right)^a - 1, \ (x \geqq 0, \ a > 1)$ とおく．

$$y' = -\dfrac{a}{(x+1)^2} + a\left(\dfrac{x}{x+1}\right)^{a-1} \cdot \left\{\dfrac{(x+1) - x}{(x+1)^2}\right\}$$

$$= \left\{\dfrac{a}{(x+1)^2}\right\} \cdot \left\{\left(\dfrac{x}{x+1}\right)^{a-1} - 1\right\}.$$

ここで，$\dfrac{x}{1+x} = 1 - \dfrac{1}{1+x} < 1$ なので，常に $y' < 0$ となり，関数は単調減少である．これより増減表を作ってみる．

グラフの右端は $\displaystyle\lim_{x \to \infty} \left\{\dfrac{a}{x+1} - 1 + \left(1 - \dfrac{1}{1+x}\right)^a\right\} = 0$ となる．

[増減表]

x	0	$\cdots$	∞
y'	$-a$	$-$	
y	$a - 1 > 0$	↘	0

この表より，$f(x) > 0$ が示された．したがって，左辺 $>$ 右辺 が示された．

6. $y = f(x) = \dfrac{\sin x}{x}$ とおく. $y' = \dfrac{x\cos x - \sin x}{x^2}$.

ここで, y' の符号を調べるため分子のみをみるが, $x = \dfrac{\pi}{2}$ のとき $y' < 0$ を注意しておく.

$x \neq \dfrac{\pi}{2}$ のとき $g(x) = \cos x(x - \tan x)$ について, $y = \tan x$ のグラフを思い浮かべると, $0 < x < \dfrac{\pi}{2}$ のとき, $x < \tan x$ なので $g(x) = + \cdot - = -$ であり $\dfrac{\pi}{2} < x < \pi$ のときは $g(x) = - \cdot + = -$ となり, いずれにしても常に $f'(x) < 0$ となり関数は単調減少となる.

変数の両端を調べてみよう.

$$\lim_{x \to 0} f(x)(不定形) = \lim_{x \to 0} \dfrac{\cos x}{1} = 1,$$
$$\lim_{x \to 0} f'(x)(不定形) = \lim_{x \to 0} \dfrac{-\sin x}{2} = 0,$$
$$\lim_{x \to \pi} f(x) = 0,$$
$$\lim_{x \to \pi} f'(x)(不定形) = \lim_{x \to \pi} \dfrac{-\sin x}{2} = 0.$$

これらを参考にして, 増減表を作ってみよう.

[増減表]

x	0		π
y'	0	$-$	0
y	1	↘	0

この表から, グラフの概形を描くと, 次のようになる (図 3.18).

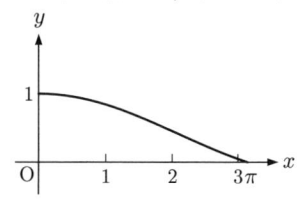

図 **3.18**

微分章末問題 **6** の解答

1. (1) $y' = 15x^4 + 24x^2,\ y'' = 60x^3 + 48x$.

(2) $y' = \dfrac{a}{1 + a^2x^2},\ y'' = -\dfrac{2a^3 x}{(1 + a^2 x^2)^2}$.

(3) $y' = \dfrac{4x}{2x^2+3}$, $y'' = \dfrac{-8x^2+12}{(2x^2+3)^2}$.

(4) $y' = \left(2 - \dfrac{1}{x^2}\right) e^{2x+x^{-1}}$, $y'' = e^{2x+x^{-1}} \dfrac{4x^4 - 4x^2 + 2x + 1}{x^4}$.

(5) $y' = \dfrac{3}{3x+2} \cdot \cos\log(3x+2)$,

$y'' = \dfrac{-9\{\sin\log(3x+2) + \cos\log(3x+2)\}}{(3x+2)^2}$.

2. (1) $y' = -\dfrac{4x}{(2x^2+1)^2}$,

$y'' = -4\dfrac{(2x^2+1)^2 - x \cdot 2(2x^2+1) \cdot 4x}{(2x^2+1)^4} = \dfrac{4(6x^2-1)}{(2x^2+1)^3}$.

(2) $y' = 2x \cdot e^{x^2} \cos x - e^{x^2} \sin x = e^{x^2}(2x\cos x - \sin x)$,

$y'' = 2xe^{x^2}(2x\cos x - \sin x) + e^{x^2}(2\cos x - 2x\sin x - \cos x)$
$= e^{x^2}(4x^2 \cos x - 4x\sin x + \cos x)$.

3. (1) $z_x = 6x^2 + 2xy$, $z_y = x^2 + 3y^2$.

(2) $z_x = (\log|x| + \log|y| - \log|x^2+y|)' = \dfrac{1}{x} - \dfrac{2x}{x^2+y} = \dfrac{y-x^2}{x(x^2+y)}$,

$z_y = \dfrac{1}{y} - \dfrac{1}{x^2+y} = \dfrac{x^2}{y(x^2+y)}$.

4. $y = f(x) = $ 左辺 $-$ 右辺 $= \lambda + (1-\lambda)x - x^{1-\lambda}$ ($x \geqq 0$, $0 < \lambda < 1$)

とおく.

$y' = (1-\lambda) - (1-\lambda)x^{-\lambda} = (1-\lambda)(x^{\lambda} - 1)x^{-\lambda}$. $y' = 0$ のとき, $x = 1$.

これを基準として, 増減表を作ってみよう.

[増減表]

x	0	$\cdots$	1	$\cdots$
y'		$-$	0	$+$
y	λ	↘	0(極小)	↗

表より, $x=1$ のときに, 最小値 $f(0) = 0$ をとるので, $x \geqq 0$ ($x \neq 1$) のとき $f(x) \geqq 0$, すなわち 左辺 $\geqq$ 右辺 が示せた. 等号は $x = 1$ のときのみ成立する.

5. $y = f(x) = \dfrac{e^x - e^{-x}}{2}$ とおく.

$$y' = \frac{e^x + e^{-x}}{2}.$$
常に, $y' > 0$ なので狭義の単調増加となる. すなわち, 任意の y に対して唯一つの x が定まる.

したがって, 逆関数が存在する. その作り方は x と y を入れ替えればよい.
$x = \dfrac{e^y - e^{-y}}{2}$ より $(e^y)^2 - 2xe^y - 1 = 0$ となる.

これより, $e^y = x \pm \sqrt{x^2 + 1}$. $e^y > 0$ より, $e^y = x + \sqrt{x^2 + 1}$.
求める逆関数は $y = \log(x + \sqrt{x^2 + 1})$ である.

ここで, 参考に $y = f(x) = \dfrac{e^x - e^{-x}}{2}$ と $y = \log(x + \sqrt{x^2 + 1})$ のグラフを紹介しておこう (図 3.19).

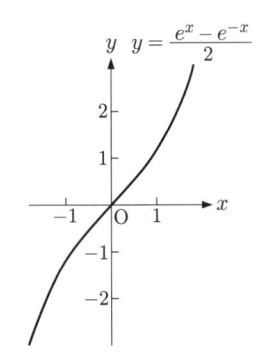

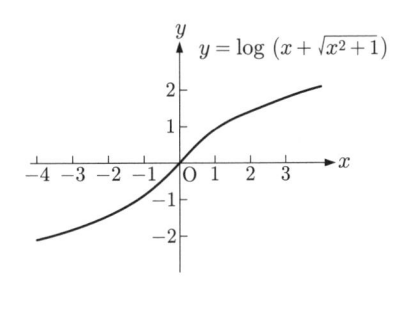

図 3.19

6. $y = f(x) = \dfrac{x^2 - 1}{x^2 + 1} = 1 - \dfrac{2}{x^2 + 1}$ とおく. $y' = \dfrac{4x}{(x^2 + 1)^2}$.

ここで, y' の符号を調べて増減表を作る.

変数の両端を調べてみよう.
$$\lim_{x \to \pm\infty} f(x) = \lim_{x \to \pm\infty} \left(1 - \frac{2x}{x^2 + 1}\right) = 1 - 0 = 1.$$
これらを参考にして, 増減表を作ってみよう.

[増減表]

x	$-\infty$	$\cdots$	0	$\cdots$	$+\infty$
y'		$-$	0	$+$	
y	1	↘	-1	↗	1

この表からグラフの概形を描くと，次のようになる (図 3.20).

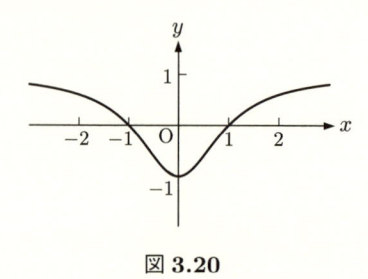

図 3.20

また，接線方程式 $y - f(a) = f'(a)(x-a)$ は，$x = 1$ を代入して $y = x - 1$ となる．

3.3 積分の章末問題解答

積分章末問題 1 の解答 (不定積分での積分定数 C は省略することもあるが，ここでは付けておく)

1. (1) 与式 $= -\dfrac{5}{3}x^3 + 3x + \dfrac{3}{5}x^{\frac{5}{3}} + C$

(2) 与式 $= \displaystyle\int \left(x - \dfrac{x}{x^2+1}\right) dx = \dfrac{1}{2}x^2 - \dfrac{1}{2}\log(x^2+1) + C$

(3) 与式 $= \displaystyle\int \left(\dfrac{3}{x-1} + \dfrac{1}{x+2}\right) dx = 3\log|x-1| + \log|x+2| + C$

(4) 与式 $= \dfrac{1}{4}x^4 \log x - \dfrac{1}{4}\displaystyle\int x^3\, dx = \dfrac{1}{4}x^4 \log x - \dfrac{1}{16}x^4 + C$

2. (1) 与式 $= \left[\dfrac{1}{4}\sin^4 x\right]_0^{\frac{\pi}{3}} = \dfrac{9}{64}$

(2) $\sqrt{e^x+1} = t$ とおく．$e^x\, dx = 2t\, dt$.

x	0	$\to$	$\log 3$
t	$\sqrt{2}$	$\to$	2

与式 $= \displaystyle\int_{\sqrt{2}}^{2} 2t^2\, dt = \left[\dfrac{2}{3}t^3\right]_{\sqrt{2}}^{2} = \dfrac{4}{3}(4 - \sqrt{2})$

(3) $x = 2\sin\theta$ $\left(0 \leqq \theta \leqq \dfrac{\pi}{2}\right)$ とおく．$dx = 2\cos\theta\, d\theta$

x	0	$\to$	$\sqrt{2}$
θ	0	$\to$	$\dfrac{\pi}{4}$

与式 $= 4\int_0^{\frac{\pi}{4}} \cos^2\theta\,d\theta = 2\int_0^{\frac{\pi}{4}} (1+\cos 2\theta)\,d\theta = \dfrac{\pi+2}{2}$

(4) $x^2 = t$ とおく．$2x\,dx = dt$．

与式 $= \dfrac{1}{2}\int_0^\infty \dfrac{1}{1+t^2}\,dt = \dfrac{1}{2}\lim_{k\to\infty}[\tan^{-1} t]_0^k = \dfrac{\pi}{4}$

3. (1) $f(0) = 0$．$f'(x) = \sin x + (1+x)\cos x$ より $f'(0) = 1$．

$f''(x) = 2\cos x - (1+x)\sin x$ より $f''(0) = 2$，

$f'''(x) = -3\sin x - (1+x)\cos x$．$f'''(0) = -1$．

したがって，$x + x^2 - \dfrac{x^3}{3!}$ を得る．

[別解] $(1+x)\sin x = (1+x)\left(x - \dfrac{x^3}{3!} + \cdots\right)$ より $x + x^2 - \dfrac{x^3}{3!}$．

(2) $e^x = 1 + x + \dfrac{x^2}{2!} + \dfrac{x^3}{3!} + \cdots = \displaystyle\sum_{n=0}^\infty \dfrac{x^n}{n!}$ を用いて，

$$xe^{-2x} = \sum_{n=0}^\infty \dfrac{-(2x)^n \times x}{n!} = \sum_{n=0}^\infty \dfrac{(-2)^n x^{n+1}}{n!}$$

4. 定積分の定義 $\displaystyle\int_0^1 f(x)\,dx = \lim_{n\to\infty}\dfrac{1}{n}\sum_{i=0}^{n-1} f\left(\dfrac{i}{n}\right)$ を用いて

$$\lim_{n\to\infty}\dfrac{1}{n}\sum_{i=0}^{n-1}\sin\dfrac{i\pi}{n} = \left[-\dfrac{1}{\pi}\cos(\pi x)\right]_0^1 = \dfrac{2}{\pi}$$

5. (1) 積分領域は長方形なので，y 方向または x 方向のどちらからでもよい．

$$与式 = \int_0^1 dx \int_1^2 (3xy + y^2)\,dy = \int_0^1 \left[\dfrac{3}{2}xy^2 + \dfrac{1}{3}y^3\right]_1^2 dx$$

$$= \int_0^1 \left(\dfrac{9}{2}x + \dfrac{7}{3}\right) dx = \left[\dfrac{9}{4}x^2 + \dfrac{7}{3}x\right]_0^1 = \dfrac{55}{12}.$$

(2) 積分領域は，2 曲線に囲まれた方から先に積分する．

$$与式 = \int_0^1 dx \int_{x^2}^x xy^2\,dy = \int_0^1 \left[\dfrac{1}{3}xy^3\right]_{x^2}^x dx$$

$$= \dfrac{1}{3}\int_0^1 (x^4 - x^7)\,dx = \dfrac{1}{3}\left[\dfrac{1}{5}x^5 - \dfrac{1}{8}x^8\right]_0^1 = \dfrac{1}{40}.$$

(3) 積分領域が平行四辺形なので，1次変換を利用しての変数変換法を用いる．

$$\begin{cases} u = x+y \\ v = -x+y \end{cases}, \quad \begin{pmatrix} u \\ v \end{pmatrix} = \begin{pmatrix} 1 & 1 \\ -1 & 1 \end{pmatrix} \begin{pmatrix} x \\ y \end{pmatrix},$$

$$\begin{pmatrix} x \\ y \end{pmatrix} = \frac{1}{2} \begin{pmatrix} 1 & -1 \\ 1 & 1 \end{pmatrix} \begin{pmatrix} u \\ v \end{pmatrix} \quad \text{かつ } D': \begin{cases} 0 \leqq u \leqq 2 \\ -2 \leqq v \leqq 0 \end{cases} \quad \text{として}$$

教科書 2.11 節公式 (2.29) を用いる．

$$\begin{aligned}
\iint_D x^2\,dxdy &= \frac{1}{2} \iint_D \left(\frac{u-v}{2}\right)^2 dudv \\
&= \frac{1}{8} \int_0^2 du \left[-\frac{1}{3}(u-v)^3 \right]_{-2}^0 \\
&= -\frac{1}{24} \int_0^2 \{u^3 - (u+2)^3\}\,du \\
&= -\frac{1}{24} \left[\frac{1}{4}u^4 - \frac{1}{4}(u+2)^4 \right]_0^2 = \frac{7}{3}.
\end{aligned}$$

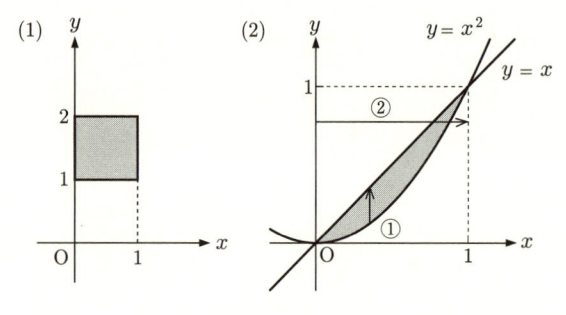

図 3.21

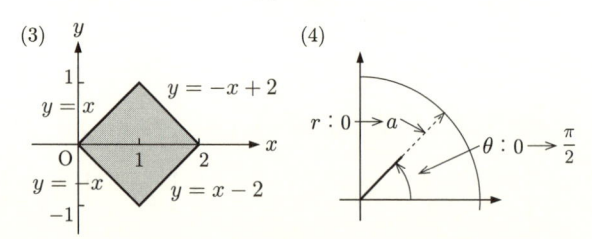

図 3.22

別解 領域を $x = 1$ で 2 つに分けて，2 曲線に囲まれた領域として変数変換せずに，y 方向から x 方向として求める．
$$\int_0^1 dx \int_{-x}^{x} x^2\, dy + \int_1^2 dx \int_{x-2}^{-x+2} x^2\, dy$$
$$= 2\int_0^1 x^3\, dx + 2\int_1^2 (2x^2 - x^3)\, dx = \frac{1}{2} + \frac{11}{6} = \frac{7}{3}.$$

(4) 積分領域が半径が a の円の $\dfrac{1}{4}$ なので，教科書第 2.11 節 (2.31) 参照して，次を得る．
$$与式 = \int_0^{\frac{\pi}{2}} d\theta \int_0^a \frac{r}{1+r^2}\, dr = \frac{\pi}{2}\left[\frac{1}{2}\log(1+r^2)\right]_0^a$$
$$= \frac{\pi}{4}\log(1+a^2).$$

積分章末問題 2 の解答

1. (1) $与式 = \displaystyle\int \left(x^2 - 4x + 14 - \frac{53}{x+4}\right) dx$
$$= \frac{1}{3}x^3 - 2x^2 + 14x - 53\log|x+4| + C$$

(2) 部分積分法を用いる．
$$x\sin(x+1) - \int \sin(x+1)\, dx = x\sin(x+1) + \cos(x+1) + C$$

(3) $u = \sqrt{x}$ とおく．$x = u^2$, $dx = 2u\, du$
$$与式 = \int \frac{u}{1+u} 2u\, du = \int \left(2u - 2 + \frac{2}{u+1}\right) du$$
$$= u^2 - 2u + 2\log|u+1| + C = x - 2\sqrt{x} + 2\log(\sqrt{x}+1) + C$$

(4) $与式 = [\log(1+x) - (1+x)\log(1+x) + x + x\log x - x]_1^{\infty}$
$$= \left[x\log\frac{x}{1+x}\right]_1^{\infty}$$
ここで
$$\lim_{x \to \infty} x\log\frac{x}{1+x} = -\lim_{x \to \infty} \log\left(\frac{x+1}{x}\right)^x = -\lim_{x \to \infty} \log\left(1 + \frac{1}{x}\right)^x$$
$$= -\log e = -1.$$
したがって，$与式 = -1 - \log\dfrac{1}{2} = \log 2 - 1$.

(5)　$dx = 2\sin\theta\cos\theta\, d\theta$

$$与式 = \int_0^{\frac{\pi}{2}} \frac{\sin\theta}{\cos\theta} 2\sin\theta\cos\theta\, d\theta = \int_0^{\frac{\pi}{2}} 2\sin^2\theta\, d\theta$$

$$= \int_0^{\frac{\pi}{2}} (1-\cos 2\theta)\, d\theta = \left[\theta - \frac{1}{2}\sin 2\theta\right]_0^{\frac{\pi}{2}} = \frac{\pi}{2}.$$

2. $f(x) = \sqrt{\dfrac{x+1}{x}} = x^{-\frac{1}{2}}(x+1)^{\frac{1}{2}}$ とおけば，

$$f'(x) = -\frac{1}{2}x^{-\frac{3}{2}}(x+1)^{\frac{1}{2}} + \frac{1}{2}x^{-\frac{1}{2}}(x+1)^{-\frac{1}{2}} = -\frac{1}{2}x^{-\frac{3}{2}}(x+1)^{-\frac{1}{2}},$$

$$f''(x) = \frac{3}{4}x^{-\frac{5}{2}}(x+1)^{-\frac{1}{2}} + \frac{1}{4}x^{-\frac{3}{2}}(x+1)^{-\frac{3}{2}}$$

$$= \frac{4x+3}{4}x^{-\frac{5}{2}}(x+1)^{-\frac{3}{2}},$$

$$f'''(x) = x^{-\frac{5}{2}}(x+1)^{-\frac{3}{2}} - \frac{4x+3}{8}\left\{5x^{-\frac{7}{2}}(x+1)^{-\frac{3}{2}} + 3x^{-\frac{5}{2}}(x+1)^{-\frac{5}{2}}\right\}$$

$$= -\frac{1}{8}x^{-\frac{7}{2}}(x+1)^{-\frac{5}{2}}\{-8x(x+1) + (4x+3)(5x+5+3x)\}$$

$$= -\frac{3}{8}x^{-\frac{7}{2}}(x+1)^{-\frac{5}{2}}(8x^2 + 12x + 5),$$

$$f(1) = \sqrt{2},\quad \frac{f'(1)}{1!} = -\frac{1}{2\sqrt{2}},\quad \frac{f''(1)}{2!} = \frac{7}{8}\frac{1}{2\sqrt{2}} = \frac{7}{16\sqrt{2}}$$

$$\frac{f'''(1)}{3!} = -\frac{1}{6}\frac{3}{8}\frac{25}{4\sqrt{2}} = -\frac{25}{64\sqrt{2}}.$$

よって，$x=1$ におけるテイラー展開の 3 次までの項は次のようになる．

$$f(1) + \frac{f'(1)}{1!}(x-1) + \frac{f''(1)}{2!}(x-1)^2 + \frac{f'''(1)}{3!}(x-1)^3$$

$$= \sqrt{2} - \frac{1}{2\sqrt{2}}(x-1) + \frac{7}{16\sqrt{2}}(x-1)^2 - \frac{25}{64\sqrt{2}}(x-1)^3.$$

3. $\displaystyle\lim_{n\to\infty} \frac{1}{n}\left(\frac{1}{1+2\cdot\frac{1}{n}} + \frac{1}{1+2\cdot\frac{2}{n}} + \cdots + \frac{1}{1+2\cdot\frac{n}{n}}\right)$

$$= \int_0^1 \frac{1}{1+2x}\, dx = \left[\frac{1}{2}\log|1+2x|\right]_0^1 = \frac{1}{2}\log 3$$

4. 演習書例題 1.15.2 を参考にして，解いてみよう．

$$f_x = -4xe^y,\quad f_y = e^y(y^2 + 2y - 2x^2),$$

$$A = f_{xx} = -4e^y,\quad B = f_{xy} = -4xe^y,$$

$$C = f_{yy} = e^y(y^2 + 4y + 2 - 2x^2),\quad D = B^2 - AC.$$

まず停留点 (a, b) を求める．
$f_x = f_y = 0$ より，$x = 0, \ y(y+2) = 0$．
すなわち，$(x, y) = (0, 0), \ (0, -2)$．
$(a, b) = (0, 0)$ のとき，
$D = B^2 - AC, \ A = f_{xx}(a, b), \ B = f_{xy}(a, b), \ C = f_{yy}(a, b)$ に代入して $D = 8 > 0$ なので，極値を取らない．
$(a, b) = (0, -2)$ のとき，$A = -4e^{-2} < 0, \ B = 0, \ C = -2e^{-2}$ より $D = -8e^{-4} < 0$ から (a, b) で極大値 $f(0, -2) = \dfrac{4}{e^2}$ をとる．

5. (1) 与式 $= \displaystyle\int_{-1}^{1} x^2 \, dx \int_{1}^{2} \dfrac{dy}{y^2} = \left[\dfrac{1}{3} x^3 \right]_{-1}^{1} \times \left[-\dfrac{1}{y} \right]_{1}^{2}$
$= \dfrac{2}{3} \left(-\dfrac{1}{2} + 1 \right) = \dfrac{1}{3}$

(2) 与式 $= \displaystyle\int_{0}^{\frac{1}{b^2}} dy \int_{0}^{\frac{1-b^2 y}{a^2}} x \, dx = \dfrac{1}{2} \int_{0}^{\frac{1}{b^2}} \left(\dfrac{1 - b^2 y}{a^2} \right)^2 dy$
$= \dfrac{1}{2a^4} \left[y - b^2 y^2 + \dfrac{1}{3} b^4 y^3 \right]_{0}^{\frac{1}{b^2}} = \dfrac{1}{6a^4 b^2}$

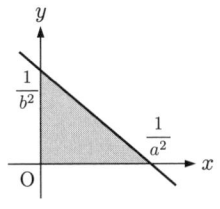

図 **3.23**

(3) $x = r\cos\theta, \ y = r\sin\theta, \ 0 \leqq r \leqq 1, \ 0 \leqq \theta < 2\pi$ と変数変換する．
与式 $= \displaystyle\int_{0}^{2\pi} \int_{0}^{1} \dfrac{1}{1+r^4} r \, dr \, d\theta = [\theta]_{0}^{2\pi} \int_{0}^{1} \dfrac{1}{2} \dfrac{du}{1+u^2}$
$= \pi \left[\tan^{-1} u \right]_{0}^{1} = \dfrac{\pi^2}{4}$

ただし，途中で $u = r^2, \ du = 2r \, dr$ の変数変換をした．

(4) 教科書 例 2.19.2 (147 ページ) を参考にして，積分順序を変える．
与式 $= \displaystyle\int_{0}^{3} dx \int_{0}^{\frac{1}{3}x} \dfrac{dy}{(1+x^2)^3} = \dfrac{1}{3} \int_{0}^{3} \dfrac{x \, dx}{(1+x^2)^3}$

$$= \frac{1}{6}\int_1^{10} \frac{du}{u^3} = -\frac{1}{12}\left[u^{-2}\right]_1^{10} = \frac{1}{12}\left(1 - \frac{1}{100}\right) = \frac{33}{400}$$

積分章末問題 3 の解答

1. (1) $\displaystyle\int \left(x+1+\frac{1}{x+1}\right)dx = \frac{1}{2}x^2 + x + \log|x+1| + C$

(2) $\displaystyle\int \frac{x^2}{x-2}\,dx = \int \left(x + 2 + \frac{4}{x-2}\right)dx$
$= \dfrac{1}{2}x^2 + 2x + 4\log|x-2| + C.$

(3) $\displaystyle\int (e^x + e^{-x})\,dx = e^x - e^{-x} + C$

(4) $\displaystyle\int xe^x\,dx = xe^x - \int e^x\,dx = xe^x - e^x + C$ 　[部分積分法使用]

(5) $\displaystyle\int_0^1 \sin(\pi x)\,dx = \left[-\frac{1}{\pi}\cos\pi x\right]_0^1 = \frac{2}{\pi}$

(6) $\displaystyle\int_0^2 \frac{x}{\sqrt{2-x}}\,dx = \int_2^0 \frac{2-t}{\sqrt{t}}(-dt) = \int_0^2 (2t^{-\frac{1}{2}} - t^{\frac{1}{2}})\,dt$
$= \left[4t^{\frac{1}{2}} - \dfrac{2}{3}t^{\frac{3}{2}}\right]_0^2 = \dfrac{8}{3}\sqrt{2}$

この問題では，変数変換 $2 - x = t$ をした．

x	$0 \to 2$
t	$2 \to 0$

(7) $\displaystyle\int_0^\infty \frac{\log x}{x^3}\,dx = \left[\frac{-1}{2}x^{-2}\log x\right]_1^\infty + \int_1^\infty \frac{1}{2}x^{-3}\,dx$
$= \dfrac{-1}{4}[x^{-2}]_1^\infty = \dfrac{1}{4}$

(8) $\displaystyle\int_0^{\frac{\pi}{2}} \frac{1}{1+\sin^2 x}\,dx = \int_0^{\frac{\pi}{2}} \frac{1}{\frac{1}{\cos^2 x} + \tan^2 x} \cdot \frac{1}{\cos^2 x}\,dx$
$= \displaystyle\int_0^\infty \frac{1}{(1+t^2)+t^2}\,dt = \frac{1}{2}\int_0^\infty \frac{1}{\frac{1}{2}+t^2}\,dt = \frac{1}{2}[\sqrt{2}\tan^{-1}\sqrt{2}t]_0^\infty$
$= \dfrac{\sqrt{2}}{4}\pi$

(9) $t = \sqrt{1+x^2}$ とおく．$t^2 = 1 + x^2,\ 2t\,dt = 2x\,dx,\ dx = \dfrac{t}{x}\,dt$ を与式に代入して次を得る．

$$\int \frac{\sqrt{x^2+1}}{x}\,dx = \int \frac{t}{x}\cdot\frac{t}{x}\,dt = \int \frac{t^2}{t^2-1}\,dt$$

$$= \int \left\{ 1 + \frac{1}{(t+1)(t-1)} \right\} dt$$
$$= t + \frac{1}{2} \int \left(\frac{1}{t-1} - \frac{1}{t+1} \right) dt$$
$$= t + \frac{1}{2} \log \left| \frac{t-1}{t+1} \right| + C.$$

したがって，与式 $= \sqrt{x^2+1} + \dfrac{1}{2} \log \left| \dfrac{\sqrt{x^2+1}-1}{\sqrt{x^2+1}+1} \right| + C$ を得る．

2. (1) ここでは展開
$$e^x = 1 + x + \frac{x^2}{2!} + \frac{x^3}{3!} + \frac{x^4}{4!} + \cdots$$
を利用する．この展開は基本的である．
これに，$x \to -x^2$ と代入すればよい．
$$e^{-x^2} = 1 + (-x^2) + \frac{(-x^2)^2}{2!} + \frac{(-x^2)^3}{3!} + \frac{(-x^2)^4}{4!} + \cdots$$
$$= 1 - x^2 + \frac{x^4}{2!} - \frac{x^6}{3!} + \frac{x^8}{4!} + \cdots$$

これをシグマ記号で表すと，$e^{-x^2} = \sum_{n=0}^{\infty} \dfrac{(-x^2)^n}{n!}$ となる．

(2) 基本的展開 $\dfrac{1}{1-x} = 1 + x + x^2 + x^3 + x^4 + \cdots$ を用いる．これに x を掛ければよい．
$$\frac{x}{1-x} = x + x^2 + x^3 + x^4 + x^5 + \cdots$$

これをシグマで表すと，$\dfrac{x}{1-x} = \sum_{n=1}^{\infty} x^n$ となる．

3. (1) まず積分領域を図示すると，図 3.24 のように正方形なので，教科書第 2.10 節定理 2.9 系 2.1 を用いる．教科書の縦線領域なので，x 方向からでも y 方向からでも積分できる．
$$与式 = \int_0^1 \int_0^1 (x+2y) \, dy \, dx = \int_0^1 [xy + y^2]_0^1 \, dx = \int_0^1 (x+1) \, dx$$
$$= \left[\frac{1}{2} x^2 + x \right]_0^1 = \frac{3}{2}.$$

図 3.24

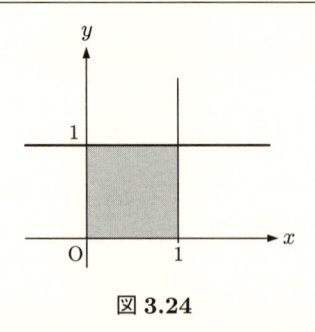

(2) まず積分区間を図示すると，図 3.25 のように 2 曲線に囲まれた積分領域なので，教科書第 2.10 節定理 2.9 を用いて縦線領域で積分する．

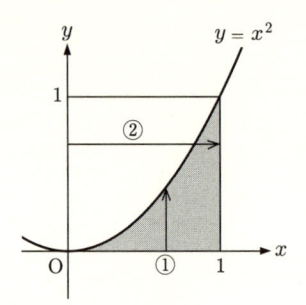

図 3.25

$$\text{与式} = \int_0^1 \int_0^{x^2} (x^2 - y) \, dy dx = \int_0^1 \left[x^2 y - \frac{1}{2} y^2 \right]_0^{x^2} dx$$
$$= \int_0^1 \left(x^4 - \frac{x^4}{2} \right) dx = \left[\frac{1}{10} x^5 \right]_0^1 = \frac{1}{10}.$$

(3) まず積分区間を図示すると，図 3.26 のように積分範囲が円なので変数変換を行う．教科書第 2.11 節 (2.31) を用いる．このとき，$dxdy$ が $r\,drd\theta$ に変わるので注意．

$$\iint_D f(x,y)\,dxdy = \iint_K f(r\cos\theta, r\sin\theta)\,r\,drd\theta.$$

変数変換は $x = r\cos\theta,\ y = r\sin\theta, (r : 0 \to 1,\ \theta : 0 \to 2\pi)$ となる．

$$\text{与式} = \iint_D (1 - x^2 - y^2) dxdy = \iint_R (1 - r^2) r \, drd\theta$$

図 3.26

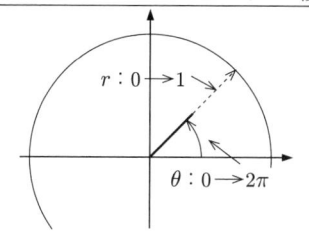

$$= \int_0^{2\pi}\int_0^1 (r-r^3)\,drd\theta = \int_0^{2\pi}\left[\frac{r^2}{2}-\frac{r^4}{4}\right]_0^1 d\theta = \frac{1}{4}\cdot 2\pi$$
$$=\frac{\pi}{2}.$$

積分章末問題 4 の解答

1. (1) $\displaystyle\int\left(1+\frac{1}{x}+\frac{1}{x^2}\right)dx = x+\log|x|-\frac{1}{x}+C$

(2) $\displaystyle\int \frac{x^2}{x+2}\,dx = \int\left(x-2+\frac{4}{x+2}\right)dx$
$= \dfrac{1}{2}x^2-2x+4\log|x+2|+C$

(3) $\displaystyle\int e^{8x+1}\,dx = \frac{1}{8}e^{8x+1}+C$

(4) $\displaystyle\int \log|2x|\,dx = x\log|2x|-\int x\cdot\frac{2}{2x}\,dx = x\log|2x|-x+C$

(5) $\displaystyle\int_0^\pi (\cos x+\sin x)^2\,dx = \int_0^\pi (1+2\sin x\cos x)\,dx = [x+\sin^2 x]_0^\pi$
$= \pi$

(6) この問題では変数変換をする．$\sqrt{x}=u,\ x=u^2,\ dx=2u\,du$ とする．

x	$0\to 2$
u	$0\to \sqrt{2}$

$$\int_0^{\sqrt{2}} \frac{u}{u^2+2}\cdot 2u\,du = \int_0^{\sqrt{2}} \frac{2u^2}{u^2+2}\,du = 2\int_0^{\sqrt{2}}\left(1-\frac{2}{u^2+2}\right)du$$
$$= 2\left[u-\frac{2}{\sqrt{2}}\tan^{-1}\frac{u}{\sqrt{2}}\right]_0^{\sqrt{2}} = 2(\sqrt{2}-\sqrt{2}\tan^{-1} 1)$$
$$= 2\sqrt{2}\left(1-\frac{\pi}{4}\right).$$

(7) $I = \int_0^\infty e^{-x} \cos x \, dx = [-e^{-x} \cos x]_0^\infty - \int_0^\infty (-e^{-x} \sin x) \, dx$

$= 0 - (-1) - \int_0^\infty e^{-x} \sin x \, dx$

$= 1 - \left\{ [-e^{-x} \sin x]_0^\infty - \int_0^\infty (-e^{-x} \cos x) \, dx \right\} = 1 - (0 + I)$

$= 1 - I.$

すなわち,次を得る.

$$I = \frac{1}{2}.$$

(8) 与式 $= \int_0^{\frac{\pi}{4}} \left(\frac{1}{\sin x} - \frac{2}{2 \sin x \cos x} \right) dx = -\int_0^{\frac{\pi}{4}} \frac{1 - \cos x}{\sin x \cos x} dx$

$= -\int_0^{\frac{\pi}{4}} \frac{\sin x}{(1 + \cos x) \cos x} dx.$

ここで,変数変換する. $\cos x = u, \; -\sin x \, dx = du.$

x	$0 \to \dfrac{\pi}{4}$
u	$1 \to \dfrac{1}{\sqrt{2}}$

$\int_1^{\frac{1}{\sqrt{2}}} \frac{1}{u(u+1)} du = \int_1^{\frac{1}{\sqrt{2}}} \left(\frac{1}{u} - \frac{1}{u+1} \right) du$

$= [\log u - \log(u+1)]_1^{\frac{1}{\sqrt{2}}}$

$= \left[\log \left| \frac{u}{u+1} \right| \right]_1^{\frac{1}{\sqrt{2}}} = \log \frac{\frac{1}{\sqrt{2}}}{\frac{1}{\sqrt{2}} + 1} - \log \frac{1}{2}$

$= \log \frac{2}{1 + \sqrt{2}}$

(9) この問題では, $x = \sin \theta, \; dx = \cos \theta \, d\theta$ と変数変換する.

与式 $= \int_0^{\frac{\pi}{2}} \frac{\cos \theta}{\sin \theta + \cos \theta} d\theta = \int_0^{\frac{\pi}{2}} \frac{1}{1 + \tan \theta} d\theta$ となる.

さらに, $\tan \theta = u, \; (1 + \tan^2 \theta) d\theta = du, \; d\theta = \dfrac{1}{1 + u^2} du$ と変換する.
このとき,与式は次のようになる.

$\int_0^\infty \frac{du}{(1+u)(1+u^2)} = \frac{1}{2} \int_0^\infty \left(\frac{1}{1+u} - \frac{u-1}{u^2+1} \right) du$

$$= \frac{1}{2}\left[\log(u+1) - \frac{1}{2}\log(u^2+1) + \tan^{-1}u\right]_0^\infty$$
$$= \frac{1}{2}\left[\log\left(\frac{u+1}{\sqrt{u^2+1}} + \tan^{-1}u\right)\right]_0^\infty$$
$$= \frac{1}{2}\left\{\left(0 + \frac{\pi}{2}\right) - 0\right\} = \frac{\pi}{4}$$

なお，この積分計算は上の与式の左の項で $\theta \to \frac{\pi}{2} - \phi$ と変数変換すると，簡単に求めることができる．各自でやってみよう．

2. (1) 展開
$$e^x = 1 + x + \frac{x^2}{2!} + \frac{x^3}{3!} + \cdots$$
は基本として使ってよい．
$$e^{-2x} - e^x = 1 + (-2x) + \frac{(-2x)^2}{2!} + \frac{(-2x)^3}{3!} + \frac{(-2x)^4}{4!} + \cdots$$
$$- \left(1 + x + \frac{x^2}{2!} + \frac{x^3}{3!} + \frac{x^4}{4!} + \cdots\right)$$
$$= (-2x - x) + \frac{(-2x)^2 - x^2}{2!} + \frac{(-2x)^3 - x^3}{3!}$$
$$+ \frac{(-2x)^4 - x^4}{4!} + \cdots$$
$$= -3x + \frac{\{(-2)^2 - 1\}x^2}{2!} + \frac{\{(-2)^3 - 1\}x^3}{3!}$$
$$+ \frac{\{(-2)^4 - 1\}x^4}{4!} + \cdots$$
$$= \sum_{k=1}^\infty \frac{(-2)^k - 1}{k!} x^k.$$

(2) 展開 $\frac{1}{1-t} = 1 + t + t^2 + t^3 + \cdots$ は，基本として使ってよい．
$$\frac{x^4}{1-(-x^4)} = x^4\{1 + (-x^4) + (-x^4)^2 + (-x^4)^3 + \cdots\}$$
$$= x^4 - x^8 + x^{12} - x^{16} + \cdots.$$
$$= \sum_{k=1}^\infty \{-(-x^4)^k\}.$$

3. (1) まず積分領域を図示すると，長方形なので教科書第 2.10 節定理 2.9 系 2.1 を用いる．縦線領域なので，x 方向からでも y 方向からでも積分できる．

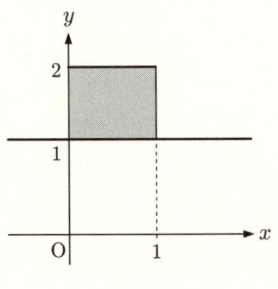

図 3.27

$$\text{与式} = \iint_D (x^2 + xy)\, dxdy = \int_0^1 \int_1^2 (x^2 + xy)\, dydx$$
$$= \int_0^1 \left[x^2 y + \frac{1}{2} xy^2 \right]_1^2 dx$$
$$= \int_0^1 \left\{ 2x^2 + 2x - \left(x^2 + \frac{1}{2} x \right) \right\} dx$$
$$= \left[\frac{x^3}{3} + \frac{3}{4} x^2 \right]_0^1$$
$$= \frac{1}{3} + \frac{3}{4} = \frac{13}{12}.$$

(2) まず積分区間を図示すると，図のように 2 曲線に囲まれた積分領域なので，教科書第 2.10 節定理 2.9 を用いて縦線領域で積分する．

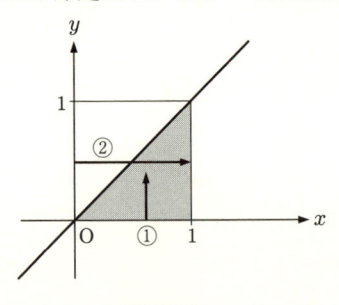

図 3.28

$$与式 = \iint_D \sqrt{xy}\,dydx = \int_0^1\int_0^x \sqrt{xy}\,dydx = \int_0^1 \left[\sqrt{x}\cdot\frac{2}{3}y^{\frac{3}{2}}\right]_0^x dx$$
$$= \frac{2}{3}\int_0^1 x^2\,dx = \frac{2}{9}[x^3]_0^1 = \frac{2}{9}.$$

(3) まず積分区間を図示すると，積分範囲が円なので変数変換を行う．教科書第 2.11 節 (2.31) を用いる．このとき，$dxdy$ が $r\,drd\theta$ に変わるので注意．変数変換は $x = r\cos\theta$, $y = r\sin\theta$ ($r : 0 \to 1$, $\theta : 0 \to 2\pi$) となる．

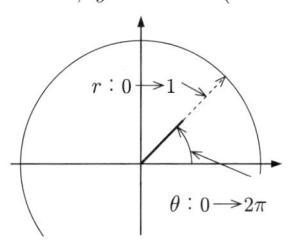

図 3.29

$$与式 = \iint_D (1 - \sqrt{x^2+y^2})\,dxdy = \int_0^{2\pi}\int_0^1 (1-r)r\,drd\theta$$
$$= \int_0^{2\pi} \left[\frac{r^2}{2} - \frac{r^3}{3}\right]_0^1 d\theta = \frac{1}{6}\cdot 2\pi = \frac{\pi}{3}.$$

積分章末問題 5 の解答

1. (1) $\displaystyle\int \left(x^4 + \frac{3}{x^2}\right) dx = \frac{1}{5}x^5 - \frac{3}{x} + C$

   (2) $\displaystyle\int \frac{x+1}{\sqrt{x}}\,dx = \int \left(x^{\frac{1}{2}} + x^{-\frac{1}{2}}\right) dx = \frac{2}{3}x\sqrt{x} + 2\sqrt{x} + C$

   (3) $\displaystyle\int (x+1)^2 \sin x\,dx = -(x+1)^2\cos x + \int 2(x+1)\cos x\,dx$. ここで，
   $$\int (x+1)\cos x\,dx = (x+1)\sin x - \int \sin x\,dx = (x+1)\sin x + \cos x$$
   なので，次を得る．
   $$与式 = -(x+1)^2\cos x + 2(x+1)\sin x + 2\cos x + C.$$

   (4) $\displaystyle\int xe^{-x^2}\,dx = \int \left(-\frac{1}{2}e^{-x^2}\right)'\,dx = -\frac{1}{2}e^{-x^2} + C$

   (5) $\displaystyle\int \frac{\sin x}{2+\cos x}\,dx = \int \frac{-(2+\cos x)'}{2+\cos x} = -\log(2+\cos x) + C$

(6) $\displaystyle\int_0^1 \frac{1}{|x-2|}\,dx = \int_0^1 \frac{1}{2-x}\,dx = -[\log(2-x)]_0^1 = \log 2$

(7) $\displaystyle\int_0^1 x\log(x+1)\,dx = \left[\frac{1}{2}x^2\log(x+1)\right]_0^1 - \frac{1}{2}\int_0^1 \frac{x^2}{1+x}\,dx$

$\displaystyle = \frac{1}{2}\log 2 - \frac{1}{2}\int_0^1 \left(x - 1 + \frac{1}{1+x}\right)dx$

$\displaystyle = \frac{1}{2}\log 2 - \frac{1}{2}\left[\frac{1}{2}x^2 - x + \log(x+1)\right]_0^1$

$\displaystyle = \frac{1}{2}\log 2 - \frac{1}{4} + \frac{1}{2} - \frac{1}{2}\log 2 = \frac{1}{4}.$

(8) この問題は変数変換をする．$x = 2\sin t$, $dx = 2\cos t\,dt$ とする．

x	$0 \to 1$
t	$0 \to \dfrac{\pi}{6}$

与式 $\displaystyle = \int_0^{\frac{\pi}{6}} 2\cos t \cdot 2\cos t\,dt = 4\int_0^{\frac{\pi}{6}} \cos^2 t\,dt = 2\int_0^{\frac{\pi}{6}} (1 + \cos 2t)\,dt$

$\displaystyle = 2\left[t + \frac{1}{2}\sin 2t\right]_0^{\frac{\pi}{6}} = 2\left(\frac{\pi}{6} + \frac{1}{2}\frac{\sqrt{3}}{2}\right) = \frac{\pi}{3} + \frac{\sqrt{3}}{2}.$

[別解] この問題を図解してみよう．

求める積分は，$y = \sqrt{4-x^2}$ なる半円の斜線部分の面積である．

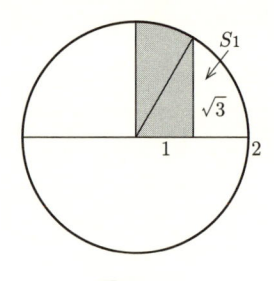

図 3.30

図の S_1 は，半径が 2 の円を 6 等分した扇形から横 1 高さ $\sqrt{3}$ の直角三角形を引いた部分である．求める面積 S は，4 分円 $\dfrac{1}{4}\pi \cdot 2^2$ から S_1 を引けばよい．

$\displaystyle S_1 = 4\pi \times \frac{1}{6} - \frac{1}{2} \times 1 \times \sqrt{3},\ S = \pi - S_1 = \frac{\pi}{3} + \frac{\sqrt{3}}{2}.$

(9) この問題では分母を平方完成したあと，$x - 1 = 3t$, $dx = 3\,dt$ なる変数変換をする．
$$\text{与式} = \int_{1+\sqrt{3}}^{\infty} \frac{1}{(x-1)^2 + 9}\,dx = \int_{\frac{1}{\sqrt{3}}}^{\infty} \frac{3}{9(1+t^2)}\,dt = \frac{1}{3}[\tan^{-1} t]_{\frac{1}{\sqrt{3}}}^{\infty}$$
$$= \frac{1}{3}\left(\tan^{-1}\infty - \tan^{-1}\frac{1}{\sqrt{3}}\right) = \frac{1}{3}\left(\frac{\pi}{2} - \frac{\pi}{6}\right) = \frac{\pi}{9}.$$

(10) この問題では，$t = e^x + 1$, $dt = e^x\,dx = (t-1)\,dx$ と変数変換する．
$$\text{与式} = \int_2^{\infty} \frac{1}{t(t-1)}\,dt = \int_2^{\infty}\left(\frac{1}{t-1} - \frac{1}{t}\right)dt$$
$$= [\log|t-1| - \log t]_2^{\infty} = \left[\log\frac{t-1}{t}\right]_2^{\infty}$$
$$= \log 1 - \log\frac{1}{2} = \log 2.$$

2. (1) 展開
$$e^x = 1 + x + \frac{x^2}{2!} + \frac{x^3}{3!} + \cdots$$
は基本として使ってよい．
$$\frac{e^x - 1}{x} = 1 + \frac{x}{2!} + \frac{x^2}{3!} + \frac{x^3}{4!} + \cdots.$$
これをシグマで表すと，答えは $\displaystyle\sum_{n=1}^{\infty} \frac{x^{n-1}}{n!}$ となる．

(2) 展開 $\dfrac{1}{1-t} = 1 + t + t^2 + t^3 + \cdots$ は，基本として使ってよい．
与式を通分すればよい．
$$\frac{2}{1-x^2} = 2(1 + x^2 + x^4 + t^6 + \cdots) = 2\sum_{n=0}^{\infty} x^{2n}.$$

3. (1) まず積分領域を図示すると，長方形なので教科書第 2.10 節定理 2.9 系 2.1 を用いる (図 3.31)．教科書の縦線領域なので，x 方向からでも y 方向からでも積分できる．
$$\text{与式} = \int_0^1 x^2\,dx \int_0^2 y\,dy = \left[\frac{1}{3}x^3\right]_0^1 \times \left[\frac{1}{2}y^2\right]_0^2 = \frac{2}{3}.$$

(2) まず積分区間を図示すると，図のように 2 曲線に囲まれた積分領域なので，教科書第 2.10 節定理 2.9 を用いて縦線領域で積分する (図 3.32)．

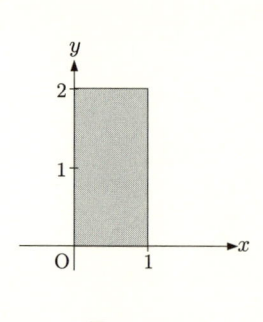

図 3.31

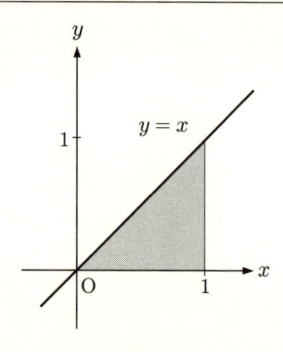

図 3.32

$$\text{与式} = \int_0^1 dx \int_0^x (x+y)\,dy = \int_0^1 \left[xy + \frac{1}{2}y^2\right]_0^x dx$$
$$= \int_0^1 \left(x^2 + \frac{1}{2}x^2\right) dx = \frac{3}{2}\left[\frac{1}{3}x^3\right]_0^1 = \frac{1}{2}.$$

(3) まず積分区間を図示すると，図のように 2 曲線に囲まれた積分領域なので，教科書第 2.10 節定理 2.9 を用いて，y 方向を先に横線領域で積分する (図 3.33)．

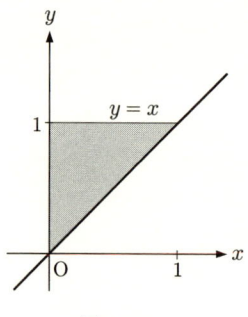

図 3.33

$$\text{与式} = \int_0^1 dy \int_0^y \cos\left(\frac{\pi}{2}y^2\right) dx = \int_0^1 \left[x\cos\left(\frac{\pi}{2}y^2\right)\right]_0^y dy$$
$$= \int_0^1 y\cos\left(\frac{\pi}{2}y^2\right) dy = \int_0^{\frac{\pi}{2}} \frac{1}{\pi}\cos t\,dt = \frac{1}{\pi}[\sin t]_0^{\frac{\pi}{2}} = \frac{1}{\pi}.$$

変数変換は $t = \dfrac{\pi}{2}y^2$, $dt = \pi y\,dy$ を用いた．

(4) まず積分区間を図示すると，積分範囲が円なので，変数変換を行う (図 3.34)．教科書第 2.11 節 (2.31) を用いる．このとき，$dxdy$ が $r\,drd\theta$ に変わるので注意．変数変換は $x = r\cos\theta$, $y = r\sin\theta$, $dxdy = r\,drd\theta$ となる．

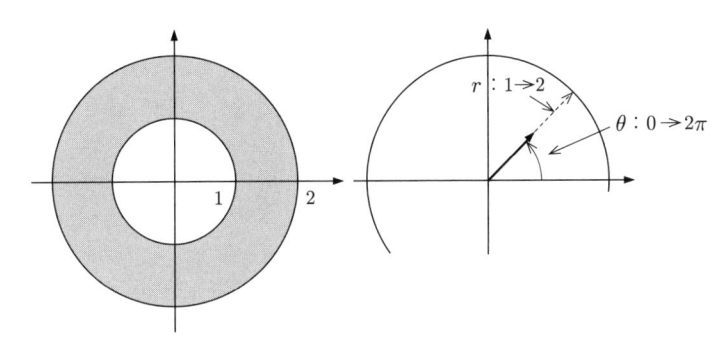

図 3.34

$$与式 = \int_0^{2\pi} \int_1^2 \frac{1}{r^4} r\,drd\theta = \int_0^{2\pi} d\theta \int_1^2 r^{-3}\,dr$$
$$= 2\pi \left[-\frac{1}{2} r^{-2} \right]_1^2 = \frac{3}{4}\pi.$$

積分章末問題 6 の解答

1. (1) $与式 = \displaystyle\int \left(x + \frac{5}{x} + \frac{2}{x^2} \right) dx = \frac{1}{2}x^2 + 5\log|x| - \frac{2}{x} + C$

(2) $与式 = \dfrac{1}{2}x^2 \log(x+1) - \dfrac{1}{2} \displaystyle\int \dfrac{x^2}{x+1}\,dx$
$= \dfrac{1}{2}x^2 \log(x+1) - \dfrac{1}{2} \displaystyle\int \left(x - 1 + \dfrac{1}{x+1} \right) dx$
$= \dfrac{1}{2}x^2 \log(x+1) - \dfrac{1}{2} \left\{ \dfrac{x^2}{2} - x + \log(x+1) \right\} + C$
$= \dfrac{x^2 - 1}{2} \log(x+1) - \dfrac{x^2}{4} + \dfrac{x}{2} + C.$

(3) $e^{2x} + 1 = t$, $2e^{2x}\,dx = dt$, $e^{2x}\,dx = \dfrac{1}{2}dt$ と変数変換する．
$$与式 = \frac{1}{2} \int \frac{1}{t}\,dt = \frac{1}{2}\log|t| = \frac{1}{2}\log(e^{2x}+1) + C$$

(4) $a \neq 0$ のとき，与式 $= \dfrac{1}{2a} \displaystyle\int \left(\dfrac{1}{x-a} - \dfrac{1}{x+a} \right) dx = \dfrac{1}{2a} \log \left| \dfrac{x-a}{x+a} \right| + C$.

$a = 0$ のとき，与式 $= \displaystyle\int \dfrac{dx}{x} = -\dfrac{1}{x} + C$.

(5) 与式 $= [x^2 e^x]_{-\infty}^{1} - 2 \displaystyle\int_{-\infty}^{1} x e^x\, dx = e - 2 \left([xe^x]_{-\infty}^{1} - \displaystyle\int_{-\infty}^{1} e^x\, dx \right) = e$.

(6) この問題では 変数変換 $x = \sin\theta \ \left(-\dfrac{\pi}{2} \leqq \theta \leqq \dfrac{\pi}{2} \right)$ をすると $dx = \cos\theta\, d\theta$.

$$\text{与式} = \int_0^{\frac{\pi}{3}} \cos^2\theta\, d\theta = \frac{1}{2} \int_0^{\frac{\pi}{3}} (1 + \cos 2\theta)\, d\theta$$
$$= \frac{1}{2} \left[\theta + \frac{1}{2} \sin 2\theta \right]_0^{\frac{\pi}{3}} = \frac{\pi}{6} + \frac{\sqrt{3}}{8}.$$

2. 展開 $\dfrac{1}{1-t} = 1 + t + t^2 + t^3 + \cdots$ は基本として使ってよい．

$$\frac{1}{1-x} + \frac{x}{x^2+x+1} = (2x+1)\frac{1}{1-x^3} = (2x+1) \sum_{n=0}^{\infty} x^{3n}$$
$$= 2 \sum_{n=0}^{\infty} x^{3n+1} + \sum_{n=0}^{\infty} x^{3n}.$$

3. 級数と定積分の関係は，教科書第 2.5 節例 2.10 にあり，これを本書例題 2.5.1(1) にまとめておいたので参照しよう．

$$\text{与式} = \lim_{n\to\infty} \frac{1}{n} \frac{1^k + 2^k + 3^k + \cdots + n^k}{n^k}$$
$$= \lim_{n\to\infty} \frac{1}{n} \left\{ \left(\frac{1}{n}\right)^k + \left(\frac{2}{n}\right)^k + \left(\frac{3}{n}\right)^k + \cdots + \left(\frac{n}{n}\right)^k \right\}$$
$$= \int_0^1 x^k\, dx = \left[\frac{x^{k+1}}{k+1} \right]_0^1 = \frac{1}{k+1}.$$

4. (1) まず積分領域を図示すると，長方形なので教科書第 2.10 節定理 2.9 系 2.1 を用いる (図 3.35)．教科書の縦線領域なので，x 方向からでも y 方向からでも積分できる．

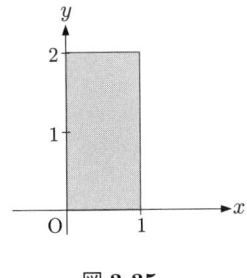

図 3.35

$$
\text{与式} = \int_0^1 \int_0^2 (1+x)(1+y)\,dydx = \left[\frac{1}{2}(1+x)^2\right]_0^1 \times \left[\frac{1}{2}(1+y)^2\right]_0^2
$$
$$
= 6.
$$

(2) まず積分区間を図示すると，図のように 2 曲線に囲まれた積分領域なので，教科書第 2.10 節定理 2.9 を用いて縦線領域で積分する (図 3.36)．

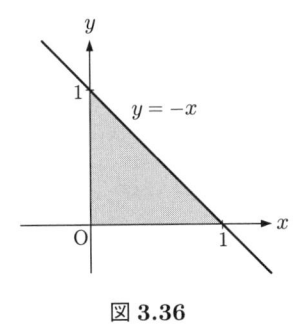

図 3.36

$$
\text{与式} = \int_0^1 dx \int_0^{1-x} (1-x-y)\,dy = \int_0^1 \left[(1-x)y - \frac{1}{2}y^2\right]_0^{1-x} dx
$$
$$
= \frac{1}{2}\int_0^1 (1-x)^2\,dx = \frac{1}{2}\left[\frac{-1}{3}(1-x)^3\right]_0^1
$$
$$
= \frac{1}{6}.
$$

(3) まず積分区間を図示すること．積分範囲が円なので，変数変換を行う．教科書第 2.11 節 (2.31) を用いる (図 3.37)．このとき，$dxdy$ が $r\,drd\theta$ に変わるので注意．

figure 3.37 に関する図(省略)

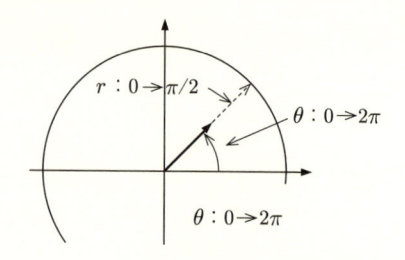

図 **3.37**

$$\iint_D f(x,y)dxdy = \iint_K f(r\cos\theta, r\sin\theta)\,r\,drd\theta.$$

変数変換は $x = r\cos\theta,\ y = r\sin\theta\ (r: 0 \to \dfrac{\pi}{2},\ \theta: 0 \to 2\pi)$ となる.

$$\begin{aligned}
与式 &= \int_0^{2\pi} d\theta \int_0^{\frac{\pi}{2}} r\sin r\,d\theta \\
&= [\theta]_0^{2\pi} \times \left([-r\cos r]_0^{\frac{\pi}{2}} + \int_0^{\frac{\pi}{2}} \cos r\,dr\right) \\
&= 2\pi[\sin r]_0^{\frac{\pi}{2}} = 2\pi.
\end{aligned}$$

(4) まず積分区間を図示すると,図のように 2 曲線に囲まれた積分領域なので,教科書第 2.10 節定理 2.9 を用いて縦線領域で積分 $(dy \to dx)$ するがうまくいかない.そこで横線領域 $(dx \to dy)$ で計算してみよう.

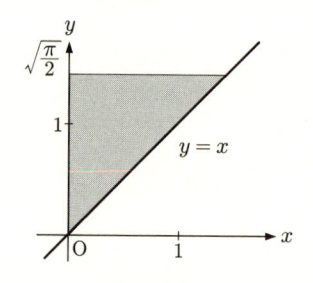

図 **3.38**

$$\begin{aligned}
与式 &= \int_0^{\sqrt{\frac{\pi}{2}}} y\,dy \int_0^y \sin y^2\,dx = \int_0^{\sqrt{\frac{\pi}{2}}} [x\sin y^2]_0^y\,dy \\
&= \int_0^{\sqrt{\frac{\pi}{2}}} y\sin y^2\,dy = \left[-\frac{1}{2}\cos y^2\right]_0^{\sqrt{\frac{\pi}{2}}} = \frac{1}{2}.
\end{aligned}$$

注：教科書第 2.10 節例 2.19.2 で，同じ問題を解説しているので参考にして欲しい．

談話室：整数に関する未解決問題 2 題

例題 2.5.2 と例題 2.5.3 で「未解決問題」を紹介した．数学の世界では「未解決問題」は昔から数学者の気持ちを揺さぶってきた．また，これを解決しようとして大きな発展をしてきた．ここでは整数に関する多くの未解決問題のうち，記述の簡明な 2 個を紹介するので鑑賞して下さい．

(1) 素数 p と $p+2$ が共に素数のとき，双子素数という．たとえば 3 と 5，さらに 1000 以下で探してみると結構たくさんあり，最大のものは 881 と 883 である．双子素数は無限にあるというのは，未解決予想のひとつである．

(2) 2 以外の素数 p は 4 で割って 1 余るときに限って 2 つの整数 m, n の平方の和になる ($p = m^2 + n^2$)．たとえば $5 = 1^2 + 2^2$, $997 = 6^2 + 31^2$ など．5 のように m, n のどちらか一方が 1 にとれるような素数が無限にあると予想されているが，未解決である．ちなみに 1000 以下で最大のものは $677 = 1^2 + 26^2$ です．

工科の数学では計算力が大事な要素です．どちらも具体的に計算して，整数の性質を検証するのもおもしろいですね．

索　引

0章：確認事項

■ あ　行
安島直円 (1732-98), 26
一般角, 7
因数分解, 4
上に凸, 23
円, 14, 16
円錐曲線, 18
オイラーの公式, 11

■ か　行
解の公式, 5
解の第2公式, 6
加法定理, 9
幾何級数, 19
共通集合, 2
極小値, 23
極大値, 23
極値, 22
虚数単位, 5
弧度法, 6

■ か　行
差集合, 2
算額, 26
三角関数, 6
三角関数の合成, 11
算術数列, 19
3倍角公式, 11
式の展開, 4

シグマ記号, 19
指数法則, 12
自然数, 2
下に凸, 23
集合, 2
十分条件, 3
主張, 1
準線, 14
塵劫記, 26
整数, 2
関孝和 (1640?-1708), 26
積和公式, 10
漸近線, 14
相加平均, 5
双曲線, 14, 16
増減表, 22
相乗平均, 5

■ た　行
対数, 13
楕円, 14, 16
導関数, 20
等差数列, 19
等比数列, 19
ド・モアブルの公式, 11

■ な　行
2次曲線, 14
2次導関数, 23

2次方程式, 5
2倍角公式, 11

■ は　行
背理法, 3
半角公式, 11
反例, 2
必要条件, 3
微分, 20
微分方程式, 24
複素数, 6
部分集合, 3
平均変化率, 20
巾 (べき), 12
巾級数, 25
変化率, 20
変曲点, 23
変数分離形, 24
放物線, 14, 16
補集合, 2

■ ま　行
命題, 1

■ や　行
有理数, 2
要素, 2

■ ら　行
ラジアン, 6
累乗, 12
累乗根, 12

索　引　201

■ わ　行
和集合, 2
和積公式, 10
和算, 26, 40
和田寧 (1787-1840), 26

確認問題, 1–27
確認問題の解答, 143–163

1-2 章：微分積分

■ あ　行
内田久命 (?-1868), 119, 124
円理算経, 40
Euler(1707-83) の公式, 148

■ か　行
ガンマ関数, 108
逆関数, 35
逆三角関数, 52
級数, 46
極限, 30
極小値, 63
極大値, 63
極値問題, 63
グリーンの定理, 131
広義積分, 108
合成関数の微分, 59, 62

■ さ　行
数列, 30
接線の方程式, 38
接平面, 57
相加平均, 68
相乗平均, 68
存在定理, 33

■ た　行
大黒柱 I, 32
大黒柱 II, 34
対数関数, 47
停留点, 63

■ な　行
ニュートン (1642-1717), 111

■ は　行
パップスギュルダンの定理, 127
ピタゴラス (-6 世紀頃詳細不明) の定理, 147
フーリエ級数, 135
複素数, 148
巾級数展開, 54
ベルヌーイ数, 51
変曲点, 174
偏導関数, 58

■ ま　行
命題, 28

■ ら　行
ライプニッツ (1646-1716), 102
ラグランジェ (1736-1813), 66
ラプラス (1749-1827) 変換, 132

■ わ　行
和田寧 (1787-1840), 40
ワリス (1616-1703), 101

微分の章末問題, 70–75
微分の章末問題解答, 164–178
積分の章末問題, 137–142
積分の章末問題解答, 178–199

談話室
相加平均, 68
相乗平均, 68
フーリエ級数, 135
未解決問題, 199
和算談話-1, 40
和算談話-2, 103
和算談話-3, 120
和算談話-4, 125

演習：工科系の微分積分学の基礎

2011 年 3 月 25 日	第 1 版　第 1 刷	発行
2025 年 2 月 25 日	第 1 版　第 15 刷	発行

著　者　　北　岡　良　之
　　　　　深　川　英　俊
　　　　　川　村　　　司
発行者　　発　田　和　子
発行所　　株式会社　学術図書出版社

〒113−0033　東京都文京区本郷 5 丁目 4 の 6
TEL 03−3811−0889　振替 00110−4−28454
印刷　三松堂印刷 (株)

定価はカバーに表示してあります.

本書の一部または全部を無断で複写 (コピー)・複製・転載することは，著作権法でみとめられた場合を除き，著作者および出版社の権利の侵害となります．あらかじめ，小社に許諾を求めて下さい．

© 2011　Y. KITAOKA　H. FUKAGAWA　T. KAWAMURA
Printed in Japan
ISBN978−4−7806−0235−7　C3041

微分積分の公式

1. $(fg)' = f'g + fg' \quad \Leftrightarrow \quad \int f'g\,dx = fg - \int fg'\,dx + C$

2. $f(g(x))' = f'(g(x))g'(x) \quad \Leftrightarrow \quad \int f'(g(x))g'(x)\,dx = f(g(x)) + C$

3. $(x^{a+1})' = (a+1)x^a \quad \Leftrightarrow \quad \int x^a\,dx = \dfrac{1}{a+1}x^{a+1} + C$

4. $(\log|x|)' = \dfrac{1}{x} \quad \Leftrightarrow \quad \int \dfrac{1}{x}\,dx = \log|x| + C$

5. $(\log|f(x)|)' = \dfrac{f'(x)}{f(x)} \quad \Leftrightarrow \quad \int \dfrac{f'(x)}{f(x)}\,dx = \log|f(x)| + C$

6. $(e^{ax})' = ae^{ax} \quad \Leftrightarrow \quad \int e^{ax}\,dx = \dfrac{1}{a}e^{ax} + C \quad (a \neq 0)$

7. $(\sin x)' = \cos x \quad \Leftrightarrow \quad \int \cos x\,dx = \sin x + C$

8. $(\cos x)' = -\sin x \quad \Leftrightarrow \quad \int \sin x\,dx = -\cos x + C$

9. $(\tan x)' = \dfrac{1}{\cos^2 x} \quad \Leftrightarrow \quad \int \dfrac{1}{\cos^2 x}\,dx = \tan x + C$

10. $(\cot x)' = -\dfrac{1}{\sin^2 x} \quad \Leftrightarrow \quad \int \dfrac{1}{\sin^2 x}\,dx = -\cot x + C$

11. $\left(\tan^{-1}\dfrac{x}{a}\right)' = \dfrac{a}{a^2+x^2} \quad \Leftrightarrow \quad \int \dfrac{1}{x^2+a^2}\,dx = \dfrac{1}{a}\tan^{-1}\dfrac{x}{a} + C \quad (a \neq 0)$

12. $\left(\sin^{-1}\dfrac{x}{a}\right)' = \dfrac{1}{\sqrt{a^2-x^2}} \quad \Leftrightarrow \quad \int \dfrac{1}{\sqrt{a^2-x^2}}\,dx = \sin^{-1}\dfrac{x}{a} + C \quad (a > 0)$

13. $\iint_{a \leqq x \leqq b,\, \varphi_1(x) \leqq y \leqq \varphi_2(x)} f(x,y)\,dxdy = \int_a^b \left(\int_{\varphi_1(x)}^{\varphi_2(x)} f(x,y)\,dy\right) dx$

14. 曲線 $C : \{(x, f(x)) \mid a \leqq x \leqq b\}$ の長さ $= \int_a^b \sqrt{1 + f'(x)^2}\,dx$

15. $\iint_D f(ax+by, cx+dy)\,dxdy = \dfrac{1}{|ad-bc|}\iint_{D'} f(u,v)\,dudv$
    ただし,$D' = \{(u,v) \mid u = ax+by,\ v = cx+dy,\ (x,y) \in D\}$

16. $\iint_D f(x,y)\,dxdy = \iint_{D'} f(r\cos\theta, r\sin\theta)\,r\,drd\theta$
    ただし,$D' = \{(r,\theta) \mid (r\cos\theta, r\sin\theta) \in D\}$

17. $\displaystyle\lim_{n\to\infty} \dfrac{1}{n}\sum_{j=0}^{n-1} f\left(\dfrac{j}{n}\right) = \int_0^1 f(x)\,dx$